150 コンクリートライブラリー

セメント系材料を用いた
コンクリート構造物の補修・補強指針

土 木 学 会

Concrete Library 150

Guidelines for structural intervention of existing concrete structures using cement-based materials

March, 2018

Japan Society of Civil Engineers

はじめに

　コンクリート構造物は多くの社会基盤施設を構成するとともに，求められる機能・性能は時代とともに変遷する．交通基盤施設でいえば，建設当初の予想を超える通過交通量の増加や車両重量の増加がある．超過荷重に対する残余のリスクの考慮と確保されるべき残存性能に対する要求も，社会構造の変化に伴い変化してきた．設計当初には考慮され得なかった事象が，現実の構造物に起こる理由もここにある．

　長期にわたり社会基盤施設を維持することは，技術者に課せられた社会的要請である．新規の更新は一般に莫大な社会的コストを伴い，取り換えは極めて困難を伴う．社会基盤の社会基盤たる所以である．本補修・補強指針は，過去に建造された構造物を機能させ続けながら補修補強することで，時代の付託に応えることを目したものである．また，損傷や劣化が生じていない構造物の場合でも，予防的に将来の不都合を回避することも有効かつ必要である．新設構造物の設計・施工においても，鋼構造の定期塗装や航空機の部品定期取り換えに見られるように，当初から補修補強を予定して維持管理することで，ライフサイクルコストを抑える選択肢も，基準類の枠組みのなかで提示されるべきものである．

　コンクリート委員会は，コンクリート構造物に関する土木技術に関する調査研究を継続して行っている．今日，社会的に認知されてきた社会基盤施設の劣化への対応も時を先取りして調査研究を進め，2001 年に初めて制定されたコンクリート標準示方書の維持管理編は，維持補修に関わる土木学会の先駆けとも言える技術的提言となった．コンクリート標準示方書小委員会補強設計編作業部会を 1990 年代に立ち上げ，「コンクリート構造物の補強指針（案）」を 1999 年に発刊した．補強に関する指針においても，土木学会の最初のものとなった．補強工法を体系的に取り上げた技術資料としても活用され続けている．

　一方，コンクリート構造物の補強指針（案）が発刊された後の技術的な進歩を受けて，補強指針（案）の改訂が望まれてきた．補強指針（案）が対象としている補強工法のうち，セメント系材料を用いた増厚工法と巻立て工法を対象として，最新の知見を取り入れて改訂を行ったのが，本ライブラリー「セメント系材料を用いたコンクリート構造物の補修・補強指針」である．指針のタイトルを「補強指針」から「補修・補強指針」としたのは，時代の変遷とともに「補修」「補強」の定義が異なってきたことによる．本補修・補強指針がセメント系材料を用いた補修・補強工法のより合理的な適用を進める技術資料となるとともに，発展途上にある補修・補強工法の一層の発展を促すものとなることを期待したい．

2018 年 3 月

土木学会　コンクリート委員会
委員長　前川 宏一

序

　社会基盤施設の劣化・損傷に対する維持補修が盛んに取り沙汰されるようになって久しいが，それに対処するためのコンクリート委員会での本格的な取組は 1990 年代から既に始まっている．その一つとして，コンクリート委員会は 1999 年に補強関連の指針として初めて「コンクリート構造物の補強指針（案）」を発刊した．この指針は，当時の補強工法を概観し，技術が確立していた外ケーブル工法，接着工法，増厚工法，巻立て工法の補強設計法を示した．他に類似の指針がないこともあり，この指針は発刊以来のロングセラーとなっている．しかしながら，技術の進展がありその内容を更新する必要が出てきた．この補強指針（案）に含まれている FRP を用いた接着工法と巻立て工法に関しては，「連続繊維シートを用いたコンクリート構造物の補修補強指針」として，2000 年にコンクリート委員会から発刊された後，複合構造委員会が最新の技術を取り入れた「FRP 接着による構造物の補修・補強指針（案）」として 2018 年に発刊する．一方，セメント系材料を用いた増厚工法と巻立て工法に関しては，全く更新の動きがなかったが，2016 年 12 月に増厚工法を実施する施工会社・協会（奈良建設を代表とする 27 の会社と協会）が土木学会に委託をし，最新の知見を取り入れた指針の作成を目的として，「セメント系材料を用いたコンクリート構造物の補修補強研究小委員会」が設置された．委員会は産官学の専門家，および，委託各社からの 47 名の委員，幹事で構成される．委員会内に WG として，本指針が取り扱う上面増厚工法，下面増厚工法，巻立て工法を担当する 3WG，およびそれらの共通事項を扱う共通 WG を設置した．

　指針の名称は，「セメント系材料を用いたコンクリート構造物の補修・補強指針」であり，ポリマーセメントモルタル（PCM）を含むモルタルやコンクリートによる増厚工法と巻立て工法を対象としていることから，共通編，上面増厚工法編，下面増厚工法編，巻立て工法編からなる．これに加え，「構造物の補修・補強標準」を新たに作成し，並行して作成されている複合構造委員会の「FRP による構造物の補修・補強指針（案）」と本指針との共通の標準として位置付けた．この標準は，今後，これ以外のコンクリート構造物や複合構造物の補修・補強工法に共通の標準ともなることを想定している．さらには，付属資料として，本指針が扱う 3 工法の State-of-the-art，代表的な施工事例，具体の性能照査を含む設計例を作成した．

　今回指針作成の根拠となったのは，1999 年のコンクリート構造物の補強指針（案）発刊以降の技術の進展であるが，それらを踏まえた今回の指針の特徴を要約すると次のようである．①新しい材料（PCM など）への対応，②適用実績を踏まえた内容の充実（上面増厚工法の一体性確保の仕様など），③新しい照査手法の導入（下面増厚工法のひび割れ幅や剥離の照査など），④上位規準であるコンクリート標準示方書の改訂への対応．コンクリート標準示方書の改訂としては，維持管理編の導入が最も大きな変化である．なお，本指針で取り扱うセメント系材料による補修・補強工法は，基本的には力学的な性能の回復や向上を目的としたものであるが，この工法による耐久性の向上も期待できるので，その点も本指針で考慮されている．

　最後に，本指針の作成に尽力された委員・幹事各位，特に主査幹事会のメンバーである下村 匠幹事長，齊藤 成彦，水越 睦視，古内 仁，牧 剛史の各主査，佐藤 貢一，兵頭 彦次，中井 裕司，小林 朗の各幹事に御礼申し上げる．本指針は世界的に見ても最新の知見を取り入れたものであり，日本国内だけでなく，本指針の国際標準化などを通じて海外でも，実務に有用な指針となることを期待している．

また，セメント系材料を用いた補修・補強工法は技術の発展途上にあり，今後も内容が更新されていくことを合わせて期待したい.

2018年3月

セメント系材料を用いたコンクリート構造物の補修補強研究小委員会

委員長　上田 多門

土木学会　コンクリート委員会　委員構成

（平成29年度）

顧　問　石橋　忠良　　　魚本　健人　　　阪田　憲次　　　丸山　久一

委員長　前川　宏一

幹事長　小林　孝一

委　員

△綾野　克紀	○石田　哲也	○井上　　晋	○岩城　一郎	○岩波　光保	○上田　多門
○宇治　公隆	○氏家　　勲	○内田　裕市	○梅原　秀哲	梅村　靖弘	遠藤　孝夫
○大内　雅博	大津　政康	大即　信明	岡本　享久	春日　昭夫	△加藤　佳孝
金子　雄一	○鎌田　敏郎	○河合　研至	○河野　広隆	○岸　　利治	木村　嘉富
△齊藤　成彦	○佐伯　竜彦	○坂井　悦郎	△坂田　　昇	佐藤　　勉	○佐藤　靖彦
○下村　　匠	須田久美子	○武若　耕司	○田中　敏嗣	○谷村　幸裕	○土谷　　正
○津吉　　毅	手塚　正道	土橋　　浩	鳥居　和之	○中村　　光	△名倉　健二
○二羽淳一郎	○橋本　親典	服部　篤史	○濵田　秀則	原田　修輔	原田　哲夫
○久田　　真	○平田　隆祥	福手　　勤	○松田　　浩	○松村　卓郎	○丸屋　　剛
三島　徹也	○水口　和之	○宮川　豊章	○睦好　宏史	○森　　拓也	○森川　英典
○山路　　徹	○横田　　弘	吉川　弘道	六郷　恵哲	渡辺　忠朋	渡邉　弘子
○渡辺　博志					

（五十音順，敬称略）

○：常任委員会委員

△：常任委員会委員兼幹事

土木学会　コンクリート委員会　委員構成

（平成28年度）

顧　問　石橋　忠良　　　魚本　健人　　　阪田　憲次　　　丸山　久一

委員長　前川　宏一

幹事長　石田　哲也

委　員

△綾野　克紀	○井上　晋	岩城　一郎	△岩波　光保	○上田　多門	○宇治　公隆
○氏家　勲	○内田　裕市	○梅原　秀哲	梅村　靖弘	遠藤　孝夫	大津　政康
大即　信明	岡本　享久	春日　昭夫	金子　雄一	○鎌田　敏郎	○河合　研至
○河野　広隆	○岸　利治	木村　嘉富	△小林　孝一	△齊藤　成彦	○佐伯　竜彦
○坂井　悦郎	○坂田　昇	佐藤　勉	○佐藤　靖彦	○島　弘	○下村　匠
○鈴木　基行	須田久美子	○竹田　宣典	○武若　耕司	○田中　敏嗣	○谷村　幸裕
○土谷　正	○津吉　毅	手塚　正道	土橋　浩	鳥居　和之	○中村　光
△名倉　健二	○二羽淳一郎	○橋本　親典	服部　篤史	○濱田　秀則	原田　修輔
原田　哲夫	△久田　真	福手　勤	○松田　浩	○松村　卓郎	○丸屋　剛
三島　徹也	○水口　和之	○宮川　豊章	○睦好　宏史	○森　拓也	○森川　英典
○横田　弘	吉川　弘道	六郷　恵哲	渡辺　忠朋	渡邉　弘子	○渡辺　博志

旧委員　伊藤　康司

　　　　添田　政司

　　　　松田　隆

（五十音順，敬称略）

○：常任委員会委員

△：常任委員会委員兼幹事

土木学会　コンクリート委員会
セメント系材料を用いたコンクリート構造物の補修補強研究小委員会
委員構成

委員長　上田　多門　（北海道大学）
幹事長　下村　　匠　（長岡技術科学大学）

幹　事

齊藤　成彦　（山梨大学）　　　　　　　　東山　浩士　（近畿大学）
藤山　知加子（法政大学）　　　　　　　　古内　　仁　（北海道大学）
牧　　剛史　（埼玉大学）　　　　　　　　水越　睦視　（神戸市立工業高等専門学校）

委　員

内田　美生　（(一社)　日本建設機械施工協会）　　張　　大偉　（浙江大学）
新藤　竹文　（大成建設(株)）　　　　　　　　　滝本　和志　（清水建設(株)）
谷倉　　泉　（(一社)　日本建設機械施工協会）　　谷村　幸裕　（(公財)鉄道総合技術研究所）
津野　和宏　（首都高技術(株)）　　　　　　　　中村　　光　（名古屋大学）
中嶋　　勇　（(国研)農業・食品産業技術総合研究機構）　萩原　直樹　（(株)高速道路総合技術研究所）
古市　耕輔　（鹿島建設(株)）　　　　　　　　　丸山　久一　（長岡技術科学大学）
宮川　豊章　（京都大学）　　　　　　　　　　　渡辺　博志　（(国研)土木研究所）

委託者側幹事

小林　　朗　（新日鉄住金マテリアルズ(株)）　　佐藤　貢一　（奈良建設(株)）
中井　裕司　（前田工繊(株)）　　　　　　　　　兵頭　彦次　（太平洋セメント(株)）

委託者側委員

赤澤　一彰　（(株)ＳＮＣ）　　　　　　　　　大久保　誠　（前田工繊(株)）
神田　利之　（(株)ケミカル工事）　　　　　　古城　　誠　（(株)トクヤマ）
小関　裕二　（大林道路(株)）　　　　　　　　児玉　孝喜　（鹿島道路(株)）
財津　公明　（東亜コンサルタント(株)）　　　関　　友則　（住友大阪セメント(株)）
竹内　一博　（(株)インフラネット）　　　　　竹内　祥一　（福美建設(株)）
立石　晶洋　（新日鉄住金マテリアルズ(株)）　谷口　硯士　（新日鉄住金マテリアルズ(株)）
田村　哲也　（ＢＡＳＦジャパン(株)）　　　　田原　英男　（三菱マテリアル(株)）
藤原　保久　（三井住友建設(株)）　　　　　　三ツ井達也　（徳倉建設(株)）
宮口　克一　（デンカ(株)）　　　　　　　　　村岡　克明　（(株)ＮＩＰＰＯ）
森本　秀一　（サン・ロード(株)）　　　　　　彌永　穂高　（(株)アーテック）
林　　承燦　（(株)デーロス・ジャパン）

旧委員　宮野　暢紘　（住友大阪セメント(株)）

委託者

(株)アーテック　　　　(株)インフラネット　　　大林道路(株)　　　　　　鹿島道路(株)

(株)ケミカル工事　　　サン・ロード(株)　　　　新日鉄住金マテリアルズ(株)　住友大阪セメント(株)

太平洋セメント(株)　　デンカ(株)　　　　　　　(株)デーロス・ジャパン　　東亜コンサルタント(株)

(株)トクヤマ　　　　　徳倉建設(株)　　　　　　奈良建設(株)　　　　　　福美建設(株)

前田工繊(株)　　　　　三井住友建設(株)　　　　三菱マテリアル(株)　　　ＢＡＳＦジャパン（株）

(株)ＮＩＰＰＯ　　　　(株)ＳＮＣ

(一社)ＰＣＭ工法協会　　　日本建設保全協会　　　　ＦＲＰグリッド工法研究会　　　ＡＴ工法研究会

ＲＣ構造物のポリマーセメントモルタル吹付補修・補強工法協会

共通 WG　委員構成

主　査　齊藤　成彦　（山梨大学）

委員

上田　多門　（北海道大学）　　　　　　大久保　誠　（前田工繊(株)）

小林　朗　（新日鉄住金マテリアルズ(株)）　○佐藤　貢一　（奈良建設(株)）

下村　匠　（長岡技術科学大学）　　　　関　友則　（住友大阪セメント(株)）

立石　晶洋　（新日鉄住金マテリアルズ(株)）谷口　硯士　（新日鉄住金マテリアルズ(株)）

宮口　克一　（デンカ(株)）　　　　　　中井　裕司　（前田工繊(株)）

兵頭　彦次　（太平洋セメント(株)）

○印：幹事

上面増厚工法 WG　委員構成

主　査　水越　睦視　（神戸市立工業高等専門学校）

委員

内田　美生　（(一社)　日本建設機械施工協会）　神田　利之　（(株)ケミカル工事）

小関　裕二　（大林道路(株)）　　　　　児玉　孝喜　（鹿島道路(株)）

村岡　克明　（(株)ＮＩＰＰＯ）　　　○兵頭　彦次　（太平洋セメント(株)）

東山　浩士　（近畿大学）

オブザーバー

一瀬　八洋

○印：幹事

下面増厚工法 WG　委員構成

主査 古内　仁　（北海道大学）

委員

赤澤　一彰　（(株)ＳＮＣ）　　　　　　　上田　多門　（北海道大学）

古城　誠　（(株)トクヤマ）　　　　　　　財津　公明　（東亜コンサルタント(株)）

佐藤　貢一　（奈良建設(株)）　　　　　　竹内　一博　（(株)インフラネット）

田村　哲也　（ＢＡＳＦジャパン(株)）　　○中井　裕司　（前田工繊(株)）

藤山　知加子（法政大学）　　　　　　　　森本　秀一　（サン・ロード(株)）

彌永　穂高　（(株)アーテック）　　　　　林　承燦　（(株)デーロス・ジャパン）

オブザーバー

甲斐　厚　　　　　　　　　　　　　　小沼恵太郎

○印：幹事

巻立て工法 WG　委員構成

主査 牧　剛史　（埼玉大学）

委員

○小林　朗　（新日鉄住金マテリアルズ(株)）　　佐藤　貢一　（奈良建設(株)）

滝本　和志　（清水建設(株)）　　　　　　　　竹内　一博　（(株)インフラネット）

竹内　祥一　（福美建設(株)）　　　　　　　　立石　晶洋　（新日鉄住金マテリアルズ(株)）

田原　英男　（三菱マテリアル(株)）　　　　　藤原　保久　（三井住友建設(株)）

三ツ井達也　（徳倉建設(株)）

○印：幹事

コンクリートライブラリー150

セメント系材料を用いたコンクリート構造物の補修・補強指針

目　次

構造物の補修・補強標準

1章　総　　則···1
　1.1　適用の範囲···1
　1.2　用語の定義···2

2章　補修・補強の基本···3
　2.1　一　　般···3
　2.2　補修・補強の計画···4
　2.3　補修・補強の流れ···4

3章　補修・補強の設計···7
　3.1　一　　般···7
　3.2　既設構造物の調査···7
　3.3　構造計画···8
　3.4　材料の設計値··11
　3.5　作　　用··12
　3.6　性能照査··13

4章　補修・補強の施工··15
　4.1　一　　般··15
　4.2　施工計画··15
　4.3　施　　工··16
　4.4　検　　査··17
　4.5　記　　録··17

5章　補修・補強後の維持管理··18
　5.1　一　　般··18

5.2　点　　検······18

5.3　評　　価······19

5.4　対　　策······19

セメント系材料を用いたコンクリート構造物の補修・補強指針　共通編

1章　総　　則······21

1.1　適用の範囲······21

1.2　補修・補強の基本······22

1.3　用語の定義······24

2章　既設構造物の調査······25

2.1　一　　般······25

2.2　調　　査······25

2.2.1　文書，記録等における調査······25

2.2.2　現地における調査······25

3章　補修・補強の設計······27

3.1　一　　般······27

3.2　構造計画······27

3.3　構造詳細······29

4章　材　　料······30

4.1　一　　般······30

4.2　既設構造物中の材料······30

4.3　補修・補強部分に用いる材料······31

4.3.1　一　　般······31

4.3.2　セメント系材料······32

4.3.3　補強材料······33

4.3.4　充填材料······34

4.3.5　接合材料······34

4.4　材料の特性値および設計値······35

4.4.1　一　　般······35

4.4.2　セメント系材料······35

4.4.3　補強材料······38

4.4.4　接合材料······39

5 章　作　　用‥‥‥‥‥‥‥‥‥‥‥‥‥‥‥‥‥‥‥‥‥‥‥‥‥‥‥‥‥‥‥40

　5.1　一　　般‥‥‥‥‥‥‥‥‥‥‥‥‥‥‥‥‥‥‥‥‥‥‥‥‥‥‥‥‥‥‥40

　5.2　補修・補強の設計で考慮する作用‥‥‥‥‥‥‥‥‥‥‥‥‥‥‥‥‥‥‥41

6 章　補修・補強した構造物の性能照査‥‥‥‥‥‥‥‥‥‥‥‥‥‥‥‥‥‥‥42

　6.1　一　　般‥‥‥‥‥‥‥‥‥‥‥‥‥‥‥‥‥‥‥‥‥‥‥‥‥‥‥‥‥‥‥42

　6.2　応答値の算定‥‥‥‥‥‥‥‥‥‥‥‥‥‥‥‥‥‥‥‥‥‥‥‥‥‥‥‥‥43

　　6.2.1　一　　般‥‥‥‥‥‥‥‥‥‥‥‥‥‥‥‥‥‥‥‥‥‥‥‥‥‥‥‥43

　　6.2.2　モデル化‥‥‥‥‥‥‥‥‥‥‥‥‥‥‥‥‥‥‥‥‥‥‥‥‥‥‥‥43

　　6.2.3　構造解析‥‥‥‥‥‥‥‥‥‥‥‥‥‥‥‥‥‥‥‥‥‥‥‥‥‥‥‥43

　　6.2.4　設計応答値の算定‥‥‥‥‥‥‥‥‥‥‥‥‥‥‥‥‥‥‥‥‥‥‥44

　6.3　耐久性に関する照査‥‥‥‥‥‥‥‥‥‥‥‥‥‥‥‥‥‥‥‥‥‥‥‥‥44

　　6.3.1　一　　般‥‥‥‥‥‥‥‥‥‥‥‥‥‥‥‥‥‥‥‥‥‥‥‥‥‥‥‥44

　　6.3.2　鋼材腐食に対する照査‥‥‥‥‥‥‥‥‥‥‥‥‥‥‥‥‥‥‥‥‥46

　　6.3.3　セメント系材料の劣化に対する照査‥‥‥‥‥‥‥‥‥‥‥‥‥‥‥47

　6.4　安全性に関する照査‥‥‥‥‥‥‥‥‥‥‥‥‥‥‥‥‥‥‥‥‥‥‥‥‥48

　　6.4.1　一　　般‥‥‥‥‥‥‥‥‥‥‥‥‥‥‥‥‥‥‥‥‥‥‥‥‥‥‥‥48

　　6.4.2　断面破壊に対する照査‥‥‥‥‥‥‥‥‥‥‥‥‥‥‥‥‥‥‥‥‥48

　　　6.4.2.1　一　　般‥‥‥‥‥‥‥‥‥‥‥‥‥‥‥‥‥‥‥‥‥‥‥‥‥48

　　　6.4.2.2　曲げモーメントおよび軸方向力に対する照査‥‥‥‥‥‥‥‥48

　　　6.4.2.3　せん断力に対する照査‥‥‥‥‥‥‥‥‥‥‥‥‥‥‥‥‥‥‥49

　　　6.4.2.4　増厚部材の一体性に対する照査‥‥‥‥‥‥‥‥‥‥‥‥‥‥49

　　6.4.3　疲労破壊に対する照査‥‥‥‥‥‥‥‥‥‥‥‥‥‥‥‥‥‥‥‥‥50

　6.5　使用性に関する照査‥‥‥‥‥‥‥‥‥‥‥‥‥‥‥‥‥‥‥‥‥‥‥‥‥50

　　6.5.1　一　　般‥‥‥‥‥‥‥‥‥‥‥‥‥‥‥‥‥‥‥‥‥‥‥‥‥‥‥‥50

　　6.5.2　応力度の制限‥‥‥‥‥‥‥‥‥‥‥‥‥‥‥‥‥‥‥‥‥‥‥‥‥51

　　6.5.3　外観に対する照査‥‥‥‥‥‥‥‥‥‥‥‥‥‥‥‥‥‥‥‥‥‥‥51

　　6.5.4　振動に対する照査‥‥‥‥‥‥‥‥‥‥‥‥‥‥‥‥‥‥‥‥‥‥‥52

　　6.5.5　水密性に対する照査‥‥‥‥‥‥‥‥‥‥‥‥‥‥‥‥‥‥‥‥‥‥52

　6.6　復旧性に関する照査‥‥‥‥‥‥‥‥‥‥‥‥‥‥‥‥‥‥‥‥‥‥‥‥‥52

　　6.6.1　一　　般‥‥‥‥‥‥‥‥‥‥‥‥‥‥‥‥‥‥‥‥‥‥‥‥‥‥‥‥52

　　6.6.2　耐震性に関する構造細目‥‥‥‥‥‥‥‥‥‥‥‥‥‥‥‥‥‥‥‥53

　6.7　構造細目‥‥‥‥‥‥‥‥‥‥‥‥‥‥‥‥‥‥‥‥‥‥‥‥‥‥‥‥‥‥‥53

7 章　施　　工‥‥‥‥‥‥‥‥‥‥‥‥‥‥‥‥‥‥‥‥‥‥‥‥‥‥‥‥‥‥‥54

　7.1　一　　般‥‥‥‥‥‥‥‥‥‥‥‥‥‥‥‥‥‥‥‥‥‥‥‥‥‥‥‥‥‥‥54

　7.2　施工計画‥‥‥‥‥‥‥‥‥‥‥‥‥‥‥‥‥‥‥‥‥‥‥‥‥‥‥‥‥‥‥54

　7.3　施　　工‥‥‥‥‥‥‥‥‥‥‥‥‥‥‥‥‥‥‥‥‥‥‥‥‥‥‥‥‥‥‥54

　7.4　検　　査‥‥‥‥‥‥‥‥‥‥‥‥‥‥‥‥‥‥‥‥‥‥‥‥‥‥‥‥‥‥‥55

8 章 記　　録‥‥‥‥‥‥‥‥‥‥‥‥‥‥‥‥‥‥‥‥‥‥‥‥‥‥‥‥‥‥‥‥‥‥‥56

9 章 維持管理‥‥‥‥‥‥‥‥‥‥‥‥‥‥‥‥‥‥‥‥‥‥‥‥‥‥‥‥‥‥‥‥‥‥‥57

セメント系材料を用いたコンクリート構造物の補修・補強指針　工法別編　上面増厚工法

---

1 章 総　　則‥‥‥‥‥‥‥‥‥‥‥‥‥‥‥‥‥‥‥‥‥‥‥‥‥‥‥‥‥‥‥‥‥‥‥59

  1.1　適用の範囲‥‥‥‥‥‥‥‥‥‥‥‥‥‥‥‥‥‥‥‥‥‥‥‥‥‥‥‥‥‥‥‥‥59

  1.2　用語の定義‥‥‥‥‥‥‥‥‥‥‥‥‥‥‥‥‥‥‥‥‥‥‥‥‥‥‥‥‥‥‥‥‥60

2 章 既設構造物の調査‥‥‥‥‥‥‥‥‥‥‥‥‥‥‥‥‥‥‥‥‥‥‥‥‥‥‥‥‥‥‥61

  2.1　一　　般‥‥‥‥‥‥‥‥‥‥‥‥‥‥‥‥‥‥‥‥‥‥‥‥‥‥‥‥‥‥‥‥‥‥61

  2.2　調　　査‥‥‥‥‥‥‥‥‥‥‥‥‥‥‥‥‥‥‥‥‥‥‥‥‥‥‥‥‥‥‥‥‥‥61

    2.2.1　文書，記録等における調査‥‥‥‥‥‥‥‥‥‥‥‥‥‥‥‥‥‥‥‥‥‥‥61

    2.2.2　現地における調査‥‥‥‥‥‥‥‥‥‥‥‥‥‥‥‥‥‥‥‥‥‥‥‥‥‥‥61

3 章 補修・補強の設計‥‥‥‥‥‥‥‥‥‥‥‥‥‥‥‥‥‥‥‥‥‥‥‥‥‥‥‥‥‥‥62

  3.1　一　　般‥‥‥‥‥‥‥‥‥‥‥‥‥‥‥‥‥‥‥‥‥‥‥‥‥‥‥‥‥‥‥‥‥‥62

  3.2　構造計画‥‥‥‥‥‥‥‥‥‥‥‥‥‥‥‥‥‥‥‥‥‥‥‥‥‥‥‥‥‥‥‥‥‥62

  3.3　構造詳細‥‥‥‥‥‥‥‥‥‥‥‥‥‥‥‥‥‥‥‥‥‥‥‥‥‥‥‥‥‥‥‥‥‥63

4 章 材　　料‥‥‥‥‥‥‥‥‥‥‥‥‥‥‥‥‥‥‥‥‥‥‥‥‥‥‥‥‥‥‥‥‥‥‥65

  4.1　一　　般‥‥‥‥‥‥‥‥‥‥‥‥‥‥‥‥‥‥‥‥‥‥‥‥‥‥‥‥‥‥‥‥‥‥65

  4.2　既設構造物中の材料‥‥‥‥‥‥‥‥‥‥‥‥‥‥‥‥‥‥‥‥‥‥‥‥‥‥‥‥65

  4.3　補修・補強部分に用いる材料‥‥‥‥‥‥‥‥‥‥‥‥‥‥‥‥‥‥‥‥‥‥‥65

    4.3.1　セメント系材料‥‥‥‥‥‥‥‥‥‥‥‥‥‥‥‥‥‥‥‥‥‥‥‥‥‥‥‥65

    4.3.2　補強材料‥‥‥‥‥‥‥‥‥‥‥‥‥‥‥‥‥‥‥‥‥‥‥‥‥‥‥‥‥‥‥66

    4.3.3　接合材料‥‥‥‥‥‥‥‥‥‥‥‥‥‥‥‥‥‥‥‥‥‥‥‥‥‥‥‥‥‥‥66

    4.3.4　防水材料‥‥‥‥‥‥‥‥‥‥‥‥‥‥‥‥‥‥‥‥‥‥‥‥‥‥‥‥‥‥‥67

    4.3.5　舗装材料‥‥‥‥‥‥‥‥‥‥‥‥‥‥‥‥‥‥‥‥‥‥‥‥‥‥‥‥‥‥‥67

  4.4　補修・補強部分に用いる材料の特性値および設計値‥‥‥‥‥‥‥‥‥‥‥‥67

    4.4.1　一　　般‥‥‥‥‥‥‥‥‥‥‥‥‥‥‥‥‥‥‥‥‥‥‥‥‥‥‥‥‥‥‥67

    4.4.2　セメント系材料‥‥‥‥‥‥‥‥‥‥‥‥‥‥‥‥‥‥‥‥‥‥‥‥‥‥‥‥67

    4.4.3　補強材料‥‥‥‥‥‥‥‥‥‥‥‥‥‥‥‥‥‥‥‥‥‥‥‥‥‥‥‥‥‥‥68

    4.4.4　接合材料‥‥‥‥‥‥‥‥‥‥‥‥‥‥‥‥‥‥‥‥‥‥‥‥‥‥‥‥‥‥‥68

5 章 作 用‥‥‥‥‥‥‥‥‥‥‥‥‥‥‥‥‥‥‥‥‥‥‥‥‥‥‥‥‥‥‥‥‥‥‥‥70

　5.1 一 般‥‥‥‥‥‥‥‥‥‥‥‥‥‥‥‥‥‥‥‥‥‥‥‥‥‥‥‥‥‥‥‥‥‥‥‥‥‥70

　5.2 補修・補強設計に応じた作用‥‥‥‥‥‥‥‥‥‥‥‥‥‥‥‥‥‥‥‥‥‥‥‥70

6 章 補修・補強後の構造物の性能照査‥‥‥‥‥‥‥‥‥‥‥‥‥‥‥‥‥‥‥‥‥71

　6.1 一 般‥‥‥‥‥‥‥‥‥‥‥‥‥‥‥‥‥‥‥‥‥‥‥‥‥‥‥‥‥‥‥‥‥‥‥‥71

　6.2 応答値の算定‥‥‥‥‥‥‥‥‥‥‥‥‥‥‥‥‥‥‥‥‥‥‥‥‥‥‥‥‥‥‥71

　　6.2.1 一 般‥‥‥‥‥‥‥‥‥‥‥‥‥‥‥‥‥‥‥‥‥‥‥‥‥‥‥‥‥‥‥‥71

　　6.2.2 構造物のモデル化‥‥‥‥‥‥‥‥‥‥‥‥‥‥‥‥‥‥‥‥‥‥‥‥‥72

　　6.2.3 構造解析‥‥‥‥‥‥‥‥‥‥‥‥‥‥‥‥‥‥‥‥‥‥‥‥‥‥‥‥‥‥72

　　6.2.4 設計応答値の算定‥‥‥‥‥‥‥‥‥‥‥‥‥‥‥‥‥‥‥‥‥‥‥‥‥72

　6.3 耐久性に関する照査‥‥‥‥‥‥‥‥‥‥‥‥‥‥‥‥‥‥‥‥‥‥‥‥‥‥‥72

　　6.3.1 一 般‥‥‥‥‥‥‥‥‥‥‥‥‥‥‥‥‥‥‥‥‥‥‥‥‥‥‥‥‥‥‥‥72

　　6.3.2 鋼材腐食に対する照査‥‥‥‥‥‥‥‥‥‥‥‥‥‥‥‥‥‥‥‥‥‥72

　6.4 安全性に対する照査‥‥‥‥‥‥‥‥‥‥‥‥‥‥‥‥‥‥‥‥‥‥‥‥‥‥‥73

　　6.4.1 一 般‥‥‥‥‥‥‥‥‥‥‥‥‥‥‥‥‥‥‥‥‥‥‥‥‥‥‥‥‥‥‥‥73

　　6.4.2 断面破壊に対する照査‥‥‥‥‥‥‥‥‥‥‥‥‥‥‥‥‥‥‥‥‥‥73

　　　6.4.2.1 一 般‥‥‥‥‥‥‥‥‥‥‥‥‥‥‥‥‥‥‥‥‥‥‥‥‥‥‥73

　　　6.4.2.2 曲げモーメントおよび軸方向力に対する照査‥‥‥‥‥‥73

　　　6.4.2.3 せん断力に対する照査‥‥‥‥‥‥‥‥‥‥‥‥‥‥‥‥‥‥74

　　　6.4.2.4 ねじりモーメントに対する照査‥‥‥‥‥‥‥‥‥‥‥‥‥75

　　6.4.3 疲労破壊に対する照査‥‥‥‥‥‥‥‥‥‥‥‥‥‥‥‥‥‥‥‥‥‥75

　　　6.4.3.1 曲げ疲労耐力に対する照査‥‥‥‥‥‥‥‥‥‥‥‥‥‥‥75

　　　6.4.3.2 面部材の押抜きせん断疲労耐力に対する照査‥‥‥‥‥76

　6.5 使用性に関する照査‥‥‥‥‥‥‥‥‥‥‥‥‥‥‥‥‥‥‥‥‥‥‥‥‥‥‥77

　　6.5.1 一 般‥‥‥‥‥‥‥‥‥‥‥‥‥‥‥‥‥‥‥‥‥‥‥‥‥‥‥‥‥‥‥‥77

　　6.5.2 応力度の制限‥‥‥‥‥‥‥‥‥‥‥‥‥‥‥‥‥‥‥‥‥‥‥‥‥‥‥77

　　6.5.3 外観に対する照査‥‥‥‥‥‥‥‥‥‥‥‥‥‥‥‥‥‥‥‥‥‥‥‥78

　6.6 復旧性に関する照査‥‥‥‥‥‥‥‥‥‥‥‥‥‥‥‥‥‥‥‥‥‥‥‥‥‥‥78

　　6.6.1 一 般‥‥‥‥‥‥‥‥‥‥‥‥‥‥‥‥‥‥‥‥‥‥‥‥‥‥‥‥‥‥‥‥78

　　6.6.2 耐震性に関する構造細目‥‥‥‥‥‥‥‥‥‥‥‥‥‥‥‥‥‥‥‥78

　6.7 構造細目‥‥‥‥‥‥‥‥‥‥‥‥‥‥‥‥‥‥‥‥‥‥‥‥‥‥‥‥‥‥‥‥‥78

　　6.7.1 上面増厚部の厚さ‥‥‥‥‥‥‥‥‥‥‥‥‥‥‥‥‥‥‥‥‥‥‥‥78

　　6.7.2 か ぶ り‥‥‥‥‥‥‥‥‥‥‥‥‥‥‥‥‥‥‥‥‥‥‥‥‥‥‥‥‥‥79

　　6.7.3 補強材料の配置‥‥‥‥‥‥‥‥‥‥‥‥‥‥‥‥‥‥‥‥‥‥‥‥‥79

　　6.7.4 補強材料の継手‥‥‥‥‥‥‥‥‥‥‥‥‥‥‥‥‥‥‥‥‥‥‥‥‥79

7 章 施 工‥‥‥‥‥‥‥‥‥‥‥‥‥‥‥‥‥‥‥‥‥‥‥‥‥‥‥‥‥‥‥‥‥‥‥80

7.1 一　　般・・・80

7.2 事前調査および施工計画・・81

7.3 セメント系材料の配合・・82

7.4 事前準備・・・82

7.5 下地処理・・・83

7.6 補強材料の組立て・・・83

7.7 セメント系材料の製造・・84

7.8 運搬・打込み・締固めおよび仕上げ・・・・・・・・・・・・・・・・・・・・・・・・・・・・・・・・・・・・84

7.9 養　　生・・・85

7.10 舗　　装・・・85

7.11 品質管理・・86

7.12 検　　査・・86

8 章　記　　録・・・88

9 章　維持管理・・89

セメント系材料を用いたコンクリート構造物の補修・補強指針　工法別編
下面増厚工法

---

1 章　総　　則・・・91

1.1 適用の範囲・・・91

1.2 用語の定義・・・92

2 章　既設構造物の調査・・93

2.1 一　　般・・・93

2.2 調　　査・・・93

2.2.1 文書，記録等における調査・・93

2.2.2 現地における調査・・・93

3 章　補修・補強の設計・・94

3.1 一　　般・・・94

3.2 構造計画・・・95

3.3 構造詳細・・・95

4 章　材　　料・・・97

4.1 一　　般・・・97

4.2 既設構造物中の材料・・97

4.3 補修・補強部分に用いる材料‥‥‥‥‥‥‥‥‥‥‥‥‥‥‥‥‥‥‥‥‥‥‥97

   4.3.1 一　　般‥‥‥‥‥‥‥‥‥‥‥‥‥‥‥‥‥‥‥‥‥‥‥‥‥‥‥‥‥‥‥97

   4.3.2 セメント系材料‥‥‥‥‥‥‥‥‥‥‥‥‥‥‥‥‥‥‥‥‥‥‥‥‥‥‥97

   4.3.3 補強材料‥‥‥‥‥‥‥‥‥‥‥‥‥‥‥‥‥‥‥‥‥‥‥‥‥‥‥‥‥‥98

   4.3.4 接合材料‥‥‥‥‥‥‥‥‥‥‥‥‥‥‥‥‥‥‥‥‥‥‥‥‥‥‥‥‥‥98

4.4 材料の特性値および設計値‥‥‥‥‥‥‥‥‥‥‥‥‥‥‥‥‥‥‥‥‥‥‥‥98

   4.4.1 一　　般‥‥‥‥‥‥‥‥‥‥‥‥‥‥‥‥‥‥‥‥‥‥‥‥‥‥‥‥‥‥‥98

   4.4.2 セメント系材料‥‥‥‥‥‥‥‥‥‥‥‥‥‥‥‥‥‥‥‥‥‥‥‥‥‥‥98

   4.4.3 補強材料‥‥‥‥‥‥‥‥‥‥‥‥‥‥‥‥‥‥‥‥‥‥‥‥‥‥‥‥‥‥99

   4.4.4 接合材料‥‥‥‥‥‥‥‥‥‥‥‥‥‥‥‥‥‥‥‥‥‥‥‥‥‥‥‥‥‥99

5 章　作　　用‥‥‥‥‥‥‥‥‥‥‥‥‥‥‥‥‥‥‥‥‥‥‥‥‥‥‥‥‥‥‥‥‥100

5.1 一　　般‥‥‥‥‥‥‥‥‥‥‥‥‥‥‥‥‥‥‥‥‥‥‥‥‥‥‥‥‥‥‥‥‥100

5.2 補修・補強の設計で考慮する作用‥‥‥‥‥‥‥‥‥‥‥‥‥‥‥‥‥‥‥‥‥100

6 章　補修・補強した構造物の性能照査‥‥‥‥‥‥‥‥‥‥‥‥‥‥‥‥‥‥‥‥101

6.1 一　　般‥‥‥‥‥‥‥‥‥‥‥‥‥‥‥‥‥‥‥‥‥‥‥‥‥‥‥‥‥‥‥‥‥101

6.2 応答値の算定‥‥‥‥‥‥‥‥‥‥‥‥‥‥‥‥‥‥‥‥‥‥‥‥‥‥‥‥‥‥101

   6.2.1 一　　般‥‥‥‥‥‥‥‥‥‥‥‥‥‥‥‥‥‥‥‥‥‥‥‥‥‥‥‥‥‥‥101

   6.2.2 構造物のモデル化‥‥‥‥‥‥‥‥‥‥‥‥‥‥‥‥‥‥‥‥‥‥‥‥‥‥101

   6.2.3 構造解析‥‥‥‥‥‥‥‥‥‥‥‥‥‥‥‥‥‥‥‥‥‥‥‥‥‥‥‥‥‥102

   6.2.4 設計応答値の算定‥‥‥‥‥‥‥‥‥‥‥‥‥‥‥‥‥‥‥‥‥‥‥‥‥‥102

6.3 耐久性に関する照査‥‥‥‥‥‥‥‥‥‥‥‥‥‥‥‥‥‥‥‥‥‥‥‥‥‥‥105

6.4 安全性に関する照査‥‥‥‥‥‥‥‥‥‥‥‥‥‥‥‥‥‥‥‥‥‥‥‥‥‥‥105

   6.4.1 一　　般‥‥‥‥‥‥‥‥‥‥‥‥‥‥‥‥‥‥‥‥‥‥‥‥‥‥‥‥‥‥‥105

   6.4.2 断面破壊に対する照査‥‥‥‥‥‥‥‥‥‥‥‥‥‥‥‥‥‥‥‥‥‥‥‥106

      6.4.2.1 一　　般‥‥‥‥‥‥‥‥‥‥‥‥‥‥‥‥‥‥‥‥‥‥‥‥‥‥‥‥106

      6.4.2.2 曲げモーメントおよび軸方向力に対する照査‥‥‥‥‥‥‥‥‥‥‥106

      6.4.2.3 せん断力に対する照査‥‥‥‥‥‥‥‥‥‥‥‥‥‥‥‥‥‥‥‥‥‥108

      6.4.2.4 ねじりモーメントに対する照査‥‥‥‥‥‥‥‥‥‥‥‥‥‥‥‥‥112

   6.4.3 疲労破壊に対する照査‥‥‥‥‥‥‥‥‥‥‥‥‥‥‥‥‥‥‥‥‥‥‥‥113

6.5 使用性に関する照査‥‥‥‥‥‥‥‥‥‥‥‥‥‥‥‥‥‥‥‥‥‥‥‥‥‥‥114

   6.5.1 一　　般‥‥‥‥‥‥‥‥‥‥‥‥‥‥‥‥‥‥‥‥‥‥‥‥‥‥‥‥‥‥‥114

   6.5.2 外観に対する照査‥‥‥‥‥‥‥‥‥‥‥‥‥‥‥‥‥‥‥‥‥‥‥‥‥‥114

   6.5.3 変位および変形に対する照査‥‥‥‥‥‥‥‥‥‥‥‥‥‥‥‥‥‥‥‥115

6.6 復旧性に関する照査‥‥‥‥‥‥‥‥‥‥‥‥‥‥‥‥‥‥‥‥‥‥‥‥‥‥‥115

6.7 構造細目‥‥‥‥‥‥‥‥‥‥‥‥‥‥‥‥‥‥‥‥‥‥‥‥‥‥‥‥‥‥‥‥‥115

   6.7.1 下面増厚部の厚さ‥‥‥‥‥‥‥‥‥‥‥‥‥‥‥‥‥‥‥‥‥‥‥‥‥‥115

   6.7.2 かぶり厚さ‥‥‥‥‥‥‥‥‥‥‥‥‥‥‥‥‥‥‥‥‥‥‥‥‥‥‥‥‥116

   6.7.3 補強材料のあき‥‥‥‥‥‥‥‥‥‥‥‥‥‥‥‥‥‥‥‥‥‥‥‥‥‥116

   6.7.4 補強材料の継手‥‥‥‥‥‥‥‥‥‥‥‥‥‥‥‥‥‥‥‥‥‥‥‥‥‥117

   6.7.5 補強材料の定着・固定方法‥‥‥‥‥‥‥‥‥‥‥‥‥‥‥‥‥‥‥‥‥117

7 章　施　　工‥‥‥‥‥‥‥‥‥‥‥‥‥‥‥‥‥‥‥‥‥‥‥‥‥‥‥‥‥‥‥‥‥‥‥‥‥118

　7.1　一　　般‥‥‥‥‥‥‥‥‥‥‥‥‥‥‥‥‥‥‥‥‥‥‥‥‥‥‥‥‥‥‥‥‥‥‥118

　7.2　事前調査および施工計画‥‥‥‥‥‥‥‥‥‥‥‥‥‥‥‥‥‥‥‥‥‥‥‥‥‥‥119

　7.3　下地処理工‥‥‥‥‥‥‥‥‥‥‥‥‥‥‥‥‥‥‥‥‥‥‥‥‥‥‥‥‥‥‥‥‥120

　7.4　補強材料の取付け工‥‥‥‥‥‥‥‥‥‥‥‥‥‥‥‥‥‥‥‥‥‥‥‥‥‥‥‥‥120

　7.5　素地調整工‥‥‥‥‥‥‥‥‥‥‥‥‥‥‥‥‥‥‥‥‥‥‥‥‥‥‥‥‥‥‥‥‥121

　7.6　増厚材料の貯蔵・練混ぜ・運搬‥‥‥‥‥‥‥‥‥‥‥‥‥‥‥‥‥‥‥‥‥‥‥121

　7.7　増厚材料の増厚施工‥‥‥‥‥‥‥‥‥‥‥‥‥‥‥‥‥‥‥‥‥‥‥‥‥‥‥‥‥122

　7.8　養　　生‥‥‥‥‥‥‥‥‥‥‥‥‥‥‥‥‥‥‥‥‥‥‥‥‥‥‥‥‥‥‥‥‥‥‥123

　7.9　品質管理‥‥‥‥‥‥‥‥‥‥‥‥‥‥‥‥‥‥‥‥‥‥‥‥‥‥‥‥‥‥‥‥‥‥‥123

　7.10　検　　査‥‥‥‥‥‥‥‥‥‥‥‥‥‥‥‥‥‥‥‥‥‥‥‥‥‥‥‥‥‥‥‥‥‥‥123

8 章　記　　録‥‥‥‥‥‥‥‥‥‥‥‥‥‥‥‥‥‥‥‥‥‥‥‥‥‥‥‥‥‥‥‥‥‥‥125

9 章　維持管理‥‥‥‥‥‥‥‥‥‥‥‥‥‥‥‥‥‥‥‥‥‥‥‥‥‥‥‥‥‥‥‥‥‥‥126

セメント系材料を用いたコンクリート構造物の補修・補強指針　工法別編 巻立て工法

---

1 章　総　　則‥‥‥‥‥‥‥‥‥‥‥‥‥‥‥‥‥‥‥‥‥‥‥‥‥‥‥‥‥‥‥‥‥‥‥127

　1.1　適用の範囲‥‥‥‥‥‥‥‥‥‥‥‥‥‥‥‥‥‥‥‥‥‥‥‥‥‥‥‥‥‥‥‥‥‥127

　1.2　用語の定義　‥‥‥‥‥‥‥‥‥‥‥‥‥‥‥‥‥‥‥‥‥‥‥‥‥‥‥‥‥‥‥‥127

2 章　既設構造物の調査‥‥‥‥‥‥‥‥‥‥‥‥‥‥‥‥‥‥‥‥‥‥‥‥‥‥‥‥‥‥128

　2.1　一　　般‥‥‥‥‥‥‥‥‥‥‥‥‥‥‥‥‥‥‥‥‥‥‥‥‥‥‥‥‥‥‥‥‥‥‥128

　2.2　調　　査‥‥‥‥‥‥‥‥‥‥‥‥‥‥‥‥‥‥‥‥‥‥‥‥‥‥‥‥‥‥‥‥‥‥‥128

　　2.2.1　文書，記録等による調査‥‥‥‥‥‥‥‥‥‥‥‥‥‥‥‥‥‥‥‥‥‥‥‥‥128

　　2.2.2　現地における調査‥‥‥‥‥‥‥‥‥‥‥‥‥‥‥‥‥‥‥‥‥‥‥‥‥‥‥‥128

3 章　補修・補強の設計‥‥‥‥‥‥‥‥‥‥‥‥‥‥‥‥‥‥‥‥‥‥‥‥‥‥‥‥‥‥130

　3.1　一　　般‥‥‥‥‥‥‥‥‥‥‥‥‥‥‥‥‥‥‥‥‥‥‥‥‥‥‥‥‥‥‥‥‥‥‥130

　3.2　構造計画‥‥‥‥‥‥‥‥‥‥‥‥‥‥‥‥‥‥‥‥‥‥‥‥‥‥‥‥‥‥‥‥‥‥‥130

　3.3　構造詳細‥‥‥‥‥‥‥‥‥‥‥‥‥‥‥‥‥‥‥‥‥‥‥‥‥‥‥‥‥‥‥‥‥‥‥131

4 章　材　　料‥‥‥‥‥‥‥‥‥‥‥‥‥‥‥‥‥‥‥‥‥‥‥‥‥‥‥‥‥‥‥‥‥‥‥133

　4.1　一　　般‥‥‥‥‥‥‥‥‥‥‥‥‥‥‥‥‥‥‥‥‥‥‥‥‥‥‥‥‥‥‥‥‥‥‥133

　4.2　既設構造物中の材料‥‥‥‥‥‥‥‥‥‥‥‥‥‥‥‥‥‥‥‥‥‥‥‥‥‥‥‥‥133

　4.3　補修・補強部分に用いる材料‥‥‥‥‥‥‥‥‥‥‥‥‥‥‥‥‥‥‥‥‥‥‥‥133

4.3.1	一　　般	133
4.3.2	セメント系材料	134
4.3.3	補強材料	136
4.3.4	接合材料	137
4.3.5	充填材料	137

4.4　材料の特性値および設計値 138
4.4.1	一　　般	138
4.4.2	セメント系材料	138
4.4.3	補強材料	138
4.4.4	接合材料	138

5 章　作　　用 139
5.1　一　　般 139
5.2　補修・補強の設計で考慮する作用 139

6 章　補修・補強した構造物の性能の照査 140
6.1　一　　般 140
6.2　応答値の算定 140
6.2.1	一　　般	140
6.2.2	構造物のモデル化	141
6.2.3	構造解析	142
6.2.4	設計応答値の算定	142

6.3　耐久性の照査 142
6.4　安全性に関する照査 142
6.4.1	一　　般	142
6.4.2	断面破壊に対する照査	142
6.4.2.1	一　　般	142
6.4.2.2	曲げモーメントおよび軸方向力に対する照査	143
6.4.2.3	せん断力に対する照査	144
6.4.2.4	ねじりに対する照査	146

6.5　使用性に関する照査 146
6.5.1	一　　般	146
6.5.2	外観に対する照査	146
6.5.3	振動に対する照査	146
6.5.4	変位・変形の照査	147

6.6　耐震性に関する照査 147
6.7　構造細目 147
| 6.7.1 | 補強材料の配置および鉄筋のあき | 147 |
| 6.7.2 | 補強材料のかぶりおよび巻立て厚さ | 148 |

6.7.3　横方向補強材の継手 ··· 148

6.7.4　軸方向鉄筋のフーチングへの定着 ·· 149

6.7.5　中間貫通補強材 ·· 149

7 章　施　　工 ·· 151

7.1　一　　般 ·· 151

7.2　事前調査および施工計画 ·· 152

7.3　下地処理工 ·· 153

7.4　補強材料の取付け工 ··· 153

7.5　コンクリート巻立て工法の施工 ··· 154

7.6　モルタル巻立て工法の施工 ··· 154

7.6.1　素地調整工 ··· 154

7.6.2　モルタルの貯蔵・練混ぜ・運搬 ·· 155

7.6.3　モルタルの巻立て ·· 155

7.6.4　養　　生 ··· 156

7.7　表面保護工 ·· 156

7.8　品質管理 ·· 157

7.9　検　　査 ·· 157

8 章　記　　録 ·· 158

9 章　維持管理 ·· 159

付属資料　上面増厚工法編

1.　上面増厚工法の発展 ·· 161

2.　上面増厚工法の事例 ·· 165

3.　上面増厚工法の設計例 ··· 171

付属資料　下面増厚工法編

1.　下面増厚工法の発展 ·· 183

2.　下面増厚工法の施工事例 ·· 187

3.　下面増厚工法の再劣化事例 ··· 191

4.　安全性の照査方法について ··· 193

5.　下面増厚工法の試設計例 ·· 203

6. 非線形有限要素解析を用いた検討例 ··214

付属資料　巻立て工法編

---

1. セメント系材料を使用した巻立て工法の発展 ·······································221
2. 巻立て工法の事例 ···224
3. 巻立て工法の設計例 ···234

構造物の補修・補強標準

1章 総　則

1.1　適用の範囲

構造物の補修・補強標準は，各種構造物の補修・補強における共通の事項を示すものである．

【解　説】　構造物がその設計耐用期間を通じて設定された要求性能を満足するためには，適切な設計および確実な施工とともに，供用後の適切な維持管理が必要である．構造物の維持管理では，点検で入手した情報に基づいて構造物が保有する性能を評価し，性能の回復や向上が必要と判断された場合には，必要な補修・補強を実施することになる．この標準は，鋼やコンクリートで構成された構造物の補修・補強を実施する上で，各種補修・補強工法に共通の事項を示したものである．

構造物の補修では，新設時に設定した性能に回復させることを目標として，ひび割れやき裂の修復，断面の修復，表面の処理，欠落部品の交換・取替え，部位の追加等の各種補修工法を適用するとともに，性能低下を引き起こす要因がもたらす影響を低減する必要がある．また，構造物の補強では，新設時の性能に関わらず設定した要求性能を満足するように，断面の増加，部材の交換・追加，支持点の追加，補強材の追加，応力の導入等の各種補強工法を適用し，補強後の構造物が所要の性能を満足することを適切な照査法により確認する必要がある．

これまで多くの補修・補強工法が提案され，実際に適用されているが，中には想定した効果を十分に発揮できていないものや，早期に効果が失われているものがあることが確認されている．その要因としては，使用する材料の特性を十分に把握できていないこと，性能の回復や向上が確実に達成できる設計となっていないこと，必要な施工環境が確保されていないこと，性能低下を引き起こす要因を把握できていないことなどが考えられる．適用した補修・補強工法が想定した効果を発揮しているかについて十分に検証を行い，記録を残していくことが必要である．

この標準は，補修・補強の計画，設計，施工，補修・補強後の維持管理に関して，適用する補修・補強工法によらない共通の事項を示すものである．各種補修・補強工法の具体的な適用に関しては，以下に示す土木学会が発刊する関連基準とともに，補修・補強の方法を具体的に定めた指針を参照することを前提としている．

コンクリート標準示方書［基本原則編］，［設計編］，［施工編］，［維持管理編］

鋼・合成構造標準示方書［総則編・構造計画編・設計編］，［施工編］，［維持管理編］

複合構造標準示方書［原則編］，［設計編］，［施工編］，［維持管理編］

セメント系材料を用いたコンクリート構造物の補修・補強指針［2018 年制定］

FRP 接着による構造物の補修・補強指針（案）［2018 年制定］

1.2 用語の定義

　この標準では，次のように用語を定義する．

設計耐用期間：構造物または部材が要求性能を満足する設計上の期間．

補　　　修：力学的性能を供用開始時に構造物が保有していた程度まで回復させるための行為．または，第三者への影響の除去，および美観や材料劣化抵抗性の回復や向上を目的とした対策．

補　　　強：力学的性能を供用開始時に構造物が保有していた以上の性能まで向上させるための行為．

2章　補修・補強の基本

2.1　一　般

（1）　構造物の補修・補強は，回復や向上させる性能を明確にしたうえで，補修・補強後の構造物が要求性能を所定の期間満足するように実施しなければならない．

（2）　補修・補強の実施にあたっては，補修・補強の設計，施工，ならびに補修・補強後の維持管理に至る計画を策定するものとする．

（3）　補修・補強は，残存する供用期間と，性能を保持できると評価された期間との関係に基づき，費用便益やライフサイクルコスト等を考慮して実施するものとする．

【解　説】　（1）について　構造物の補修・補強にあたっては，対象構造物の保有する性能を適切な方法により評価し，回復や向上させる性能とそのレベルを明確にする必要がある．また，補修・補強後の構造物が残存する設計耐用期間において要求された性能を満足するように，適用する補修・補強工法の効果が持続する期間を明確にしておく必要がある．構造物の性能評価に基づいた適切な補修・補強を実施しなければ，対症療法的な対策となり，必要な性能回復や向上が得られない場合や，補修・補強後の構造物が早期に性能低下を引き起こす場合がある．

　設定した設計耐用期間において補修・補強後の構造物に要求される性能を満足させるためには，使用する材料の特性を十分に把握しておくこと，性能の回復や向上が確実に達成できる設計とすること，必要な施工環境を確保すること，性能低下を引き起こす要因を適切に把握し，その影響を低減することなどが重要である．使用する材料の選定では，特に接着剤等の接合材料の耐用期間や，適用可能な環境条件等に配慮する必要がある．また，補修・補強の施工において，温度や湿度等の必要な施工環境が確保されていなければ，期待する効果が得られず，必要な性能が発揮できない場合や早期の性能低下が生じる場合がある．その他，材料劣化が生じた構造物の補修・補強においては，劣化部の除去や劣化要因の把握が適切に行われなければ，早期に再劣化を生じる可能性が考えられる．したがって，補修・補強後の構造物が性能を保持できる期間を明確にし，適切な維持管理を実施することが必要である．

　（2）について　補修・補強の計画は，性能の回復や向上が確実に達成されるように設計での構造計画や施工計画を検討するとともに，補修・補強の効果が所定の期間保持されるように補修・補強後の構造物の維持管理計画を検討した上で策定する必要がある．

　（3）について　補修・補強に先立って実施される既設構造物の性能評価では，当該構造物の点検時点での各性能の限界値に対する余裕度や，性能を保持できる期間が明らかとなる．さらに，補修・補強後の性能評価では，補修・補強後の構造物の設計耐用期間を明確にしなければ，設計耐用期間中に想定外の補修・補強を繰返すことで，ライフサイクルコストが増大することが考えられる．したがって，補修・補強の対象となる構造物が属する施設の残存する供用期間と，補修・補強後の構造物が性能を保持する期間との関係に基づいて，ライフサイクルコストが最小となるような補修・補強を実施することが重要である．特に，補修・補強工法の選定では，各工法の費用便益やライフサイクルコストを考慮するのがよい．

2.2 補修・補強の計画

（1） 補修・補強の計画は，補修・補強の対象となる構造物の現況を考慮して策定しなければならない.
（2） 補修・補強の計画では，補修・補強の設計，施工，補修・補強後の維持管理を総合的に考慮して策定しなければならない.
（3） 補修・補強を確実に遂行するために，適切な実施体制を整えなければならない.

【解　説】　（1）について　構造物の補修・補強は，既設の構造物を供用しながら実施されるのが一般的である. そのため，既設構造物の調査や，補修・補強の施工における制約が厳しい場合が多く，作業従事者の作業環境や安全性等に対する配慮を十分に行うとともに，補修・補強後の構造物が確実に要求性能を満足するように綿密な計画を策定することが重要である. したがって，補修・補強の前に実施される点検において，当該構造物の現況を適切に把握しておくことが求められる.

補修・補強の実施にあたっては，補修・補強の設計や施工の検討に必要な情報を取得するために，既設構造物の詳細な調査を計画する必要がある. 特に，適用する補修・補強工法の選定は，既設構造物の調査の結果に基づき総合的に判断されることになる.

（2）について　補修・補強の計画は，設計における構造計画，施工計画，補修・補強後の維持管理計画を総合的に検討することにより，構造物の重要度，設計耐用期間，供用条件，施工方法，品質管理や検査の状況，維持管理の難易度等に配慮し，補修・補強後の構造物が所要の性能を確保できるように策定する. また，合理的な補修・補強とするためには，当該構造物の維持管理計画との連携を図る必要がある.

（3）について　構造物の補修・補強は，工期を含め各種の制約条件が厳しいことが想定されるため，補修・補強を確実に遂行するためには，必要となる組織，人員，材料，予算等を確保し，適切な実施体制を整える必要がある.

2.3 補修・補強の流れ

（1） 構造物の補修・補強は，策定された補修・補強の計画に基づき，補修・補強の対象となる既設構造物の調査，補修・補強の設計，施工，記録，補修・補強後の維持管理により実施するものとする.
（2） 補修・補強の対象となる既設構造物の調査では，補修・補強の合理的な設計，および確実な施工のために必要な情報を取得するものとする.
（3） 補修・補強の設計では，補修・補強後の構造物が所定の期間を通じて要求された性能を満足することを適切な方法で照査するものとする.
（4） 補修・補強の施工は，設計で設定した性能が確保されるように実施するものとする.
（5） 補修・補強後の構造物の維持管理を効果的に行うために，実施した調査，設計，施工に関する情報を記録するものとする.
（6） 補修・補強後の構造物が要求された性能を所定の期間保持するように，適切な維持管理を行うものとする.

【解　説】　（1）について　構造物の補修・補強は，策定された補修・補強の計画に基づき，**解説 図 2.3.1**に示す既設構造物の調査，補修・補強の設計と性能照査，補修・補強の施工によって実施され，補修・補強に関する情報を記録した上で，補修・補強後の維持管理に至るものとする．

　（2）について　補修・補強にあたっては，詳細調査を実施するなどして，補修・補強の設計や施工に必要な情報を入手する．補修・補強の設計に関しては，工法の選定や構造詳細の決定に際し，既設構造物に対する作用（荷重条件や環境条件），境界条件（隣接構造物や隣接部材との関係，変状の空間分布），既設構造物中の材料の状態等の情報が必要である．補修・補強の施工に関しては，施工方法や工程の決定に際し，既設構造物の環境条件，施工空間や資材の仮置き場，供用の状態等の情報が必要である．

　（3）について　補修・補強の設計では，補修・補強後の構造物が所定の性能を満足するように，工法の選定等を含む構造計画を策定し，構造詳細を決定する．また，補修・補強の対象となった性能が確実に回復または向上されること，および構造物が補修・補強の直後だけでなく，残存する設計耐用期間において所定の性能を満足することを性能照査によって確認する．補修・補強では，新たに接合する材料，部位，部材に

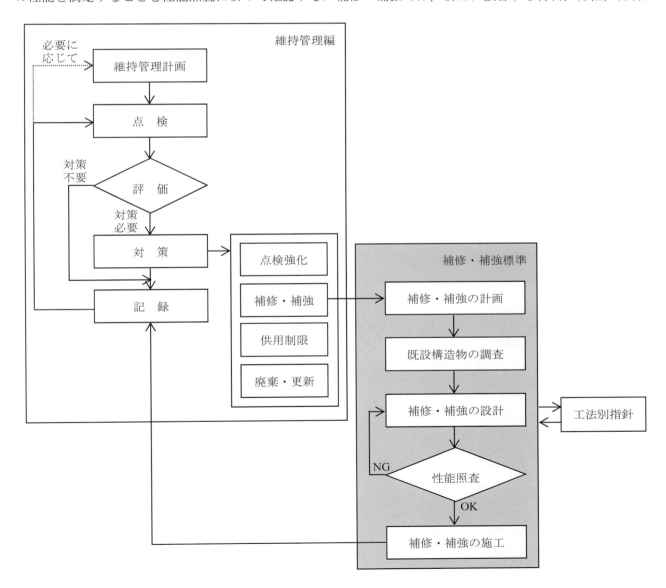

解説 図 2.3.1　補修・補強の流れ

どのような特性や性能を期待し，接合後にどのような一体性を設計の条件とするのかを明確にしておく必要がある．

（4）について　補修・補強の施工では，補修・補強後の構造物が設計した性能を発揮できるように，適切な施工計画を策定し，工事の各段階で必要な検査を実施する．補修・補強では，補強材料，部位，部材を接合するため，既設構造物の接合面を適切に処理することが必要である．また，接合材料は温度や湿度の影響を受ける場合が多く，施工時の環境条件には特に配慮が必要である．

（5）について　補修・補強において実施した既設構造物の調査結果，および設計・施工に関する情報は適切に記録し，補修・補強後の維持管理に引き継ぐ必要がある．特に補修・補強後は，既設部を外観変状によって評価することが困難になる場合が多いため，既設部の変状等やその処置に関する情報を適切に記録しておくことが求められる．また，補修・補強に使用する接合材料によっては，施工時の環境条件について記録しておく必要がある．

（6）について　補修・補強後の構造物が所定の期間性能を保持できるように，適切な維持管理を行うことが必要である．点検時には，接合部の状態に着目し，設定した既設部と補修・補強部の一体性が確保されていることを確認する．補修・補強に使用した材料によっては，表面の保護等，定期的な処置が必要な場合がある．また，補修・補強を実施した構造物が変状を有していた場合には，変状の進行がないか，変状の要因を適切に把握できているかなどに注意する必要がある．

3章　補修・補強の設計

3.1　一　　般

補修・補強の設計では，既設構造物の調査結果に基づき，補修・補強後の構造物が要求性能を満足するように合理的な構造計画および構造詳細を設定し，所定の期間を通じて要求性能が満足されていることを適切な方法により照査しなければならない．

【解　説】　補修・補強の設計では，必要とする性能の回復や向上を確実に遂行できる補修・補強工法を選定し，既設構造物の現況に応じた適切な構造計画および構造詳細を設定した上で，補修・補強後の構造物が所定の期間を通じて要求性能を満足することを適切な方法により照査する．補修・補強の設計にあたっては，対象となる既設構造物の調査を詳細に実施し，設計に必要な情報を取得する．特に，変状が生じている場合には，その程度および範囲を把握するとともに，残存する設計耐用期間における経時的な影響を推察し，設計において適切に配慮する必要がある．

供用中の既設構造物に対する補修・補強は，厳しい制約条件の下で実施する場合がほとんどである．補修・補強後の構造物が要求する性能を確実に満足できるように，施工および補修・補強後の維持管理に配慮した合理的な構造計画を立案するものとする．

補修・補強後の構造物の性能照査では，適用した補修・補強工法の前提条件を踏まえた上で，補修・補強が部材または構造物に与える影響を適切に考慮できる照査法を用いて，補修・補強後の構造物が設計耐用期間を通じて要求性能を満足することを確認する必要がある．

3.2　既設構造物の調査

（1）　補修・補強の対象となる既設構造物の状態について詳細に調査しなければならない．
（2）　既設構造物の置かれた制約条件について調査しなければならない．

【解　説】　（1）について　既設構造物の調査では，補修・補強の対象となる構造物の状態を詳細に把握するとともに，性能低下を引き起こした要因について調査することで，適用可能な補修・補強工法の選定に必要な情報を取得する．補修・補強の設計や施工では，適用する箇所の表面の状態，既設構造物中の材料の特性，既設構造物が受けてきた作用・環境条件，変状が生じている場合にはその種類や空間的広がり等を把握しておく必要がある．また，補修・補強の履歴がある場合には，設計や施工の記録，現在の状態等について調査し，適用する補修・補強工法の選定に考慮する．

（2）について　既設構造物の調査では，補修・補強の設計や施工を検討する際の制約条件を把握しておく必要がある．制約条件には，**解説 表**3.2.1に示すように，時間的な制約，空間的な制約，作用による制約等がある．道路の車線規制や通行止め，鉄道の営業時間外や運行停止といった既設構造物の供用状態によっ

解説 表 3.2.1 制約条件の例

分類	制約
時間的な制約	施工時間，供用状態（通行止め，規制）
空間的な制約	構造寸法，施工空間，隣接構造物，仮置き場
作用による制約	交通荷重，初期応力，隣接構造物
その他	費用，環境条件，作業の安全性，周辺環境への影響

て，施工時間が左右されることになり，補修・補強工法の選定や構造計画の設定に大きな影響を及ぼす．

空間的な制約としては，躯体の施工空間や資材の仮置き場の確保，隣接構造物の影響等を把握しておくことが必要となる．また，補修・補強の設計を合理的に行うためには，既設構造物が現在受けている作用やこれまで受けてきた作用の履歴について把握することが必要となる．その他，補修・補強工事における周辺環境への配慮や，補修・補強後の構造物の景観への適合性等に関する調査も重要である．

3.3 構造計画

（1） 補修・補強後の構造物が要求性能を満たすように，構造特性，材料，施工方法，維持管理方法，経済性等を考慮して補修・補強工法の選定を行い，構造詳細を決定するものとする．

（2） 補修・補強後の構造物が設計耐用期間にわたり，所要の安全性，使用性および復旧性を確保するように考慮しなければならない．

（3） 施工に関する制約条件，施工時期や施工期間等を考慮しなければならない．

（4） 構造物の重要度，設計耐用期間，供用条件，環境条件および維持管理の難易度等を考慮し，補修・補強後の維持管理が適切になされるように考慮しなければならない．

（5） 照査に用いる安全係数は，既設構造物および補修・補強後の構造物の現況に応じて適切に定めなければならない．

【解 説】 （1）および（2）について 構造物の補修・補強では，必要とする性能の回復や向上が確実に達成できるような補修・補強工法を適用する必要がある．また，選定した補修・補強工法の特性や適用の前提条件に十分留意して構造詳細を決定する．

構造物の補修は，設定した性能に回復させることを目的として，性能低下を引き起こす要因がもたらす影響を低減できるように実施する．一般的な補修の目的には，以下のようなものがある．

・ひび割れ，き裂，変形，腐食等の部材に生じた変状の修復
・部位・部品の補填
・劣化部の除去
・劣化因子の除去
・性能低下を引き起こす要因がもたらす影響を低減

構造物の補強は，供用開始時に保有していた以上の性能まで向上させることを目的として，補強後の構造

物が要求性能を確実に満足するように実施する．一般的な補強の方法には，以下のようなものがある．

・部位の交換

・断面の増加

・部材の追加

・支持点の増加

・補強材の追加

・応力の導入

解説 表 3.3.1　性能の回復や向上の目的に応じた補修・補強工法の例

補修・補強の目的	補修・補強の方法	補修・補強工法
力学的抵抗性の維持・向上	部位の交換	コンクリートの打換え工法
		高力ボルト取替工法
	断面の追加 補強材の追加	モルタル増厚工法
		コンクリート増厚工法
		モルタル巻立て工法
		コンクリート巻立て工法
		鋼板巻立て工法
		FRP 巻立て工法
		当て板工法・鋼板接着工法
		FRP 接着工法
	部材の追加	桁増設工法
		壁増設工法
		ブレース増設工法
	支持点の追加	支持点増設工法
	応力の導入	プレストレス導入工法
材料劣化抵抗性の維持・向上	部材表面の保護	表面被覆工法・塗装工法
		表面含侵工法
		断面修復工法
	電気化学的防食	電気防食工法
		脱塩工法
		再アルカリ化工法
		電着工法
	ひび割れ・き裂の閉塞，進展の抑制	注入工法
		充填工法
		ストップホール工法

構造物の補修・補強は，回復や向上が必要とされた性能が設定したレベルを満たすように，要求性能に応じた適切な工法を適用する．**解説 表** 3.3.1 は，回復や向上を目指す性能に応じた一般的な補修・補強工法の

例を示したものである．安全性および使用性に対する補修・補強では，材料または部材の力学的な抵抗性を維持・向上することを目的として工法を選定する．一方，安全性および使用性が設計耐用期間中に所要の性能を満足するための材料劣化抵抗性に対する補修・補強では，材料劣化への抵抗性を維持・向上することを目的とした工法を選定する．

構造物の補修・補強の設計では，既設構造物に新たな材料または部材を接合することになるため，補修・補強後の既設部と補修・補強部の一体性をどのように設定するか，既設部と補修・補強部の応力伝達機構をどのように設定するかなどについて検討を行う必要がある．また，適用する補修・補強工法が補修・補強後の構造物の剛性や耐荷力の回復・向上にどのように寄与し，どの程度の期間持続するかについて，十分に把握しておくことが重要である．なお，補修・補強の設計では，新設時の設計図書に加え，既設構造物の実測値に従って構造詳細の検討を行うこととなる．

適用する補修・補強工法を検討する際は，補修・補強後の構造物の設計耐用期間を明確にした上で，残存する設計耐用期間における既設部の材料の経時変化とともに，補修・補強後の設計耐用期間における補修・補強部の材料劣化抵抗性に配慮する必要がある．

（3）について　既設構造物の補修・補強では，構造物を供用しながらの施工や，隣接構造物の影響により施工空間の確保が難しいなど，施工に対する制約が厳しい場合が多く，補修・補強の設計時に施工に対する十分な配慮が必要となる．また，既設部と補修・補強部が設定した一体性を確保できるように，使用材料，施工方法，施工期間等を考慮した構造計画の立案が重要である．

（4）について　補修・補強後の構造物が設計耐用期間に所要の性能を満足するためには，補修・補強後の適切な維持管理が必要であり，構造計画で維持管理の容易さなどについて検討しておく必要がある．特に，既設部の変状は補修・補強後に目視による確認が困難になる場合が考えられるため，変状の進行の抑制や，変状の原因の制御等についても検討を行う．

（5）について　補修・補強後の構造物の性能照査では，既設構造物の現況，および残存する設計耐用期間に構造物が置かれる状況を考慮して，安全係数を適切に設定するものとする．特に，既設構造物の現況に関する情報が詳細に把握できる場合には，安全係数を新設設計時より小さく設定することも考えられる．

既設部の材料に対する材料係数は，既設構造物から実測値が入手可能な場合には，設計値との対比や空間的ばらつき等に配慮して設定する．特に，既設部のコンクリートの圧縮強度は新設時の設計値より増大している場合が多く，設定する破壊形態への影響について検討しておくのがよい．補修・補強に比較的新しく開発された材料を用いる場合には，その施工条件の影響や長期的な特性に十分配慮して材料係数を設定する．

作用係数は，既設構造物がこれまでに実際に受けた作用の実測値や，補修・補強後の残存する設計耐用期間に想定される作用に基づいて設定してよい．

構造解析係数は，既設部と補修・補強部の接合方法や，既設構造物の境界条件等を考慮して設定するものとする．

既設部の部材係数は，施工記録や既設構造物の実測値を考慮して設定してよい．

構造物係数は，構造物の重要度，限界状態に達したときの社会的影響等を考慮して定めるが，補修・補強時点の状況を考慮して設定する．

構造物の補修・補強標準　　11

3.4 材料の設計値

（1）　構造物の補修・補強には，所要の品質を有する材料を使用しなければならない．

（2）　補修・補強に使用する材料の特性値および設計用値は，適切な方法で定めなければならない．

（3）　補修・補強後の構造物の設計耐用期間が明確となるように，使用する材料が所要の品質を保持する期間を把握しなければならない．

（4）　既設構造物中の材料の特性値は適切な方法により設定し，設計値に用いる材料係数は既設構造物の置かれた各種条件を考慮して定めてよい．

【解　説】　（1）および（2）について　補修・補強後の構造物が設計耐用期間を通じて所要の性能を満足するためには，補修・補強に使用する材料が必要とする品質を保持していることが重要である．補修・補強に用いられる材料の例を**解説 表 3.4.1**に示す．補修・補強に使用する材料には，補修・補強部を構成するセメント系材料や補強材料，既設部と補修・補強部の接着や定着に用いる接合材料，断面の欠損部や空間を

解説 表 3.4.1　補修・補強に使用する材料の例

分類	種類
セメント系材料	普通コンクリート，高強度コンクリート
	短繊維補強モルタル／コンクリート
	流動化コンクリート
	高流動コンクリート
	ポリマーセメントモルタル／コンクリート
補強材料	鉄筋，PC 鋼材
	鋼板
	補強用 FRP，構造用 FRP
接合材料	樹脂系／セメント系接着剤
	アンカー筋
充填・注入材料	無収縮グラウト
	水中不分離性モルタル／コンクリート
	ポリマーセメントモルタル
	樹脂系注入材
表面保護材料	樹脂塗料
	ポリマーセメントペースト／モルタル
	シラン系／ケイ酸塩系含浸材
	連続繊維シート
防錆材料	樹脂塗料
	亜硝酸塩系／キレート反応系／アミノアルコール系防錆剤
	陽極材

満たす充填または注入材料，コンクリートや鋼材の表面を保護するための表面保護材料，鋼材の腐食を防ぐ防錆材料等がある．このほか下地処理や表面処理として，接着剤と補修・補強部の密着性を高めるためのプライマー，表面の凹凸を調整する不陸修正材等も用いられている．設定した補修・補強の効果を得るためには，それぞれの材料が所要の品質を保持していることを確認するとともに，使用材料の組合せの相性にも留意する必要がある．

補修・補強に使用する材料の特性としては，強度，弾性係数，応力－ひずみ関係，クリープ特性，熱膨張係数，密度等の設計に用いる物理特性に加え，可使時間・硬化時間，粘性等の施工に関わる特性がある．特に，樹脂系接着剤等の特性は温度や湿度の影響を大きく受けるため，施工時の環境条件や補修・補強後の構造物の供用条件等に応じて適切なものを選択する必要がある．

補修・補強に使用する材料の特性値は，日本工業規格（JIS）や土木学会規準に規定されている試験法や，材料製造者が発行する品質証明書に基づいて定める．

（3）について　補修・補強後の構造物の設計耐用期間を明確にするためには，補修・補強に使用する材料が所要の品質を保持する期間を十分に把握し，補修・補強の効果の経時変化を評価できる必要がある．材料の品質が保証される期間が明確でない場合や，品質の経時変化に関する情報が少ない新材料を用いる場合には，適切な時期での再補修や更新等が実施できるように，補修・補強後の維持管理において，使用した材料の品質を定期的に確認する方法を検討するのがよい．

（4）について　既設構造物中の材料の特性値は，既設構造物の調査結果に基づいて定めるか，設計図書等に基づいて定める．既設部の材料に対する材料係数は，既設構造物から実測値が入手可能な場合には，設計値との対比や空間的ばらつき等に配慮して設定してよい．特に，既設部のコンクリートの圧縮強度は新設時の設計値より増大している場合が多く，設定する破壊形態への影響について検討しておくのがよい．補修・補強に比較的新しく開発された材料を用いる場合には，その施工条件や補修・補強後の供用要件の影響，および長期的な特性に十分配慮して材料係数を設定する．また，既設構造物中の材料と補修・補強に使用する材料との相性にも配慮が必要である．

3.5　作　用

（1）　補修・補強後の構造物の性能照査では，補修・補強の施工中および残存する設計耐用期間中に想定される作用を，要求性能に対する限界状態に応じて，適切な組合せのもとに考慮しなければならない．

（2）　作用の特性値は，既設構造物が照査時点までに受けた作用や，既設構造物が置かれてきた環境条件を考慮して定めるものとする．

（3）　補修・補強後の構造物の性能照査では，既設部と補修・補強部の作用負担を適切に考慮するものとする．

【解　説】　（1）および（2）について　補修・補強後の構造物の性能照査は，残存する設計耐用期間に想定される作用に対して実施することになるが，既設構造物が照査時点までに受けた作用を考慮した上で，設計耐用期間における作用の特性値や作用係数を合理的に設定するのがよい．また，補修・補強の施工は，構造物の供用下で行う場合や，既設部に永続荷重を受けた状態で実施する場合があることから，施工中に想

構造物の補修・補強標準　　　13

定される作用についても十分に配慮が必要である．

　作用の特性値および作用係数の設定では，既設構造物の現況に配慮するとともに，照査時点までに受けた作用とその影響や構造物が置かれてきた環境条件等を考慮するのがよい．例えば，変動作用の実測値の把握や，構造物が実際に受けてきた環境作用の考慮によって，合理的に設定することが可能である．

　（3）について　補修・補強後の構造物の性能照査では，補修・補強後の既設部と補修・補強部の作用負担を適切に設定する必要がある．補修・補強では，既設部には補修・補強部の重量が付加されるのに対し，補修・補強部には既設部が受けている永続作用は再分配されないことが一般的である．

　補修・補強後の構造物の耐荷力や剛性は，既設部と補修・補強部にどのような一体性を設定するかによって異なり，既設部と補修・補強部の作用負担との関係について十分に検討を行うのがよい．また，既設部の耐荷力や剛性が補修・補強部に比べて低い場合には，合成後の構造物が想定する耐荷力や剛性を発揮できることを適切な方法で確認する必要がある．

3.6　性能照査

（1）　補修・補強後の構造物の性能照査は，要求性能に応じた限界状態を施工中および残存する設計耐用期間中の構造物あるいは構成部材ごとに設定し，補修・補強の設計で仮定した形状・寸法・配筋等の構造詳細を有する構造物あるいは構造部材が限界状態に至らないことを確認することで行うこととする．

（2）　性能照査にあたっては，性能照査における前提を満足するものとする．

（3）　応答値の算定では，構造物の現況を考慮して定めた各種限界状態に応じた作用と，補修・補強後の構造物に対する適切な解析モデルを用いて構造解析を行い，照査指標に応じた応答値を算定する．

（4）　限界状態は，一般に安全性，使用性，および復旧性に対して設定し，その限界値と応答値との比較により性能照査を行うことを原則とする．

【解　説】　（1）について　補修・補強後の構造物の性能照査は，基本的には新設時の性能照査の方法に従うことになる．ただし，補修・補強後の構造物に要求する性能のレベルは，構造物の現況と残存する設計耐用期間を考慮して合理的に定めるのがよい．

　（2）について　補修・補強後の構造物の性能照査に対し，適用範囲の定められた照査法を用いるためには，以下のような照査法の前提条件を確保する必要がある．

　・耐久性に関する検討（環境作用による経時変化に対する前提，初期ひび割れに対する検討等）

　・構造細目（照査の前提となる構造細目）

　・施工に関する検討（照査の前提となる施工に対する配慮）

　既設構造物に変状が生じている場合や，新設時に仮定した前提条件を満足していない可能性がある場合には，補修・補強後の構造物の性能照査において，適用する照査法の前提条件を既設部が満足していることを確認しておく必要がある．

　（3）について　補修・補強後の構造物の性能照査では，既設部と補修・補強部の接合状況に配慮して，補修・補強後の構造物の応答値を算定する必要がある．すなわち，適用する補修・補強工法によって既設部と補修・補強部でどのような応力伝達が行われるかに留意し，適切にモデル化することが求められる．一方

で，構造物に生じた変状，残留変形や応力等，照査時点までに受けてきた作用による影響を考慮することも重要である．

　（4）について　補修・補強後の構造物の性能照査は，各要求性能に応じた限界状態に対して，適切な照査指標を定めて行う．一般には，新設時に設定した照査指標を用いることができるが，既設部に変状を有する場合や既設部と補修・補強部の一体性に特別な配慮が必要な場合等には，適切な照査指標を定める必要がある．

構造物の補修・補強標準　　15

4章　補修・補強の施工

4.1　一　　般

補修・補強の施工は，使用する材料の特性，施工上の制約条件等を考慮して，適切な施工計画を立案し，設計で想定した品質を確保し，補修・補強後の構造物が所要の性能を満足するように実施しなければならない．

【解　説】　補修・補強後の構造物が設計耐用期間を通じて所要の性能を満足するためには，設計で想定した品質を確保した補修・補強の施工を行う必要がある．補修・補強の施工では，使用する材料の特性に応じた施工管理および品質管理を行わなければ，想定した補修・補強の効果が十分に得られない可能性がある．補修・補強にあたっては，使用する材料に関する施工基準等を参考に，適切な施工計画を立案することとした．また，構造物の供用下で行う補修・補強の施工は，施工期間や施工空間の制約が大きいことが多く，綿密な施工計画の策定が必要となる．

既設構造物の補修・補強では，既設部に生じた変状を適切に処置しなければ，想定した補修・補強の効果が得られなかったり，早期に再劣化を生じたりすることが考えられる．そのため，補修・補強にあたっては，劣化部や劣化因子の確実な除去，劣化要因の影響を低減するなど適切な処置をし，かつ処置の方法や領域を詳細に記録しておくことが重要である．

4.2　施工計画

（1）　補修・補強の施工計画は，既設構造物の構造条件，施工の環境条件および施工条件を勘案し，作業の安全性および環境負荷に対する配慮を含めて策定しなければならない．

（2）　補修・補強の施工計画には，使用する材料の特性に応じた施工方法と施工手順とともに，施工や品質を確認するための検査の方法について示すものとする．

【解　説】　（1）について　補修・補強の施工計画の立案にあたっては，**解説 表** 3.2.1 に示されるような工期，環境条件，安全性，経済性等の施工上の制約を考慮した上で，全体工程，施工方法，使用材料，品質管理，検査，安全および環境負荷等について検討する．また，事前に既設構造物に対する調査を実施して，構造物の現況と施工上の制約条件を把握しておく．供用中の既設構造物に対する補修・補強の施工は，限られた施工時間や狭隘な施工空間等のように，新設時と異なる施工環境で行う場合が多く，品質や作業の安全性を確保する方法について十分に検討を行う必要がある．

施工計画は，施工，品質管理，検査のすべてを網羅するものであり，施工計画書として，それぞれを担当する技術者が参照できるものとしておく．

（2）について　構造物の補修・補強では，使用材料の特性が施工時の温度や湿度等の環境条件の影響を

大きく受ける場合があるため，設計で想定した効果が得られるように，適切な施工方法と施工手順を検討する必要がある．また，施工の各段階において，使用する材料の品質や施工の内容を確認するために，実施すべき検査についても検討しておく．

4.3 施 工

（1） 補修・補強の施工は，施工計画に従って実施しなければならない．

（2） 補修・補強の施工は，使用材料や適用する工法に関して十分な知識および経験を有する技術者の下で実施しなければならない．

（3） 補修・補強に使用する材料の運搬，保管，配合，製作・加工および使用等の取扱いは，各材料の特性に留意して行わなければならない．

（4） 補修・補強材料または部材の接合は，補修・補強後の構造物が所要の性能を満足するように，既設部の下地処理を適切に行った上で，施工条件や環境条件等に留意して実施しなければならない．

（5） 補修・補強後の構造物が所定の期間を通じて要求性能を満足するために，適切な仕上げを行わなければならない．

【解 説】 （1）および（2）について 補修・補強の施工は，策定した施工計画に従って，作業の安全性を確保しながら効率的に実施する．一般に，施工の良否は作業を行う技術者の能力に大きく左右されるため，適用する補修・補強工法に関する十分な知識と経験を有する技術者を配置し，その技術者の指示の下で実施することが重要である．なお，施工の実施にあたっては，各技術者の責任と権限の範囲を明確にしておく必要がある．

（3）について 補修・補強に使用する材料の取扱いは，各材料に規定された方法により行うものとする．例えば，補修・補強に使用する繊維系材料や樹脂系材料等は，紫外線や熱，水分により劣化や特性の変化が生じる可能性があるため，直射日光や高温環境下等を避けて，温度条件や湿度条件を確保して運搬や保管を行う必要がある．

（4）について 補修・補強材料や部材の接合は，補修・補強後の構造物が所要の性能を満足するように，施工条件や環境条件に配慮し，適切な施工手順で実施する必要がある．接合の前処理や下地処理としては，既設構造物の劣化部の除去，脆弱部や突起の除去，汚れや付着物の除去，表面の整形等を行う．その後，不陸修正材やプライマーの塗布，接着剤の塗布や含浸を経て，補修・補強材料や部材を確実に接着や定着させる．その際，使用材料は所定の配合で混合・撹拌し，接合時の時間管理や環境条件の確保を徹底する必要がある．特に，低温環境下や雨水等による湿潤状態では，接合の品質が不十分となる材料もあるため，施工時の環境条件の確保は重要である．

アンカーやボルト等を用いて機械的に接合する場合には，事前調査を入念に行うなどして，既設部への影響を最小限にとどめるように留意する必要がある．

既設構造物に補修・補強の履歴がある場合には，既補修・補強部を適切に除去するか，あるいは既補修・補強部を包含するように補修・補強する際は，その材料劣化の状態や接合状況等を適切に評価することが必要である．

（5）について　補修・補強を行った表面は，耐候性，耐火性，耐衝撃性，美観等に関する条件を満たすように，適切な仕上げを行う必要がある．また，既設部と補修・補強部の接合部（境界部）は，材料劣化抵抗性が確保されるように保護することが重要である．一般的な仕上げ工として，塗装工（紫外線対策，温度対策，美観対策），表面保護工（紫外線対策，外傷・衝突対策），耐火・不燃被覆工（火災対策）等がある．

4.4　検　　査

（1）　補修・補強後の構造物が所要の性能を満足するために，施工の各段階および完成時に検査を実施しなければならない．

（2）　検査は，あらかじめ定めた判定基準に基づいて，信頼性が保証された方法によって行わなければならない．

（3）　検査の結果，施工や品質が不適と判定された場合には，適切な対策措置を講じなければならない．

【解　説】　（1）について　検査は，補修・補強後の構造物が設計耐用期間を通じて所要の性能を満足するために，使用材料の品質，製造・加工設備の性能，施工された部材や構造物等について行うものである．補修・補強の施工にあたっては，検査項目，検査の方法および判定基準，実施時期，頻度，人員配置等について，工事の効率や経済性を考慮してあらかじめ計画しておく．補修・補強の施工における検査項目には，樹脂系材料や有機溶剤等の保管状態の検査，下地処理における表面状態や寸法の検査，接合材料の使用方法，使用量，使用環境等の検査，補修・補強部の位置や寸法の検査等がある．

　　（2）について　検査の方法および判定基準は，構造物の種類，使用材料，適用する補修・補強工法等によって異なり，効率的かつ確実な検査ができるように定めておく必要がある．また，客観的かつ信頼性が保証されたものであることが重要である．一般には，日本工業規格（JIS）や土木学会規準に定められた方法や判定基準を用いる．補修・補強の施工では，補修・補強材料または部材の接合が所定の品質を確保できていることを検査によって確認することが特に重要となる．

　　（3）について　検査において，施工や品質が不適と判定された場合には，当該の施工をやり直す，使用材料を変更するなどの対策措置を検討する．補修・補強の施工において，補修・補強材料または部材の接合をやり直すことは困難な場合には，あらかじめ施工の手順や内容を入念に検討しておくことが必要である．

4.5　記　　録

　　補修・補強の施工に関する情報を記録し，適切に保管しなければならない．

【解　説】　補修・補強の施工の各段階において，品質管理や検査の結果とともに，施工条件や環境条件等に関する情報を記録しておく．これらの情報は，補修・補強後の維持管理において，維持管理計画の策定に用いられることに加え，再劣化や早期の性能低下等が生じた場合に，変状原因の推定や対策方法の検討に有用となる．

5章　補修・補強後の維持管理

5.1　一　般

補修・補強後の構造物は，残存する設計耐用期間を通じて所要の性能を保持するように，適切に維持管理を行わなければならない．

【解　説】　補修・補強した構造物が残存する設計耐用期間を通じて所要の性能を満足するためには，適切な維持管理を実施し，補修・補強の効果が持続することを確認する必要がある．補修・補強後の構造物は，既設部の補修・補強部の接合等，新たな部位・部材が存在するとともに，他の部位・部材への影響も考えられるため，補修・補強を施す前の維持管理計画を適切に見直した上で実施するものとする．

5.2　点　検

（1）　補修・補強後の構造物の点検では，補修・補強の効果が持続していることを確認するものとする．
（2）　補修・補強後の構造物の点検は，補修・補強を適用した部位・部材以外の領域への補修・補強の影響に留意して行うものとする．

【解　説】　（1）について　補修・補強後の構造物の点検では，補修・補強を適用した部位・部材が想定した効果を発揮していることを確認する必要がある．特に，既設部と補修・補強部との接合の状態の把握は，補修・補強の効果を持続させる上で極めて重要である．また，補修・補強部の材料劣化抵抗性を確保するための表面保護の状態についても確認しておく．

補修・補強後の構造物の点検では，補修・補強を施すことによって，既設部の状態を目視等で直接的に確認することが困難になる場合があるため，間接的な方法等の代替手段を検討しておく必要がある．特に，劣化部や劣化因子の除去，性能低下を引き起こす要因がもたらす影響の低減等が不十分な場合には，再劣化や早期の性能低下を生じる可能性があるため，変状の発生や進行を適切に把握できるような点検を検討する必要がある．

（2）について　補修・補強を一部の部材，または限られた部位に施した場合には，その適用によって，補修・補強した部位・部材以外の領域に環境作用や荷重作用等の変化をもたらす場合がある．例えば，補修・補強の適用によって，応力分布の変化，コンクリート内部の水分の分布状態，物質移動特性，電気化学的平衡状態等が既設部と補修・補強部とで異なり，想定しない新たな変状が生じる可能性が考えられる．したがって，補修・補強を施した部位・部材だけに着目するのではなく，構造物全体の状態を適切に把握するように点検を実施することが重要である．

構造物の補修・補強標準   19

5.3 評　　価

（1）　補修・補強後の構造物の性能評価は，点検により得られた情報に基づき，適切な評価手法を用いて実施しなければならない．

（2）　性能評価にあたっては，補修・補強の影響を適切に考慮しなければならない．

【解　説】　（1）について　補修・補強後の構造物の性能評価は，基本的には既設構造物の性能評価に用いた手法を適用してよい．ただし，補修・補強の適用によって，外観の変状に基づいた評価が困難になる場合が考えられるため，評価方法の見直しやモニタリング手法の適用等，代替手段の利用を検討するのがよい．

（2）について　補修・補強後の構造物の性能評価にあたっては，補修・補強の影響を構造物のモデル化や作用のモデル化等に適切に考慮する必要がある．特に，補修・補強部とその接合のモデル化，作用条件や境界条件の変化に伴うモデル化，補修・補強に伴う応力分布の変化への配慮等は，適用する補修・補強工法に応じて適切に行う必要がある．

5.4 対　　策

（1）　補修・補強後の構造物に対し，定期的な対策を前提としている場合には，確実に実施しなければならない．

（2）　性能評価によって対策が必要と判断された場合には，対策後の構造物の性能を所定の期間保持できるように対策を行わなければならない．

【解　説】　（1）について　表面保護の補修や更新等，補修・補強工法によっては定期的な対策を前提とする場合があり，性能評価の結果と合わせて合理的に判断し，必要な対策を講じるものとする．

（2）について　補修・補強後の構造物の設計耐用期間内にもかかわらず，構造物の性能の低下が確認され，再度の対策が必要と判断された場合には，補修・補強の範囲，使用材料，補修・補強工法等を再検討し，目標とする効果が得られるように適切な対策を講じるものとする．

セメント系材料を用いたコンクリート構造物の

補修・補強指針　共通編

1章　総　　則

1.1　適用の範囲

　この指針は，セメント系材料を用いてコンクリート構造物を補修・補強する場合の設計および施工の標準を示すものである．

【解　説】　　この指針は，既設コンクリート構造物の性能を向上させるために，セメント系材料を用いて補修・補強する場合の設計，施工および補修・補強後の維持管理に関する標準を示したものである．なお，この指針で扱う補修・補強は，コンクリート構造物の力学的な性能を回復，保持，または向上させる場合を対象とし，耐久性の回復や向上を目的とする場合には，土木学会コンクリートライブラリー第107号「電気化学的防食工法設計施工指針（案）」や第119号「表面保護工法　設計施工指針（案）」等を参照するとよい．

　土木学会におけるコンクリート構造物の補修・補強に関する指針としては，1999年にコンクリートライブラリー第95号「コンクリート構造物の補強指針（案）」が発刊され，外ケーブル工法，FRP接着工法，鋼板接着工法，FRP巻立て工法，鋼板巻立て工法，増厚工法，コンクリート巻立て工法に関する設計・施工の方法が示された．また，2000年にはコンクリートライブラリー第101号「連続繊維シートを用いたコンクリート構造物の補修補強指針」が発刊され，連続繊維シートをコンクリート構造物に接着または巻立てて補修補強する場合の設計・施工の方法が示された．この指針は，これらの指針の発刊後に制定されたコンクリート標準示方書［維持管理編］に準拠した内容にするとともに，これまでの補修・補強の実績から得た知見に配慮して改訂を行ったものである．なお，この指針では，「コンクリート構造物の補強指針（案）」で扱われた工法のうち，セメント系材料を用いた増厚工法および巻立て工法を対象とし，以下の補修・補強工法を扱う．

　上面増厚工法：既設コンクリート部材の上面をセメント系材料で増厚する工法（適用対象：道路橋床版等）

　下面増厚工法：既設コンクリート面および棒部材の下面をセメント系材料で増厚する工法（適用対象：道路橋床版，トンネルの覆工，ボックスカルバート，水路，梁等）

　巻立て工法：既設のコンクリート棒部材の外周をセメント系材料で巻き立てる工法（柱，橋脚，ラーメン橋脚の梁等）

　この指針の適用に際しては，既設構造物の補修・補強に関する標準的な事項は構造物の補修・補強標準に従うものとし，セメント系材料を用いて補修・補強する場合の工法によらない共通事項を規定した共通編と，各工法の具体的な方法を規定した各工法編から構成される．

　この指針に記述されていない事項については，以下の示方書に準じるものとする．

　　コンクリート標準示方書［基本原則編］［2012年制定］

　　コンクリート標準示方書［設計編］［2017年制定］

　　コンクリート標準示方書［施工編］［2017年制定］

　　コンクリート標準示方書［維持管理編］［2013年制定］

1.2 補修・補強の基本

（1） 構造物の補修・補強は，補修・補強した構造物が残存する設計耐用期間を通じて要求された性能を満足するように行わなければならない．

（2） 構造物の補修・補強は，補修・補強の計画を策定したうえで，補修・補強の対象となる既設構造物の調査，補修・補強の設計，施工，記録，補修・補強後の維持管理により実施するものとする．

【解　説】　（1）について　構造物の補修・補強は，維持管理における性能の評価結果に基づき，維持管理計画で設定したシナリオに沿って構造物の性能を保持させること，または低下あるいは不足した性能を回復や向上させることを目的として実施する．社会情勢や構造物の周辺環境の変化によって，構造物に要求される性能水準が変化する等，当初設定した維持管理シナリオと異なった状況となった場合には，補修・補強の時期，程度，効果の持続期間等を考慮して維持管理計画の見直しを行うことになる．補修・補強後は，残存する設計耐用期間を通じて構造物が要求された性能を満足することが求められ，再劣化の懸念や要求性能水準の変化が見込まれる場合には，補修・補強効果の持続期間を明確に設定し，再度の補修・補強の実施を検討する必要がある．補修・補強の程度と効果の持続期間は，残存する設計耐用期間における費用便益とライフサイクルコスト等を考慮して設定するのが望ましい．

　（2）について　補修・補強を合理的かつ効果的に実施するためには，構造物の要求性能と設計耐用期間を明確にしたうえで，対象構造物の基本情報の整理，補修・補強の実施時期と実施体制，補修・補強の設計と施工の方法，補修・補強後の維持管理の内容等をとりまとめた補修・補強の計画を策定することが重要である．構造物の補修・補強は，策定された補修・補強の計画に基づき，解説 図 1.2.1 に示すような流れで実施する．なお，工法によらない補修・補強に関する標準的事項は，［構造物の補修・補強標準］を参照するものとし，この指針ではセメント系材料を用いた補修・補強の標準的な方法について示す．

セメント系材料を用いたコンクリート構造物の補修・補強指針　共通編　23

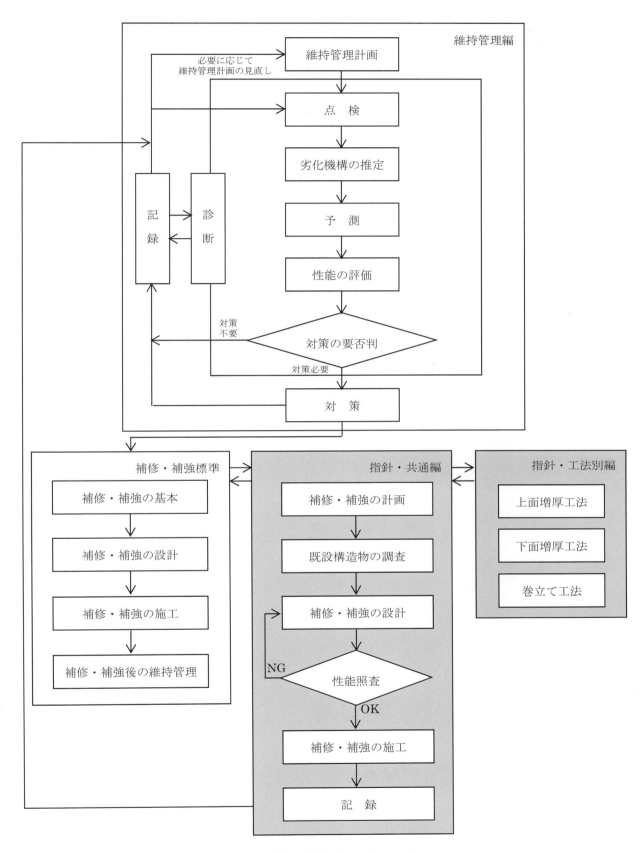

解説　図 1.2.1　指針の位置づけと補修・補強の流れ

1.3 用語の定義

この指針では，次のように用語を定義する．

厚 付 け 性：ポリマーセメントモルタル等のモルタル材料の 1 層あたりに施工可能な厚さに関する性能．

接 合 材 料：プライマー，アンカー注入材，接着剤等コンクリート同士，コンクリートとモルタルおよびコンクリートと補強材の付着を得るために塗布あるいは注入される材料．

充 填 材 料：中間貫通鋼材等の補強材料とコンクリート間の空隙を充填するために注入される材料．

中間貫通補強材：橋脚のじん性能向上のために配置される中間貫通鋼材および連続繊維補強材等の補強材料

超速硬セメント：標準的な配合のコンクリートで，打込み後 2〜3 時間で圧縮強度が 20〜30N/mm² 程度発現するセメントであり，アルミン酸カルシウムを主成分とするクリンカを粉砕したもの，ポルトラドセメントに微粉砕したカルシウムサルフォアルミネート成分を適量混合したもの，リン酸マグネシウムを主成分とするものが流通している．

補 強 材 料：構造物に要求された性能を保持させること，または性能回復や向上させることを目的として用いる，鋼材および連続繊維補強材．

ポリマーセメントモルタル：結合材にセメントとセメント混和用ポリマーを用いたモルタル．

増 厚 材 料：既設の部材と補修・補強目的で追加配置する補強材料とを一体化するセメント系材料．

FRP グリッド：連続繊維に樹脂を含浸させながら格子状に一体成型した連続繊維補強材．

セメント系材料を用いたコンクリート構造物の補修・補強指針　共通編　　25

2章　既設構造物の調査

2.1　一　　般

補修・補強を検討する既設構造物に対して，補修・補強の設計および施工に必要な情報を得るための調査を行うものとする.

【解　説】　セメント系材料を用いた構造物の補修・補強を実施するにあたり，補修・補強の設計，ならびに補修・補強の施工を検討するうえで必要な情報を入手するために，対象構造物に対する詳細な調査を実施する必要がある.

2.2　調査

2.2.1　文書，記録等における調査

文書，記録等における調査にあたっては，以下の観点で現地の気象条件，環境条件や地理的条件等を詳細に把握するものとする.
- (i)　材料および構造計画の策定
- (ii)　施工計画の策定
- (iii) 補修・補強後の維持管理

【解　説】　一般に，セメント系材料は，温度等の施工環境によって作業性や硬化特性が大きく変化するので，施工を計画する時期の現地の気候を把握しておく必要がある. また，セメント系材料による補修・補強では，具体的な施工計画を立案する前に，施工空間のほか資機材の搬入・設置について. 現地の制約条件を把握しておく必要がある.

2.2.2　現地における調査

現地においては，以下の観点で既設コンクリート構造物の劣化，損傷，初期欠陥の調査を行う.
- (i) 既設部と補強部の一体性の確保
- (ii) 補修・補強した後の耐久性と劣化予測

【解　説】　セメント系材料を用いた補修・補強を行う場合，期待する効果を得るためには，補修・補強部と既設構造物の一体化が重要である. 一体性を確実に得るためには，既設構造物表面の中性化等の劣化，ひび割れ等の損傷，水掛かりや漏水状況等を把握して，必要な対策を実施する必要がある.

補修・補強後のコンクリート構造物の劣化は，その要因の種別およびその程度に応じて進行度合が異なる．したがって，損傷したコンクリート構造物を補修・補強する場合，事前に劣化要因およびその程度を把握しておく必要がある．

3章 補修・補強の設計

3.1 一般

補修・補強では，残存する設計耐用期間を通じて，補修・補強した構造物が要求性能を満足するように合理的な構造計画を策定し，それに基づいた構造詳細を設定しなければならない.

【解 説】 補修・補強の設計では，補修・補強によって既設構造物の要求性能が必要とされるまで回復するとともに，補修・補強した構造物が残存する設計耐用期間を通じて要求性能を満足するように，構造計画および構造詳細を設定する. セメント系材料を用いた補修・補強では，補修・補強後の部材剛性の増加が容易であるものの，部材重量も増大することになる. 構造計画では，補修・補強の対象となる既設構造物の現況や，補修・補強の施工条件および補修・補強後の維持管理の容易さ等を考慮して，適切な補修・補強工法を設定することが重要である.

構造詳細の設定では，補修・補強した構造物が所定の要求性能を満足するために必要となる既設部と補強部の一体性が確保されるように，適切な補強材料の接着や定着の方法を設定する. また，補修・補強の対象となる部材の構造特性や補修・補強の施工方法等に応じて，補修・補強前後での既設部と補強部の荷重分担や応力再配分を明らかにし，補強部材の断面耐力や剛性の設定を行う.

補修・補強した構造物の性能照査では，既設構造物の現況，および残存する設計耐用期間に構造物が置かれる状況を考慮して，材料係数および作用係数等の安全係数を適切に設定する必要がある. 部材係数の設定にあたっては，既設部の施工記録や実測値を考慮し反映させることが可能である.

3.2 構造計画

（1） 構造計画では，補修・補強した構造物が要求性能を満たすように，構造特性，材料，施工方法，維持管理方法，経済性等を考慮して補修・補強工法の選定を行うこととする.

（2） 補修・補強した構造物が，設計耐用期間にわたり所要の耐久性，安全性，使用性および復旧性を満足するように考慮しなければならない.

（3） 構造計画では，施工に関する制約条件を考慮しなければならない.

（4） 構造計画では，構造物の重要度，設計耐用期間，供用条件，環境条件および維持管理の難易度等を考慮し，補修・補強後の維持管理が容易になるように考慮しなければならない.

【解 説】 （1）について 構造計画では，対象となる既設構造物の目的とする性能が，補修・補強によって所要のレベルにまで確実に回復または向上するように，適切な補修・補強工法を選定する. この指針では，以下の補修・補強工法について具体的な方法を示す.

・上面増厚工法：既設コンクリート部材の上面にセメント系材料を打ち込み，一体化させることにより，

部材の厚さを増加させ，コンクリート構造物の安全性，使用性，耐久性等を向上させる工法である．道路橋床版への適用事例が多く，補強効果を持続させるためには，既設部と増厚部の一体性を十分に確保する必要がある．

・下面増厚工法：面状および棒状の既設コンクリート部材の下面（引張側）に補強材料を配置し，セメント系材料を一体化させることにより，曲げ，せん断特性や疲労特性を向上させる工法である．増厚部の剥離を防止するためには，既設部と増厚部の一体性を十分に確保する必要がある．

・巻立て工法：既設のコンクリート棒部材の外周あるいはコンクリート表面に設けられた溝内に鉄筋やFRPグリッドを配置し，コンクリートやポリマーセメントモルタル等のセメント系材料を部材の全周に巻き立てて既設部材と一体化することにより，曲げ耐力，せん断耐力およびじん性等の力学的性能や耐久性等の性能を回復・向上さあせる工法である．期待する補強効果を得るためには，補強部の端部における定着方法や，巻立て高さ等を十分に検討する必要がある．

補修・補強工法の検討においては，補修・補強の対象となる構造物の条件に応じて，補修・補強した構造物が要求性能を確実に満足するように，補修・補強材料の種類や補修・補強材料の接合方法（接着・定着の方法）を設定する．なお，構造詳細の検討にあたっては，新設時の設計図書だけでなく，現地における計測等により，既設構造物の現況を考慮する．

（2）について　補修・補強した構造物が残存する設計耐用期間にわたり所要の性能を満足するためには，環境作用による補強材料の劣化や変状が設計耐用期間中に生じないようにするか，あるいは劣化が生じたとしても構造物が性能の低下を生じない軽微な範囲にとどまるように設計するのが一般的である．補修・補強の対象となる構造物に既に変状が生じている場合には，変状の進行が補修・補強効果に影響を及ぼさないように，適切な対応を検討する必要がある．また，補修・補強後の構造物が早期に性能低下を生じないように，既設部と補強部の接合における一体性の確保は特に重要である．

（3）について　補修・補強した構造物が必要とされる性能を発揮するためには，施工に関する制約条件を十分に考慮して構造計画を行うことが必要である．既設構造物の補修・補強では，供用条件等に伴い施工期間や施工空間等の制約が厳しいことが想定されるため，補強材料の搬入・設置や接合作業の実施において，必要な施工精度や品質が確保できるように検討することが重要である．

（4）について　補修・補強後の構造物に対して，点検や性能評価といった維持管理作業が効率的に実施できるように，また対策に要する費用を可能な限り抑えることがきるように，補修・補強工法や使用材料を検討することが重要である．特に補修・補強材料が接合された箇所では，既設部の状態を確認することが困難になる場合があるため，補修・補強後の構造物に生じる変状が適切に把握できるような工夫を検討することが望ましい．

3.3 構造詳細

（1） 補修・補強した構造物が必要とされる一体性を確保できるように，補強材料の接合方法を適切に設定しなければならない．

（2） 補修・補強した構造物が必要な耐荷力および剛性を保持するように，使用する補強材料の種類や補強部の構造特性を設定しなければならない．

【解　説】　（1）について　補修・補強した構造物の使用性および安全性に関する照査では，既設部と補強部が一体となって外力に抵抗することを前提とすることが一般的である．構造詳細の設定では，補修・補強した構造物の一体性が十分に確保されるような接合方法を検討する必要がある．

（2）について　補修・補強した構造物に必要とされる耐荷力や剛性が確保できるように，既設部と補強部の耐荷力や剛性の差を考慮して補強材料の種類や補強部の構造特性を設定する必要がある．既設部と補強部の剛性比が大きい場合には，接合方法によっては十分な補強効果が発揮されない場合があるので注意が必要である．各荷重レベルにおいて，既設部，接合部，補強部のそれぞれをどのような機構で抵抗させるかについて，十分に検討しておくことが重要である．なお，丸鋼の使用の有無等，既設構造物の調査で既設部の配筋状況を十分に把握しておく必要がある．

補修・補強した構造物では，既設構造物に作用していた永続作用（死荷重）は既設部のみで負担し，一体化後の構造物は補強部の重量と変動作用（活荷重）をさらに負担することになる．既設部と補強部の剛性比を適切に設定し，荷重の分担割合や抵抗機構を制御することが重要である．

永続作用による応力によって補強材料や接着剤に生じるクリープ等，補強材料や接合材料の時間依存変形によって，既設部に損傷を生じたり一体性が損なわれたりしないように注意が必要である．また，既設部が補強部の収縮を拘束する場合もあり，間接作用に関する十分な検討が必要である．

30 C.L.150 セメント系材料を用いたコンクリート構造物の補修・補強指針

4章 材 料

4.1 一 般

補修・補強に用いる材料は，品質が確かめられたものでなければならない．

【解 説】 補修・補強に用いる材料は，その使用方法や組合せに応じて，適切な方法により品質を確認しておく必要がある．既設構造物に用いられている材料，および補修・補強に用いる材料に求められる品質とその設計値の定め方はこの章によるものとする．補修・補強を行う既設構造物中の材料は，施工段階における種々の要因，供用期間中の荷重作用・環境作用により，その特性が新設の設計時に想定したものと異なる場合がある．補強設計においては，このことを考慮して既設コンクリート部材の材料物性の特性値および材料係数を適切に定める必要がある．なお，この章に示していない材料を使用する場合には，この章の主旨に従って，要求性能を満足する材料を用いてよい．

4.2 既設構造物中の材料

（1） 既設構造物中の材料の設計値は，調査・点検を行った結果に基づき定めるものとする．

（2） 既設構造物中の材料物性の特性値は，点検により得られた測定値のばらつきを考慮したうえで，大部分の測定値がその値を下回らないことが保証される値とする．材料物性の特性値とは別に，調査・点検を行った結果に基づき材料物性の値を定めることができる場合には，その値を用いてもよい．

（3） 既設構造物中の材料係数は，一般にコンクリート標準示方書［設計編：本編］に従って定めるものとする．しかし，既設構造物中の材料が新設時に想定している材料特性と異なる場合，および補強後の供用状況が異なる場合には，環境状況等を適切に考慮し材料係数を定めてもよい．

【解 説】 （1）および（2）について 材料物性の特性値は，試験値の分布と特性値より小さい試験値が得られる確率より定まるものである．コンクリート標準示方書［設計編：本編］では，その確率を5%とした場合を例として示している．既設構造物中の材料においても同様に特性値を定めることが基本である．しかし，点検による試験値は一般に標本数が少なく，試験値の分布を同定することが困難である．したがって，ここでは点検を総合的に判断し，材料物性の特性値を推定することとした．例えば，既設構造物中の鋼材の断面積は，腐食による欠損等がある場合，測定値もしくは適切な方法により算出した推定値を用いて定めてもよいものとする．

鋼材の引張強度の特性値は時間に依存しないと考えられるが，断面積の減少により引張特性は変化する．ここでは，既設構造物に用いられている鋼材の断面積の変化を考慮することにより設計に反映することとした．なお，鋼材に関わるその他の特性値は，腐食の状況，過去に受けた応力履歴等を鑑み定める必要がある．鋼材に著しい腐食や降伏強度を超える応力履歴を受けた場合，鋼材の付着特性，疲労特性，伸び特性等は変

セメント系材料を用いたコンクリート構造物の補修・補強指針　共通編　　31

質していることに注意しなければならない.

　（3）について　既設構造物中の材料係数は，新設時と補強時で異なる.　新設時の材料係数は，使用目的，設計耐用期間，荷重・環境条件および施工・維持管理等の諸要因を勘案し決定されている.　一方，補強設計時の材料係数は，点検により明らかになった荷重・環境条件，材料の特性および補強後の設計耐用年数等を勘案して定められるべきである.　点検による既設構造物の状態が設計で想定しているものであれば，材料係数をコンクリート標準示方書［設計編：本編］に従って定めてよい.

　新設構造物に用いるコンクリートの圧縮強度の特性値は，一般に設計基準強度が用いられており，それを材料係数で除することにより設計値を得ていた.　一方，既設構造物のコンクリートの特性値は，点検により既知のものであり，不確実性は緩和される.　この点を考慮すれば，材料係数を減ずることができる.　コンクリート標準示方書［設計編：本編］の 5.3 に従い圧縮強度の特性値からコンクリート材料の曲げ強度，引張強度，付着強度および支圧強度等の特性値を定める場合，コンクリート材料の劣化の状況を鑑み，材料係数の取り扱いは慎重に行わなければならない.

4.3　補修・補強部分に用いる材料

4.3.1　一　　般

　補修・補強部分に用いる材料の品質は，性能照査上の必要性に応じて，圧縮強度あるいは引張強度に加え，その他の強度特性，ヤング係数，その他の変形特性，熱特性，耐久性，水密性等の材料特性によって表してよい.　強度特性，変形特性については，必要に応じて載荷速度の影響を考慮しなければならない.

【解　説】　解説 表 4.3.1 に，この指針で扱う各補修・補強工法で一般的に用いられる材料の種類を示す.補修・補強に用いる材料は，セメント系補強材としてコンクリート，モルタル，補強材料として鋼材，連続繊維補強材等に加え，必要に応じて使用されるグラウト材といった充填材料や補修・補強部と既設部を接合するためのアンカーや接着剤といった接合材料を対象としている.

解説 表 4.3.1　各補修・補強工法で用いられる材料の種類の例

セメント系材料	補強材料	充填材料	接合材料
・普通コンクリート ・高強度コンクリート ・短繊維補強モルタル/コンクリート ・流動化コンクリート ・高流動コンクリート ・膨張コンクリート ・ポリマーセメントモルタル/コンクリート	・鉄筋 ・PC 鋼材 ・連続繊維補強材	・無収縮グラウト ・無収縮モルタル ・膨張コンクリート	・プライマー ・接着剤（樹脂系，セメント系） ・アンカー ・アンカー注入材

4.3.2 セメント系材料

（1）セメント系材料の品質は，補修・補強された構造物が保有する性能を発揮するために必要な圧縮強度，引張強度に加え，その他の強度特性，ヤング係数，その他の変形特性，熱特性，水密性等の材料特性によって表してよい．特に，既設コンクリート部材との一体性や補強材料との付着性および耐久性を考慮するものとする．

（2）セメント系材料は，硬化後の品質ができるかぎり経時的に変化しないよう，良質の使用材料を選定し，適切な配合設計法により試験練りを行い，最適配合を決定することを原則とする．

【解　説】　（1）について　セメント系材料は，上・下面増厚工法および巻立て工法に用いられるコンクリートやモルタル等を対象としている．これらセメント系材料に必要な品質は，補修・補強された構造物に要求される性能の種類やそのレベルにより異なるものである．現状では，増厚・巻立て工法に使用する材料は対象とする各工法により異なっており，適切な種類および品質のものが使用されている．ここでは，現在，一般的に使用されているセメント系材料について記述しているが，これ以外の材料の使用を妨げるものではない．セメント系材料は，収縮が小さく早期に実用強度が得られ，かつ優れたひび割れ抵抗性，曲げ・せん断特性を有する必要がある．さらに，橋梁床版の補強に用いられる上面増厚工法および下面増厚工法では優れた疲労耐久性を有する必要がある．また，下面増厚工法ではセメント系材料を下面より施工するため，既設コンクリート部材との一体化を図るため特に付着強度の発現性が優れることが要求される．

一般に，上面増厚工法では超速硬セメントや早強ポルトランドセメント等の早強性のセメントを用いた鋼繊維補強コンクリートが用いられる．下面増厚工法では付着力の大きいポリマーセメントモルタルが使用されている．RC巻立て工法では，増厚部と既設部に隙間が生じないようにすることが重要であることから，スランプ18cm程度の流動化コンクリートや高流動コンクリートが使用されており，収縮の低減を目的に膨張材を併用する場合もある．

セメント系材料の品質は圧縮強度ばかりではなく種々の材料特性によって表される．強度特性は圧縮強度，引張強度，曲げ強度，付着強度等の静的強度や疲労強度の諸量で表され，増厚・巻立て工法では付着強度や疲労強度は重要な材料特性である．また，変形特性としては，ヤング係数やポアソン比等の他に，増厚・巻立て工法では，じん性，ひび割れ抵抗性等の力学特性を表す指標が必要とされる場合がある．しかしながら，これらの諸量の一般化された数量的な取扱い方法は現在検討段階にあり確立されていない．

（2）について　セメント系材料は，一般にレディーミクストコンクリートとして供給されるか，あるいは現場にて練り混ぜられる．この練混ぜ完了時から打込み時までのフレッシュコンクリートの品質は，経時的な変化を伴い施工性ひいては硬化コンクリートの材料特性に影響を及ぼす．したがって，所要の硬化コンクリートの諸特性を得ることができるよう配合条件を設定し，試験練りを行いスランプや空気量，圧縮強度等の材料特性により表される諸量により，その品質を確かめる必要がある．また，アルカリ骨材反応等の使用材料に起因する問題が生じないよう材料の選定や配合に留意する必要がある．

良質の使用材料により適切に配合設計が行われたセメント系材料で，適切な試験や解析により圧縮強度等の材料の特性が，経時的にほとんど変化しないことが確認されている場合，補強施工時の材料特性を照査時点での材料特性としてよい．増厚・巻立て工法では，セメント系材料が構造物の外表面に配置されることが

セメント系材料を用いたコンクリート構造物の補修・補強指針　共通編　　33

多いため，セメント系材料の経時的変質を防ぐ目的で，保護等の対策を行うのがよい．適切な保護により，材料特性の経時的な変化を防止できる場合には，補強施工時の材料特性を照査時点での材料特性としてよい．

使用材料の選定と配合設計に際しては，以下に示す示方書，指針類を参照することができる．

- コンクリート技術シリーズ28「コンクリート構造物の補強設計・施工の将来像―性能照査型補強設計指針（試案）―」の工法別マニュアルコンクリート増厚工法編 (土木学会) 1998 年
- 鋼繊維補強コンクリート設計施工指針(案)（土木学会）1983 年
- 上面増厚工法設計施工マニュアル（高速道路調査会）1995 年
- 鋼繊維補強コンクリート柱部材の設計指針(案)（土木学会）1999 年
- 電気化学的防食工法設計施工指針（案）（土木学会）2001 年
- 超高強度繊維補強コンクリートの設計施工指針(案)（土木学会）2004 年
- 表面保護工法設計施工指針(案)（土木学会）2005 年
- 吹付けコンクリート指針(案)（土木学会）2005 年
- 複数微細ひび割れ型繊維補強セメント複合材料設計・施工指針(案)（土木学会）2007 年
- 既存鉄道コンクリート高架橋柱の耐震補強設計指針 2013 年
- 設計要領第二集　橋梁保全編（高速道路総合技術研究所）2017 年

4.3.3　補強材料

セメント系材料と併用される補強材料の品質は，補修・補強された構造物が保有する性能を発揮するために必要な圧縮強度，引張強度に加え，その他の強度特性，ヤング係数その他の変形特性，熱特性等の材料特性によって表すものとする．

【解　説】　補強材料には，セメント系材料と併用される鉄筋，PC 鋼材といった補強鋼材や，棒状あるいは格子状の連続繊維補強材等がある．さらに，これらを定着，接続するための鋼材がある．補強鋼材は JIS の規格を満足する品質を有しているものがよい．補強鋼材の品質は，圧縮強度や引張強度等の強度特性，疲労強度，ヤング係数やポアソン比，応力－ひずみ関係等の変形特性等の材料特性によって表される．補強鋼材が，工学的に信頼できる強度，伸び能力，ヤング係数，線膨張係数等の材料特性を有していることを確認する必要がある．補強鋼材の材料係数は使用目的，設計耐用期間，荷重・環境条件，施工・維持管理等の諸要因を勘案し決定するものとし，コンクリート標準示方書［設計編：本編］5.4 に従って定めてよい．

極めて厳しい塩害環境においては，セメント系材料の遮塩性やかぶりの厚さによる対策だけでは設計が困難であったり不経済になったりするため，耐食性が高い鉄筋であるエポキシ樹脂塗装鉄筋やステンレス鉄筋を活用するほうが合理的な場合がある．エポキシ樹脂塗装鉄筋は，鉄筋表面をエポキシ樹脂で塗装することで，普通鉄筋と比べ大幅に腐食抵抗性を高めたものである．ステンレス鉄筋は，ステンレス鋼を用いた鉄筋であり，クロムを 10.5 質量%以上含有することで鋼材表面に酸化皮膜が形成され，優れた耐食性を示す．

連続繊維補強材は，鉄筋や PC 鋼材の代わりに補強材料として用いられ，アラミド，ガラス，炭素等の連続繊維をマトリクス樹脂で固め，成型したものである．塩化物イオンの浸透による腐食の恐れがないため，かぶりの低減等による断面の縮小が可能となる．連続繊維補強材は，用いられる繊維の種類，繊維量，断面

形状および表面状態により物理的性質が異なる.

4.3.4 充塡材料

（1）充塡材料は，所要の充塡性，流動性を有するもので，補修・補強部材と既設コンクリート部材とを密着させることができるものでなければならない.
（2）充塡材料に応力伝達が要求される場合は，所要性能を満足させるために必要な強度を有するものでなければならない.

【解　説】　（1）について　充塡材料には，既設構造物に型枠を配置し内部に充塡させるグラウトや無収縮モルタル等が用いられる．補強材料とセメント系材料との間隔，注入方法に応じて適切な充塡性，流動性を有する充塡材料を用いなければならない．また，ブリーディングや収縮が大きいと，充塡箇所に隙間が生じ，必要な性能を満足できなくなる可能性があるため，事前に試験を行って配合等を定めるのがよい．巻立て工法により棒部材のせん断耐力やじん性を向上させる場合には，セメント系材料と既設コンクリートを必ずしも一体化させる必要はなく，密着していることが重要となる.
（2）について　部材の重量や活荷重等の作用を伝達することが求められる場合，所要の強度特性を有した充塡材を用いる必要がある.

4.3.5 接合材料

（1）補修・補強部材と既設コンクリート部材の接合に用いられる接合材料は，所要の品質および性能を満足することが確認されたものを選定しなければならない.
（2）接合材料は，補修・補強した構造物および接合部が受ける作用を十分に検討した上で，設定耐用期間にわたり一体性を確保できるものを選定しなくてはならない。

【解　説】　（1）について　補修・補強部材と既設コンクリート部材を一体化させることを目的として，接着剤あるいはアンカー等の接合材料が用いられる．接着剤は，エポキシ樹脂やアクリル樹脂を基材とする樹脂系のものと，ポリマーセメントモルタル等のセメント系接着剤がある．接着剤は，既設コンクリート部材の接合部の含水状態や粗度，気温，湿度，風等の環境条件によって接着力が異なってくるので，これらを考慮して材料を選定するのが良い．施工に必要となる可使時間を確保しつつ，硬化時の収縮が小さく，水密性，耐熱性，耐薬品性が高いこと等も品質として求められる．既設構造物にアンカーを施工する方法として，硬化したコンクリートを穿穴し，その孔内にあと施工アンカーを挿入・固着させるあと施工アンカー工法がある．アンカーは，主に金属系と接着系に分類される．あと施工アンカーは，力学特性や施工性だけでなく，耐久性や疲労特性等についての品質も求められる．あと施工アンカーの使用や選定にあたっては，土木学会「コンクリートのあと施工アンカー工法の設計・施工指針(案)」を参考にすることができる.
　既設コンクリート部材と補修・補強部材の一体化には，接着剤，アンカー等の接合材料自体の仕様や品質

だけでなく，既設コンクリート部材の強度や，周辺のひび割れ・脆弱部の有無等が影響する．所定の性能が満足できないと判断された場合は，既設コンクリート部材を健全な状態に修復することを検討する必要がある．

（2）について　補修・補強した構造物や接合部が受ける作用としては，死荷重や活荷重といった荷重作用，セメント系材料のクリープや収縮の影響，構造物周辺の温度や水分の供給，劣化因子の侵入といった環境作用等がある．水分の供給や塩化物イオンの侵入等が予想される腐食環境においては，アンカーの材質の選定に留意する必要がある．樹脂系の接着剤は，温度やその履歴によって接着力等の物性が変化することを考慮する必要がある．

　一般に，セメント系材料は高強度であるほど組織が緻密になるため，耐久性が向上すると見なされる．一方，既設コンクリート部材と補修・補強部材の長期的な一体性は，必ずしも付着強度の大小によってのみ確保されるものではない．変形に追従でき剥離・はく落が生じにくいこと，付着特性の経時的な変化が小さいこと，劣化因子の作用に対して耐久的であること等が求められる．補修・補強部材と既設コンクリート部材の一体性が，荷重や環境作用によって部分的に損なわれた場合でも，部材全体としての一体性が確保されるような接合材料・方法を選定するのが望ましい．樹脂系接着剤の場合，強度特性が高いものよりも変形限界までのエネルギー吸収能に優れたもののほうが，長期的に一体性を確保できることが経験的に知られている．

4.4　材料の特性値および設計値

4.4.1　一　　般

（1）　補修・補強材の材料物性の特性値は，定められた試験法による材料物性の試験値のばらつきを想定したうえで，試験値がそれを下回る確率が一定の値となることが保証される値とする．

（2）　補修・補強材の材料係数は，一般にコンクリート標準示方書［設計編］に従って定めるものとする．しかし，使用する材料によって材料係数が別に示されている場合には，その値を用いてもよい．

（3）　材料物性の特性値とは別に，「7章　施工」に従って施工した場合の規格値が定められている場合には，その規格値に材料修正係数を乗じた値を用いてもよい．

【解　説】　（1）（2）および（3）について　補修・補強に用いる材料物性の特性値および材料係数は，材料の設計強度，材料強度の規格値を用いるものとし，コンクリート標準示方書［設計編：本編］5章に従って定めてよいものとした．

4.4.2　セメント系材料

　セメント系材料の特性値は，コンクリート標準示方書［設計編：本編］5.3によるものとする．コンクリート標準示方書に適用されないセメント系材料については，適切な試験によりその特性値を定めることとする．

【解　説】　セメント系材料として普通コンクリートを補強部材に使用する場合は，コンクリート標準示方書［設計編：本編］5.3に従って材料の特性値を定めればよい．一方，補修・補強工事においては，既設コンクリートとの付着やひび割れ抑制等の観点から，通常のコンクリートとは材料特性が大きく異なるセメント系材料が使用されることがある．このような場合，セメント系材料の特性値は，日本工業規格（JIS）や土木学会基準等に示される試験，材料製造者が発行する品質証明書等に基づいて定める必要がある．**解説　表4.4.1**に，材料特性値を求めるための試験方法の例を示す．なお，ポリマーセメントモルタルのように，通常の構造物の使用環境下の温度の範囲内でも，温度によりその強度等の材料特性が変化する材料では，使用環境に合わせた温度の条件下での材料の特性値を定める必要がある．

（i）強度

セメント系材料の強度特性値は，一般に，材齢28日における試験強度に基づいて定められる．ただし，補修・補強工事では，構造物の早期供用が求められる場合がある．このような場合は，荷重の作用する時期を勘案して，適切な材齢における試験強度に基づいて強度特性値を定めてもよい．

セメント系材料の圧縮強度に対する引張強度等その他強度特性値の関係は，短繊維やポリマーを使用した場合，同一圧縮強度の普通コンクリートと比べて大きくなることが知られている．また，使用する短繊維やポリマーの種類，その使用量等によっても強度特性は大きく異なってくる．そのため，設計に必要となる強度特性値は，試験によって求めることが望ましい．なお，材料の強度特性値は施工の良否や環境条件によって異なってくるため，試験方法はこれらの影響を適切に考慮できるものが望ましい．

（ii）疲労強度

短繊維補強コンクリートの曲げ疲労強度は，普通コンクリートより大きくなることが報告されている．ただし，現時点では繊維の種類や繊維混入率に応じた疲労強度算定式が確立されていない．したがって，試験により疲労データを蓄積し，S-N曲線を求め，疲労強度の特性値を定めることが望ましい．

（iii）応力－ひずみ曲線

セメント系材料の応力－ひずみ曲線は，限界状態の検討の目的に応じて，適切な形を仮定する必要がある．使用限界状態に対する検討は，ヤング係数の特性値に基づいてセメント系材料の応力－ひずみ曲線を直線に仮定してよい．短繊維補強コンクリートは，圧縮強度あるいは引張強度以降の変形性能が改善されることが報告されており，終局状態に至る変形およびじん性等を検討する場合には，適切な応力－ひずみ曲線を定めることが望ましい．

（iv）破壊エネルギー

セメント系材料の破壊エネルギーは，一般に，短繊維やポリマーの使用量の増加とともに大きくなる．破壊エネルギーは，ひび割れ幅と伝達引張応力からなる引張軟化曲線下の面積に相当する．ひび割れの発生と進展が支配的となる部材では，引張軟化特性を考慮することで合理的な性能照査が可能となる場合がある．セメント系材料の破壊エネルギーは，「JCI-S001 切欠きはりを用いたコンクリートの破壊エネルギー試験方法」に定められた試験により求めることができる．

（v）ヤング係数

モルタルのヤング係数は，一般に，コンクリートよりも小さい．また，ポリマーを使用したセメント系材料は，ポリマーを使用しない場合よりもヤング係数がやや小さくなる傾向にある．セメント系材料のヤング係数は，JIS A 1149「コンクリートの静弾性係数試験方法」によって求めることができる．

（vi）ポアソン比

コンクリート標準示方書［設計編］に準じ，セメント系材料のポアソン比は，弾性範囲内では，一般に 0.2 とすることができる．

（vii）熱物性

ポリマーを使用したセメント系材料は，ポリマーを使用しない場合よりも熱膨張係数が大きくなる傾向にある．一般的に用いられるポリマーセメントモルタルの熱膨張係数は，15×10^{-6} 程度とされている．また，骨材の岩種によっても熱膨張係数は異なってくる．セメント系材料の熱膨張係数は，JSCE-K 561-2003「コンクリート構造物用断面修復材の試験方法(案)」，JCI「マスコンクリートのひび割れ制御指針 2016」に示される試験方法によって求めることができる．その他，熱伝導率，比熱，熱拡散率は，実験あるいは既往のデータに基づいて定めるのがよい．

（viii）収縮

セメント系材料の収縮の特性値は，JIS A 1129 試験（$100 \times 100 \times 400$mm 供試体，水中養生 7 日後，温度 20℃，相対湿度 60%の環境下で 6 か月後の収縮ひずみ）によって求めることができる．補修・補強部材中のセメント系材料の収縮は，周辺の湿度や降雨条件，部材断面の形状寸法，環境温度，乾燥開始材齢等の影響を考慮して算定するのがよい．セメント系材料の収縮が，自己収縮が支配的になる場合は，JCI-SAS2「セメントペースト，モルタルおよびコンクリートの自己収縮および自己膨張試験方法(案)」によって求めることができる．

（ix）クリープ

セメント系材料のクリープの特性値は，コンクリート標準示方書［設計編：本編］によらない場合，JIS A 1157「コンクリートの圧縮クリープ試験方法」によって求めることができる．クリープは，周辺の湿度や降雨条件，部材断面の形状寸法，環境温度，応力作用時の材齢等の影響を受けるため，補修・補強部材中のセメント系材料のクリープはこれらを考慮して算定する必要がある．

（x）中性化速度係数

コンクリート標準示方書［設計編：本編］5.3.13 によって求めることができる．

（xi）塩化物イオン拡散係数

コンクリート標準示方書［設計編：本編］5.3.14 によって求めることができる．セメント系材料にポリマーを使用した場合，塩化物イオン拡散係数が普通コンクリートと比べて著しく小さくなる傾向がある．そのため，試験の適用の可否や必要となる試験期間等を勘案して試験方法を選択するのがよい．

（xii）凍結融解試験における相対動弾性係数

コンクリート標準示方書［設計編：本編］5.2.15 によって求めることができる．

解説 表 4.4.1　セメント系材料の試験方法の例

項目	試験方法例
圧縮強度	JIS A 1108：コンクリートの圧縮強度試験方法
	JIS A 1171：ポリマーセメントモルタルの試験方法
	JSCE-G 541-1999：充てんモルタルの圧縮強度試験方法
	JSCE-G 551-2007：鋼繊維補強コンクリートの圧縮強度および圧縮タフネス試験方法
	JSCE-G 562-2007：はりによる吹付けコンクリートの初期圧縮強度試験方法
	JSCE-G 505-1999：円柱供試体を用いたモルタルまたはセメントペーストの圧縮強度試験方法
引張強度	JIS A 1113：コンクリートの割裂引張強度試験方法
曲げ強度	JIS A 1106：コンクリートの曲げ強度試験方法
	JIS A 1171：ポリマーセメントモルタルの試験方法
	JSCE-G 552-2007：鋼繊維補強コンクリートの曲げ強度および曲げタフネス試験方法
付着強度	JIS A 1171：ポリマーセメントモルタルの試験方法
	JSCE-K-561-2003：コンクリート構造物用断面修復材の試験方法(案)
破壊エネルギー	JCI-S001：切欠きはりを用いたコンクリートの破壊エネルギー試験方法
ヤング係数	JIS A 1149：コンクリートの静弾性係数試験方法
熱膨張係数	JSCE-K-561-2003：コンクリート構造物用断面修復材の試験方法(案)
	JCI マスコンクリートのひび割れ制御指針 2016
収縮	JIS A 1129：モルタル及びコンクリートの長さ変化試験方法
	JIS A 1171：ポリマーセメントモルタルの試験方法
	JIS A 6202：コンクリート用膨張材
	JCI-SAS2：セメントペースト，モルタルおよびコンクリートの自己収縮および自己膨張試験方法(案)
	JSCE-K-561-2003：コンクリート構造物用断面修復材の試験方法(案)
クリープ	JIS A 1157：コンクリートの圧縮クリープ試験方法
中性化速度係数	JIS A 1153：コンクリートの促進中性化試験方法
	JIS A 1171：ポリマーセメントモルタルの試験方法
塩化物イオン拡散係数	JSCE-G 571-2007：電気泳動によるコンクリート中の塩化物イオンの実効拡散係数試験方法（案）
	JSCE-G 572-2007：浸せきによるコンクリート中の塩化物イオンの見掛けの拡散係数試験方法（案）
相対動弾性係数	JIS A 1148：コンクリートの凍結融解試験方法

4.4.3　補強材料

（1）　鋼材の特性値と設計値は，コンクリート標準示方書［設計編：本編］5.4によるものとする．コンクリート標準示方書の適用されない材料については，適切な試験によりその特性値と設計値を定めることとする．

（2）　連続繊維補強材の特性値と設計値は，連続繊維補強材を用いたコンクリート構造物の設計・施工指針（案）3.4によるものとする．JSCE-E131「連続繊維補強材の品質規格(案)」の適用されない材料については，試験によりその特性値と設計値を定めることとする．

【解　説】　（1）について　コンクリート標準示方書［設計編］の適用されない鋼材の特性値および設計値については，適切な試験等により定める必要がある．
　エポキシ樹脂塗装鉄筋は，JSCE-E 102「エポキシ樹脂塗装鉄筋の品質規格」に適合したもの，あるいは実

験によって所要の品質が確認されたものでなければならない．エポキシ樹脂塗装鉄筋は，コンクリートとの付着強度が普通鉄筋の85%程度に小さくなることが報告されている．そのため，付着損失領域の増大により，同一鉄筋応力時の曲げひび割れ幅が普通鉄筋よりも10%程度大きくなることや，定着長さを長く取る等の配慮が必要である．エポキシ樹脂塗装鉄筋の使用にあたっては，土木学会「エポキシ樹脂塗装鉄筋を用いる鉄筋コンクリートの設計施工指針」を参考にするのがよい．

ステンレス鉄筋は，JIS G 4322「鉄筋コンクリート用ステンレス異形棒鋼」に適合したもの，あるいは実験によって所要の品質が確認されたものでなければならない．ステンレス鉄筋は，JIS G 4322 に，SUS304-SD，SUS316-SD，SUS410-SD の3種類が規定され，種類によって，応力ひずみ関係や耐食性が異なるため，その特性を十分に理解することが重要である．ステンレス鉄筋の熱膨張係数は，種類によって $10\sim17\mu/℃$ 程度に変化するため，温度変化量が大きい条件での使用は留意が必要となる場合がある．ステンレス鉄筋の使用にあたっては，土木学会「ステンレス鉄筋を用いるコンクリート構造物の設計・施工指針(案)」を参考にするのがよい．

（２）について　連続繊維補強材は，用いられる繊維の種類，繊維量，断面形状および表面状態により物理的性質が異なる．連続繊維補強材は，JSCE-E131「連続繊維補強材の品質規格(案)」に適合したもの，あるいは実験によって所要の品質が確認されたものでなければならない．連続繊維補強材の引張試験は，JSCE-E 531「連続繊維補強材の引張試験方法（案）」によることを標準とする．連続繊維補強材の引張強度のばらつきは，一般に鋼材に比べて大きいことが知られている．引張強度の特性値は，大部分の試験値がその値を下回らないように保証される値とする．

JSCE-E 531「連続繊維補強材の引張試験方法（案）」により，引張強度の特性値およびヤング係数の算出には公称断面積を用いることとする．

格子状の連続繊維補強材の付着強度の特性値は，格子交差部強度，格子間のセメント系材料と既設コンクリートとの付着特性により決定される．そのため，連続繊維補強材とセメント系材料を一体として付着強度の特性値を確認する必要がある．疲労強度の特性値を定める場合，連続繊維補強材の繊維の種類，作用応力の大きさと作用頻度，環境条件等を考慮して行うのがよい．連続繊維補強材の線膨張係数は，繊維の種類や製造方法によって大きく異なるため，試験によって確かめることが必要となる．

連続繊維補強材の特性値，材料係数は，連続繊維補強材を用いたコンクリート構造物の設計・施工指針（案）［設計編］　3章によるものとする．

4.4.4　接合材料

接合材料の特性値と設計値は，適切な試験によって定めることを基本とする．

【解　説】　補修・補強部材と既設コンクリート部材が一体化した合成構造として，構造物に求められる耐荷性能を確保する場合，接合材料の強度特性値には，材料そのものの強度ではなく，セメント系材料とコンクリートを接合した状態での付着強度やせん断強度が用いられる．補修・補強部材と既設コンクリート部材の相対変位や剥離等を許容する場合には，接合材料自体の強度特性や変形特性を考慮することもできる．

5章 作　　用

5.1 一　　般

（1）構造物の性能照査には，施工中および設計耐用期間中に想定される作用を，要求性能に対する限界状態に応じて，適切な組合せの下に考慮しなければならない．作用は，構造物または部材に応力および変形の増減，材料特性に経時変化をもたらす全ての動きを含むものとする．

（2）設計作用は，作用の特性値に作用係数を乗じて定めるものとする．

（3）設計作用の組合せは，コンクリート標準示方書［設計編：本編］6章に従うことを原則とする．

（4）作用の特性値は，検討すべき要求性能に対する限界状態について，それぞれ定めなければならない．

（5）設計作用として作用の特性値に乗じる作用係数は，コンクリート標準示方書［設計編：本編］6章に従うことを原則とする．

（6）性能照査にあたっては所定の作用を考慮することとする．

【解　説】　（1）について　作用は構造物または部材に応力および変形の増減，材料特性に経時変化をもたらす全ての働きを含むものとする．作用は持続性，変動の程度および発生頻度によって，一般に，永続作用，変動作用，偶発作用に分類される．補強を行う際の性能照査でも既設構造物の性能照査と同様であることから補強設計における設計作用はコンクリート標準示方書［設計編：本編］6章に従うことを原則とする．

（3）について　設計作用として作用の組合せは一般に**解説 表**5.1.1に示す内容に示すものとする．

（4）および（5）について　検討すべき要求性能は安全性に関する照査，使用性に関する照査，復旧性に関する照査，耐久性に対する照査とする．照査に用いる特性値，作用係数，作用の種類は一般に，**解説 表**5.1.2により定めてよい．

（6）について　作用の種類はコンクリート標準示方書［設計編：本編］6章に従うことを原則とし，性能照査にあたっては構造物にまたは部材に応力，変形の増加，材料特性に経時変化をもたらす全ての働きとする．

解説 表5.1.1　設計作用の組合せ

要求性能	限界状態	考慮すべき組合せ
耐久性	全ての限界状態	永続作用＋変動作用
安全性	断面破壊等	永続作用＋主たる変動作用＋従たる変動作用
		永続作用＋偶発作用＋従たる変動作用
	疲労	永続作用＋変動作用
使用性	全ての限界状態	永続作用＋変動作用
復旧性	全ての限界状態	永続作用＋偶発作用＋従たる変動作用

セメント系材料を用いたコンクリート構造物の補修・補強指針　共通編　　41

解説 表 5.1.2　作用係数

要求性能	限界状態	作用の種類	作用係数
耐久性	全ての限界状態	全ての作用	1.0
安全性	断面破壊等	永続作用	1.0〜1.2
		主たる変動作用	1.1〜1.2
		従たる変動作用	1.0
		偶発作用	1.0
	疲労	全ての作用	1.0
使用性	全ての限界状態	全ての作用	1.0
復旧性	全ての限界状態	全ての作用	1.0

自重以外の永続作用が小さい方が不利となる場合には，永続作用に対する作用係数を 0.9〜1.0 とするのがよい．

5.2　補修・補強の設計で考慮する作用

（1）　補修・補強の設計においては，既設構造物と補修・補強部分に生じる作用を適切に考慮する必要がある．

（2）特性値として作用の実測値が把握されている場合，実測値を特性値とし使用すると合理的に設計できる場合は実測値を特性値として用いてよい．

【解　説】　（1）について　既設構造物を補修・補強する場合には，既設構造物に補修・補強前から作用している永続作用がある．補修・補強後には増加する永続作用と変動作用がある．これらの作用は，対象となる構造物に応じて適切に考慮する必要があり，補修・補強を行う部材，目的，施工方法によって異なる．補修・補強された構造物の作用はそれぞれの状態で分離して検討し，応答は合理的に合成する必要がある．

　構造物の環境を把握し環境作用の照査を行うものとする．補修・補補強設計を行う構造物は温度，日射，湿度，水分の供給，各種物質の濃度や供給等の環境が異なり，過酷な状況であることも少なくない．また，塩化物イオン等の劣化要因となる各種物質は既設構造物から補修・補強部分に拡散することもある．このことから既設構造物の環境を把握し，補修・補強後の環境作用を適切に検討することが必要である．

　（2）について　補修・補強設計を行う際に，構造物に作用している特性値を実測して照査を行うことが，これまでの補修補強設計で実施されてきている．この実測値は複数の計測結果を統計的に処理して決定する等の値を対象とする．このような実測値を特性値として使用することにより，実構造物の状況を具体的に照査することが可能でありより合理的な設計となる場合は実測値を特性値として用いることができるものとした．このような特性値を採用する場合，設計作用に用いられる作用係数は**解説 表 5.1.2** を緩和，もしくは強化するものとする．

6章　補修・補強した構造物の性能照査

6.1　一　般

（1）　補修・補強した構造物の性能照査は，原則として，耐久性，安全性，使用性および復旧性に対して設定した限界状態を設計耐用期間中の構造物あるいは構成部材ごとに設定し，設計で仮定した形状・寸法・配筋等の構造詳細を有する構造物あるいは構造部材が限界状態に至らないことを確認することで行うこととする．

（2）　補修・補強した構造物の限界状態に対する照査は，適切な照査指標を定め，その限界値と応答値との比較により行うことを原則とする．

（3）　補修・補強した構造物の性能照査では，材料や構造の力学機構に基づく数理モデルを用いること，あるいは実験等による実証を基本とする．補修・補強工法を検討する場合，実験等で確認された対象構造物に適した仕様を満足することを前提とする．

（4）　補修・補強した構造物の性能照査は，一般に，式（6.1.1）により行うこととする．

$$\gamma_i S_d / R_d \leq 1.0 \tag{6.1.1}$$

ここに，　S_d　：設計応答値

　　　　　R_d　：設計限界値

　　　　　γ_i　：構造物係数で，一般に 1.0～1.2 としてよい．

【解　説】　補修・補強した構造物の限界状態は，既設構造物の場合と同様に，耐久性，安全性，使用性および復旧性に対して設定することとした．照査に際し，補修・補強した構造物に要求される性能を適切に設定する必要がある．補修・補強後の性能は，既設部材と補修・補強部材の複合によって実現されるものであり，その評価は，それぞれの特性，作用の組合せおよび破壊形態を適切に考慮するものとする．また，評価に際し，補修・補強効果が実験等により実証されていることが特に重要である．土木構造物の場合，実構造物のスケールで，かつ実作用を実験で再現することは困難であり，モデル化した供試体を用いて載荷実験等を行うことになる．その場合の実験結果は，モデル化した供試体の寸法，断面諸元，配筋詳細等が異なるため，実験条件の種々の差異を考慮することが肝要である．したがって，実験結果に対して推定精度が検証されている解析モデルや解析手法を併せて適用することで実験を補完し，実構造物の照査を行う方法を用いるのがよい．補修・補強した構造物の性能照査は，選定した補修・補強工法の特徴を適切に考慮した上で，コンクリート標準示方書［設計編：本編］4 章に従い行ってよいものとする．補修・補強した構造物の性能照査においては，環境作用等による性能の経時変化を考慮して行うことが原則である．ただし，この章は，6.3 の耐久性に関する検討が満足されることを前提として，設計耐用期間中の材料の劣化を考慮することなく，補修・補強した構造物の性能を照査する方法を示すものである．

セメント系材料を用いたコンクリート構造物の補修・補強指針　共通編　　43

6.2　応答値の算定

6.2.1　一　　般

（1）　応答値の算定では，構造物の形状，支持条件，作用の状態および考慮する各限界状態に応じて作用と構造物とをモデル化して得られた信頼性と精度があらかじめ検証された解析モデルを用いて構造解析を行い，照査指標に応じて断面力，応力度，ひび割れ幅，たわみ等の応答値を算出することを原則とする．

（2）　補修・補強された構造物の各応答値の算定にあたっては，その経時的な変化を考慮して算定することを原則とする．ただし，6.3 により環境作用による材料劣化を無視できる場合には，これによる経時変化を考慮せずに算定してよい．

【解　説】　　（1）について　補修・補強された構造物の各要求性能の限界状態の照査に用いる応答値の算定にあたっては，既設部材と補修・補強部材の複合による特性を適切に反映しなければならない．非線形解析法等の高度な解析法を用いて応答値を算定する場合は，精度を確保する必要がある．

6.2.2　モデル化

（1）　作用による構造物の応答特性に応じ，解析範囲，解析次元の設定，作用や構造物のモデル化を行うこととする．

（2）　モデル化では，応答が発生する範囲に応じて，構造物，部材および接合部，地盤，境界要素等からなる解析範囲を設定することとする．

（3）　地盤を含む解析範囲を設定する場合には，その影響を適切に考慮できるモデル化を行うこととする．

【解　説】　　構造物のモデル化は，作用によって応答が発生する範囲を一体として解析対象の範囲とする必要がある．ただし，その影響が小さい場合や解析領域の境界条件によりその影響を考慮できる場合には，解析範囲を構造要素に分離してモデル化してよい．

6.2.3　構造解析

（1）　構造解析では，作用や構造物のモデル化に応じ，かつ照査指標が得られる構造解析法を用いなければならない．ただし，照査指標が直接構造解析から得られない場合は，適切な方法で照査指標に変換できる構造解析法を用いてよいこととする．

（2）　構造物を構成する部材には，応答に応じて，非線形性の影響を考慮することとする．ただし，部材の非線形性の影響が断面力等の照査指標に影響を及ぼさないか，安全側かつ合理的な評価を与えることが明らかな場合は，部材を線形と扱ってよい．

（3）補修・補強された構造物の断面破壊および疲労破壊の照査および復旧性に関する照査に対する構造解析は，既設部材と補強部材との剥離や浮きの影響を考慮することが望ましい．

【解　説】　（1）について　構造解析は，作用や構造物のモデル化に応じて解析手法を選定して行う．また，構造物の性能の照査を行うためには，照査する指標が直接構造解析によって得られることが望ましく，可能な限り照査指標が直接得られる構造解析法を選定する必要がある．ただし，構造解析により照査指標の応答値が直接得られない場合は，解析から得られる指標の応答値を適切な方法で，照査指標の設計応答値に変換する必要がある．

照査において各限界状態に対して必ずしも同一の構造モデルや解析理論を用いる必要はなく，それぞれの限界状態に適した構造モデルと解析理論を使い分けることができる．また，応答値の算定に用いる解析理論に応じて構造解析係数 γ_a を選ぶ必要がある．

（2）について　補修・補強された構造物は，ひび割れの発生等によって剛性が変化するため，部材の材料の非線形性を適切に考慮する必要がある．一般には，材料の非線形性は4章に示した材料の力学モデルを用いてよい．

（3）について　補修・補強された構造物の断面破壊の照査を行う場合，既設部材と補強部材の一体性が担保されていることが前提である．補修・補強された構造物の破壊形態として，曲げ破壊，せん断破壊に加えて，補修・補強部材の剥離破壊が考えられる．ここでは，補修・補強された構造物の構造解析は，コンクリート標準示方書［設計編：標準］に示される構造解析に加えて，補修・補強部材の剥離や浮きの影響を適切に考慮することが望ましいとしている．なお，その場合，補修・補強工法の構造詳細を規定することにより構造解析係数 γ_a は，1.0 としてよい．

6.2.4　設計応答値の算定

設計応答値の算定は，6.2.3 から得られる応答値を適切な方法で照査指標に変換して行うこととする．

【解　説】　補修・補強された構造物のモデル化では，線材モデルによる断面力を用いて算定する方法と，有限要素法により応力ひずみ等を応答値として算出する方法の2通りある．有限要素法により，応力やひずみの照査指標とする場合や，応力やひずみの応答値から照査指標へ変換する場合は，現時点では種々の制約があるため，十分な検討を行う必要がある．

6.3　耐久性に関する照査

6.3.1　一　般

（1）補修・補強した構造物が，所要の耐久性を設計耐用期間にわたり保持することを照査しなければならない．ただし，補修・補強の設計に基づき，既設部と補修・補強部の一体性が担保されていることを確認しておく必要がある．

（2）　鋼材腐食およびセメント系材料の劣化により，補修・補強した構造物の所要の性能が損なわれないことをコンクリート標準示方書［設計編］に従い確認するものとする．なお，これらが複合する場合には，その影響を考慮するものとする．

【解　説】　（1）について　補修・補強の設計で定められた設計耐用期間に満たない早期に，構造物に変状が生じ，目標とする耐久性能が担保されないと評価される場合（再劣化）には，再度適切な設計を検討する必要がある．この場合，再劣化に至ったメカニズムを十分に考慮した，適正な対策が求められる．

　補修・補強された構造物において，その諸性能は既設部と補修・補強部の一体化によって発現するものであり，これは耐久性に関しても同様である．そのため，既設部と補修・補強部の接合部が剥離や浮きといった一体性を損なう状態に至らないことを照査の前提とする．

　既設部と補修・補強部の一体性に影響を及ぼす要因としては，外力や振動のほかに，セメント系材料や接合材料における間接作用（収縮やクリープといった時間依存性変形），セメント系材料の劣化（凍結融解やアルカリ骨材反応），施工方法（はつり，素地調整，プライマー不備）での不具合，セメント系材料と接合材料の相性問題等，多岐にわたる．特に，接合部の一体性に対する界面への水の関与の影響は大きく，補修・補強された部材への水分の供給状況の把握は，適切な維持管理上きわめて重要である．

　そのため，補修・補強の設計において，既設部と補修・補強部の一体性に影響を及ぼす要因を，設計内容や施工方法の入念な検討によって取り除くことが第一であり，必要によっては界面への予防的処置（接合材料の使用等）を検討する．また，所定の強度，耐久性および水密性，十分な施工性を有するセメント系材料や接合材料を選定することが重要である．吸水調整材（プライマー）の使用は，接合部におけるドライアウト（既設部へ補修・補強部の水分が移動する現象）の発生を抑制するため，水和組織が緻密になり一体性の確保に貢献する．

　既設部と補修・補強部の一体性が長期にわたり保持されることを確認するための指標としては，環境作用による負荷履歴を促進的に与えた後に測定されるセメント系材料および接合材料の付着強度がある．付着強度は接合部での強度性状であるため，接着耐久性における他の指標（エネルギーや伸び能力）については今後さらなる検討が必要である．

　環境作用による負荷履歴を促進的に与えた後に測定される付着強度としては，JIS A 1171「ポリマーセメントモルタルの試験方法」での接着耐久性（10サイクルの温冷繰り返し後），JSCE-K 561-2003「コンクリート構造物用断面修復材の試験方法（案）」にある各種環境負荷後（多湿，水中，乾湿繰り返し，温冷繰り返し）の付着強度，接合材料に関してはNEXCO試験法434「増厚コンクリート用エポキシ樹脂接着剤の性能試験方法」にある温水負荷履歴後の付着強度や水浸漬引張疲労試験を挙げることができる．

　（2）について　補修・補強した構造物の劣化予測は，補修・補強に特有の劣化過程を考慮し，総合的に実施する必要がある．また，マクロセル腐食による再劣化事例を踏まえると，局所的な補修・補強の適用であっても，構造系全体での性能を適切に配慮する必要がある．

　補修・補強に用いるセメント系材料の耐久性評価技術に関しては，コンクリートでの体系化に比較して十分な状況とは言えない．そのため，コンクリート標準示方書［維持管理編］に従って，耐久性を担保可能な区間を長期・中期・短期で区分して評価する手法も有効である．セメント系材料単体で所要の耐久性を確保することが困難な場合には，表面保護工法（コンクリートライブラリー119「表面保護工法　設計施工指針

（案）」）や電気防食工法（コンクリートライブラリー107「電気化学的防食工法　設計施工指針（案）」）等の適用を検討することができる．

6.3.2　鋼材腐食に対する照査

与えられた環境条件の下，設計耐用期間中に，中性化や塩化物イオンの侵入等に伴う鋼材腐食によって補修・補強した構造物の所要の性能が損なわれてはならない．一般に，以下の（1）を確認した上で，（2），（3）の照査を行うことを原則とする．それぞれの限界値は，コンクリート標準示方書［設計編：標準］2編に従って，構造物の条件に応じて適切な値を設定するものとする．

（1）表面のひび割れ幅が，鋼材腐食に対するひび割れ幅の限界値以下であること．

（2）中性化と水の浸透に伴う鋼材腐食量が，限界値以下であること．

（3）鋼材位置における塩化物イオン濃度が，設計耐用期間中に鋼材腐食発生限界濃度に達しないこと．

【解　説】　　（1）について　補修・補強した構造物の鋼材腐食に対するひび割れ幅の限界値は，コンクリート標準示方書［設計編］に従って，構造物の条件に応じて適切な値を設定するものとする．

（2）について　補修・補強された部材での中性化の進行を評価する上で，供用されている環境条件の適切な把握が重要となる．一般的に，中性化の進行が速くなるのは比較的乾燥した状態においてであるが，その後の鋼材腐食においては水の関与が必要であり，乾湿繰り返しが生じやすい箇所で進行が促進されやすい．そのため，架道橋の張出し床版下面や主桁下面，桁端部付近等は中性化による鋼材腐食が生じやすい箇所であり，水の供給状況という点では，雨掛かりや不適切な排水処理（伸縮目地部からの漏水等）の影響を大きく受ける．防水工や水切りの不具合も同様の影響を有している．

（3）について　塩化物イオンの侵入状況を予測する手法としては，コンクリート標準示方書［設計編］が採用しているFickの拡散方程式を表面濃度一定として導いた解析解に代表される，拡散理論に基づく式を用いるのが一般的である．既設部と補修・補強部を明示的に区別する場合には，コンクリートライブラリー119「表面保護工法　設計施工指針（案）」に示される示方書に準じた手法等が参考になる．さらには，数値解析によるより高度な手法等も用いることができる．また必要に応じ，外部からの塩化物イオンの侵入に及ぼすひび割れの影響，既設部のかぶり深部からの内在塩分の逆浸透の影響，塩害対策としてセメント系材料に混和して用いられる防錆剤（亜硝酸リチウム等）や塩分吸着材の影響，接合材料が既設部と補修・補強部の界面での物質移動抵抗性に及ぼす影響（たとえば，エポキシ樹脂系接着剤の硬化塗膜は水分の透過性が低い性質を有する）等についても，試験データや信頼できる資料に基づいて適宜考慮するのがよい．

ポリマーセメントモルタルを代表例として，補修・補強に用いられるセメント系材料は一般的なコンクリートと比較して塩化物イオン（劣化因子）の侵入に対する抵抗性に優れる場合が多い．しかし，かぶり厚さ等の条件によっては，構造物の立地条件や部位等を考慮して適切な検討が行われる必要がある．海岸近くの構造物や凍結防止剤の散布量が多いといった，特に厳しい塩害環境の場合には，必要に応じて予防的処置（エポキシ樹脂塗装鉄筋の使用，表面保護工法や電気防食工法の併用等）を講じる場合がある．また，犠牲陽極材の使用や電気防食工法の適用等が必要と想定される場合には，使用するセメント系材料の電気抵抗率に留意する必要がある．

6.3.3 セメント系材料の劣化に対する照査

（1） セメント系材料の凍害に対する照査は，コンクリート標準示方書［設計編：標準］2 編 に従って，（i）内部損傷に対する照査と（ii）表面損傷（スケーリング）に対する照査に分けて行うことを原則とする．

（i）補修・補強した構造物内部のセメント系材料が劣化を受けた場合に関して，内部損傷に対する照査を行うこととする．ただし，一般の構造物の場合であって，凍結融解試験におけるセメント系材料の相対動弾性係数の特性値が 90%以上の場合には，この照査を行わなくてよい．

（ii）補修・補強した構造物表面のセメント系材料が凍害を受けた場合に関して，表面損傷（スケーリング）に対する照査を行うこととする．

（2） 化学的侵食に対する照査は，コンクリート標準示方書［設計編：標準］2 編に従って行うこととする．

【解　説】　（1）について　セメント系材料の相対動弾性係数の特性値は，JIS A 1148「コンクリートの凍結融解試験方法」の A 法（水中凍結融解試験方法）による相対動弾性係数に基づいて定めるものとする．一般的に，A 法は B 法（気中凍結水中融解試験方法）より厳しい条件とされている．また，セメント系材料の表面損傷（スケーリング）に対する抵抗性の評価については，現状海外規格である ASTM C672 や RILEM TC117-FDC の方法が準用される．

セメント系材料の凍結融解による劣化は，凍結融解作用の繰り返し回数が多い箇所（日射や風を直接受ける部位や温度変化を受けやすい部位等）や，水分の供給を受けやすい箇所（雨掛かり，不適切な排水処理，漏水等）において顕在化しやすい．また，凍害による劣化は積雪寒冷地特有の環境作用に起因するものであるが，凍結防止剤の散布量が多く，塩化物イオンの供給が存在する条件下ではスケーリングが促進されることが知られている．RC 床版上面では凍結融解作用によってスケーリングが生じると，その後にポップアウトや砂利化といった劣化・損傷が誘発され，有効断面厚さが減少し疲労耐久性を低下させることが指摘されている．

接合部の界面に水が浸入し滞水した状態で凍結融解作用を受けると，既設部と補修・補強部の一体性を損なわせる要因にもなる．凍結融解による劣化が生じやすい条件にある補修・補強部では，施工時の素地調整において劣化部を念入りに除去し，適切な防水・排水設計を行うことが重要である．セメント系材料単体で凍結融解に対する抵抗性を確保することが困難な場合には，表面保護工法の適用についても検討する必要がある．

（2）について　化学的侵食は，劣化の原因物質が無数であり，機構もそれぞれ多様であるため，セメント系材料に対する影響を画一的に評価することは困難である．そのため，実際の環境での暴露試験によって性能を照査することが確実である．その場合，暴露期間からセメント系材料の侵食速度を求め，設計耐用期間中に構造物の限界深さまで劣化が至らないことを確認する．

硫酸（硫黄酸化細菌由来）や有機酸に起因する下水道環境における劣化については，日本下水道事業団「下水道コンクリート構造物の腐食抑制技術および防食技術マニュアル」が具体的で参考になる．

6.4 安全性に関する照査

6.4.1 一　　般

補修・補強した構造物の安全性に対する照査は，一般に，断面破壊，疲労破壊の限界状態に至らないことを確認することにより行うことを原則とする．

【解　説】　補修・補強した構造物が設計耐用期間中に所要の安全性を保持することを照査する場合の，標準的な手法を示したものである．この編の照査を満足するほか，各工法編に規定されている項目を満足する必要がある．

6.4.2　断面破壊に対する照査

6.4.2.1　一　　般

（1）　補修・補強した構造物には，補強前から作用している永続作用に対して応答している期間と，補強後に増加する永続作用と変動作用に対して応答している期間とがあり，補修・補強された構造物の応答はそれぞれの状態で分離して検討し，合理的に合成するものとする．

（2）　コンクリート標準示方書［設計編］に従い補修・補強した部材の性能の照査を行う場合，既設部材と補強部材との一体性に対する照査を行わなければならない．ただし，定められた構造詳細，使用材料および施工方法を満足することで一体性が担保されることが確認されている補修・補強工法の場合，照査を省略することができるものとする．

（3）　安全性に対する照査は，設計作用の下で，全ての構成部材が断面破壊の限界状態に至らないことを確認することにより行うものとする．

【解　説】　（1）について　補修・補強による既設構造物に期待される補強効果は，補修・補強した構造物に作用する荷重増分に対してのみ有効に発揮される．従って，補修・補強前後の応答をそれぞれ検討し重ね合わせて照査する必要がある．

　（2）について　既設部材と補強部材との一体性が担保されていることを原則とし，コンクリート標準示方書［設計編］に従い補修・補強された部材の性能の照査を行うこととする．補修・補強工法や対象構造物によっては，構造細目，使用材料および施工方法が厳守される事を条件に，既設部材と補強部材との一体性が担保されるように設計されている．各工法編に示される構造細目，使用材料および施工方法を参照するのがよい．なお，照査時の前提条件を適切に考慮することが望ましい．

6.4.2.2　曲げモーメントおよび軸方向力に対する照査

（1）　補強材を巻立てた部材の軸方向耐力は，補強材による補強効果を適切に考慮した方法により求め

てよい.

（2） 補修・補強した部材の設計断面耐力を，断面力の作用方向に応じて，部材断面あるいは部材の単位幅について算定する場合，コンクリート標準示方書［設計編：本編］に準じて行うものとする．その際，補修・補強した部材に作用する断面力は，既設部材の負担する断面力と，既設部材と補強部材との合成部材で負担する断面力とを適切に考慮するものとする．なお，この照査は既設部材と補強部材の一体性が担保されていることを前提とする．コンクリートおよび鋼材の応力－ひずみ曲線は，コンクリート標準示方書［設計編：本編］に従って定めるものとする．連続繊維補強材の応力－ひずみ曲線は，複合構造標準示方書［設計編：標準編］に従って定めるものとする．増厚材料においては，それぞれの補修・補強工法に対して適切な応力－ひずみ曲線を用いることを原則とする．

【解　説】　（2）について　補修・補強工法により既設構造物に帯鉄筋等を配置して横拘束を与えると，補修・補強された構造物の断面性能が向上する．しかし，拘束効果は，拘束鋼材の材質，形状，ピッチ，体積比および拘束コンクリートの受けるひずみ勾配やひずみ速度等，多くの要因の影響を受ける．したがって，それぞれの補修・補強工法に対して適切な実験結果が得られていることを確認し，それに基づいた応力－ひずみ曲線を用いることが望ましい．

6.4.2.3　せん断力に対する照査

（1）　補修・補強した部材のせん断力に対する安全性の照査は，棒部材，面部材等の種類，部材の境界条件，荷重の載荷状態，せん断力の作用方向等を考慮して行わなければならない．なお，この照査は既設部材と増厚部材の一体性が担保されていることを前提とする．

（2）　棒部材において，部材の境界条件，荷重の載荷状態を考慮した耐荷機構に応じたせん断耐力算定法を用いなければいけない．補強部材の負担するせん断耐力は，実験等で確認された算定手法を用いて補強部材の効果を加算してもよい．

（3）　面部材において，載荷面が部材の自由端または開口部から離れており，かつ，荷重の偏心が小さい場合の押抜きせん断耐力は，補強材の効果を適切に考慮し算定しなければならない．

【解　説】　（1）および（2）について　せん断力の作用下における部材の挙動や破壊機構は，部材の種類およびせん断力の作用方向によって異なるため，これらを考慮した方法で安全性の照査を行う必要がある．また，補修・補強された構造物に特異な破壊機構には，既設部材と増厚部材の剥離破壊があるため，6.4.2.4の照査を行うことも必要となる．補修・補強した部材の負担するせん断耐力は，補修・補強工法や対象構造物の種類により異なるため，補強効果を実験等で確認し，適切な方法で考慮することが望ましい．

6.4.2.4　増厚部材の一体性に対する照査

増厚部材の一体性に対する照査は，増厚材の剥離あるいは既設部材のかぶりコンクリートの割裂ひび

割れ発生に対して，設計作用のもとでそれらの破壊に到らないことを確認しなければならない．

【解 説】 補修・補強した部材の性能の照査は，既設部材と補強部材との一体性が担保されていることを原則とし，コンクリート標準示方書［設計編］に従い行うこととしている．補修・補強した構造物の特異な破壊形態には，補修・補強部材の剥離破壊がある．補修・補強工法や対象構造物の種類によっては，設計断面耐力に剥離耐力も考慮して安全性の照査を行うことも必要となる．

6.4.3 疲労破壊に対する照査

（1） 疲労安全性の照査において，はりは曲げおよびせん断に対して，スラブは曲げおよび押抜きせん断に対して行うものとする．柱に対する性能照査は，一般に省略してよい．

（2） 断面を形成する各材料の疲労強度の特性値は，材料の種類，形状および寸法，作用応力の大きさと作用頻度，環境条件等を考慮して行った試験による疲労強度に基づいて定めるものとする．

（3） 補修・補強した構造物の疲労耐力は，既設部材の疲労特性に加えて，補強部材の疲労特性と剥離疲労破壊とを適切に考慮し算定しなければならない．

【解 説】 **（1）について** 補修・補強した部材の疲労に対する断面破壊の限界状態の照査も，既設部材と補強部材との一体性が担保されていることを原則とし，繰返し引張応力を受ける主鉄筋およびせん断補強鉄筋の疲労破壊について行うこととする．

（2）について 補修・補強に用いられる材料の疲労特性は，使用条件や環境条件等を適切に考慮し，試験により設計疲労強度を定めるのが原則である．

（3）について 補修・補強した構造物の疲労耐力は，既設部材と補強部材との一体性が担保されていることを原則とし各材料の設計疲労強度を用いた値とする．また，補強部材の剥離疲労破壊を適切に考慮し算定することとする．道路橋床版のように移動する荷重が繰返し作用する場合，荷重点が固定している場合より，押抜きせん断疲労耐力が著しく低下することが明らかにされているので，この場合，実験等の適切な方法によって耐力を推定する必要がある．

6.5 使用性に関する照査

6.5.1 一 般

（1） 補修・補強した構造物が，所要の使用性を設計耐用期間にわたり保持することを照査しなければならない．

（2） 使用性に関する照査は，設計作用のもとで，補修・補強した構造物の全ての構成部分が使用性に対する限界状態に至らないことをコンクリート標準示方書［設計編］に従って確認することとする．

（3）補修・補強した構造物の使用目的に応じた諸物理量を照査指標として設定することを原則とする．

セメント系材料を用いたコンクリート構造物の補修・補強指針　共通編　　51

【解　説】　補修・補強された構造物または部材が，使用目的に適合する十分な快適性等の諸機能を設計耐用期間にわたり保持することを，それぞれの補修・補強工法の効果を照査時の前提条件として考慮した適切な方法によって検討する．既設部と補修・補強部との一体性が担保されていることが必要となる．

6.5.2　応力度の制限

　補修・補強した構造物の使用状態において，過度な変形や有害なひび割れが生じるのを防止するために，補修・補強された構造物の各構成部分に荷重作用・環境作用により生じる応力度は，使用性から定まる適切な応力度の制限値と比較して，それ以下となるようにしなければならない．

【解　説】　補修・補強された構造物または部材の使用状態における応力度の制限値としては，コンクリート標準示方書［設計編：本編］10.2の応力度の制限値が推奨される．この場合の応力度は，補修・補強前の永続作用による応力度と，補修・補強後の永続作用および変動作用による応力度を合計して算定されたものとする．補修・補強工法によって前提条件は異なるが，既設部と補修・補強部との一体性が担保されていることを原則として，部材断面に生じる各構成要素の応力度の算定は次の仮定に基づいてよい．ただし，コンクリートと補修・補強部の間の一体性が確保されていない場合には，適切な方法によって各応力度を算定するものとする．

(i) 維ひずみは，断面の中立軸からの距離に比例する．
(ii) コンクリート，鋼材および補修・補強に用いる材料は弾性体とする．
(iii) コンクリートの引張応力は無視する．
(iv) コンクリート，鋼材および補修・補強に用いる材料の応力 - ひずみ曲線は本指針 4.4 による．

6.5.3　外観に対する照査

　補修・補強した構造物の外観に対する照査は，（1）ひび割れ幅，（2）変位・変形を照査指標として，荷重作用および環境作用により生じる設計応答値が，使用性から定まる設計限界値を満足することを確認するものとする．
　（1）補修・補強した構造物表面のひび割れ幅は，既設部分と補修・補強部分の一体性が担保されていることを前提として，コンクリート標準示方書［設計編］に基づいて算定してよい．外観に対するひび割れ幅の限界値は，構造物表面が使用者の目に触れる頻度や，使用者に与える心理的な影響等に応じて設定するものとする．
　（2）補修・補強した構造物の変位・変形は，既設部分と補修・補強部分の一体性が担保されていることを前提として，コンクリート標準示方書［設計編］に基づいて算定してよい．

【解　説】　補修・補強された構造物または部材のひび割れ幅は，補修・補強の効果を考慮して求めた鉄筋応力度を用い，コンクリート標準示方書［設計編：標準］4編 2.3.4 の式（2.3.3）によって評価できる．ただし，既設部と補修・補強部の一体性が確保された条件下では，補修・補強された部材のひび割れは補修・

補強される前の部材と比較して分散の程度が異なる．そのため，それぞれの補修・補強工法の効果を適切に考慮したひび割れ間隔を評価することが重要である．式（2.3.3）中に示される鋼材応力度の増加量は，補修・補強前後のコンクリートおよび鋼材の応力状態とひび割れ発生状況の双方を考慮して求める．

　一般に，通常の使用状態における変形は微小変形の範囲内にあると考えられ，これは補修・補強された構造物または部材においても同様である．そのため，通常の荷重作用に対しては変位・変形の照査は省略してもよい．

6.5.4　振動に対する照査

　補修・補強した構造物の振動に対する照査は，既設部分と補修・補強部分の一体性が担保されていることを前提として，コンクリート標準示方書［設計編］の方法に基づき，使用上の快適性が振動により損なわれないことを確認するものとする．

【解　説】　補修・補強によって部材の固有周期が変化し，変動作用の周期と近似し共振が生じることが考えられる場合には対策を講じるのがよい．

6.5.5　水密性に対する照査

　補修・補強した構造物の水密性に対する照査は，既設部分と補修・補強部分の一体性が担保されていることを前提として，コンクリート標準示方書［設計編］の方法に基づき，構造物の各構成部分に対して行うものとする．その照査指標には透水量を用いることを原則とする．

【解　説】　水密性が要求される構造物の補修・補強に関しては，水密性に対する照査を行うものとする．照査は構造物全体ではなく，補修・補強された各部分について行い，その指標には透水量を用いることを原則とする．補修・補強された構造物または部材の場合，既設部と補修・補強部の接合部の水密性を高めることが重要である．水密性が求められる部位へ防水・排水処置を施す等の施工上の対策を講じる場合には，その効果を適切に評価することが必要である．

6.6　復旧性に関する照査

6.6.1　一　　般

　補修・補強した構造物が保有すべき耐震性能は，地震作用に対する安全性，使用性ならびに修復性の観点から総合的に考慮して定めることとする．なお，この照査は既設部材と増厚部材の一体性が担保されていることを前提とするとともに，6.6.2に示す照査の前提を厳守するものとする．

【解　説】　補修・補強された構造物が保有すべき耐震性能は，コンクリート標準示方書［設計編：標準］5 編に示される耐震性能 1〜3 に従って定めてよいものとする．補修・補強された構造物の耐震性に関する照査は，期待される耐震性能が発揮されるよう対象構造物，補修・補強工法の適用範囲を考慮し，適切に行うものとする．

6.6.2　耐震性に関する構造細目

耐震性に関する構造細目は，対象構造物に適した仕様を実験等で定めることが合理的である．

【解　説】　補修・補強工法の構造細目は，補修・補強された構造物に期待される耐震性能が発揮できることを実験等により実証されていることが重要である．試験装置の制約により実験が不可能な場合には，適切にモデル化した実験により構造細目を設定することが望ましい．

6.7　構造細目

鉄筋コンクリート構造物として設計するための前提となる構造の基本的な考え方は，コンクリート標準示方書［設計編］に従って定めるものとする．

【解　説】　補修・補強された構造物の構造細目に関して，各工法の照査の前提となる一般的な事項は，各工法編を参照するのがよい．

7章 施 工

7.1 一 般

補修・補強の施工は，適切な施工計画を立案した上で，設計で想定した品質を確保し，補修・補強した構造物が所要の性能を満足するように実施しなければならない.

【解 説】 補修・補強した構造物が設計耐用期間を通じて所要の性能を満足するためには，設計で想定した品質を確保した施工を行うことが必要である. 補修・補強の施工では，使用する材料の特性，施工上の制約条件を考慮して，適切な施工管理および品質管理を行うことが重要である.

7.2 施工計画

（1） 補修・補強の施工に際し対象構造物の事前調査を実施し，補修・補強の施工計画に反映させるものとする.

（2） 補修・補強の施工を適切に行うために既設構造物の構造条件，環境条件，施工条件を考慮し施工計画を立案するものとする.

【解 説】 （1）について 事前調査は，設計図書，既往の補修・補強履歴，構造物の損傷状況等の情報を把握する. セメント系材料の施工では既設構造物からの漏水等があるとセメント系材料の付着性能や強度発現に影響を及ぼす. そのため目的とする補修・補強性能が得られるように損傷箇所は予め補修を施す等事前調査の情報を施工計画に反映させものとする.

（2）について セメント系材料の補修・補強では既設コンクリートの下地処理や増厚・巻立て補強で機械化施工が用いられる. そのため構造物の形状や立地条件，環境条件に応じた機械や施工方法の選定が必要となる. このことから，施工計画の立案にあたっては，対象となる構造物の形状，環境，施工条件に応じた適切な施工計画を立てることが重要である.

7.3 施 工

（1） セメント系材料は施工条件，施工環境を考慮して適切に取り扱うものとする.

（2） 既設コンクリートと補修・補強部が一体化し合成構造となるよう適切に施工しなければならない.

（3） セメント系材料の施工は施工条件，施工環境を考慮して適切に施工するものとする.

（4） 補修・補強の施工後は所定の効果が得られるよう適切な養生を実施するものとする.

【解　説】　（1）について　セメント系材料の施工では現場で材料の保管，練混ぜ，打込み，養生が行われる．そのため温度や湿度，風，飛来塩分等の環境条件が強度発現や補修・補強効果に及ぼす影響が大きい．そのためセメント系材料の保管，配合，施工を適切に取扱うものとする．

　　（2）について　補修・補強の施工では既設構造物と補修・補強部が一体化し合成構造となることにより効果を発揮させることができる．そのため既設コンクリートと補修・補強部が一体化できるように適切な工法を用いてコンクリート表面の下地処理を行い，セメント系材料の増厚・巻立て施工を行う必要がある．

　　（3）について　セメント系材料はコンクリートの施工と同様，暑中と寒中に外部環境が強度発現性に影響をおよぼす．そのため，コンクリート標準示方書［施工編：施工標準］に準拠して，冬季は日平均気温が5℃以上であること，夏季には日平均気温が 25℃以下であることを確認し施工する．これらの温度を外れる場合には，12 章 寒中コンクリート，13 章 暑中コンクリートに準拠し，施工を行うものとする．

　　（4）について　セメント系材料は所定の強度が発現するまで適切に養生する必要がある．セメント系材料を用いた補修・補強部分はコンクリート構造物と比較して表面積に対する厚さが薄い構造である．そのため施工完了後の温度変化，風および直射日光等の影響を受け，ひび割れが生じやすい．そのため，補修・補強の施工後は所定の効果が得られるよう適切な養生を実施するものとした．

7.4　検　査

　セメント系材料を用いて補修・補強された構造物の検査は，検査計画に基づき実施するものとする．

【解　説】　セメント系材料を用いた補修補強された構造物の検査は，コンクリート標準示方書［施工編：検査標準］（7 章 施工の検査，8 章 コンクリート構造物の検査，9 章 検査記録）に準じて検査計画を策定し適正な方法で検査するものとする．また，検査の時期は補修補強材料の受け入れ，補修・補強の各段階および完成した構造物に対して検査を実施するものとする．

8 章 記 録

補修・補強に関わる調査，診断，設計，性能照査，補修・補強および使用材料等の記録は，基本的にコンクリート標準示方書［維持管理編：標準］によるものとする．特に，初期欠陥，作用外力や作用環境，ひび割れや鋼材腐食を含む損傷や劣化の程度と進行に関する項目は，記録しなければならない．

【解　説】　調査，診断，設計，性能照査，補修・補強および使用材料等の記録は，コンクリート標準示方書［維持管理編：標準］8 章に従うこととする．コンクリート構造物の補修・補強を行う上での初期欠陥，周辺の交通量や土地利用等の経時変化する作用外力や作用環境，損傷と劣化を分類するためのひび割れの進展や鋼材腐食の進行，および対策の履歴に関する記録は特に重要である．また，将来の維持管理のために，補修・補強を実施した工法・材料や施工条件等の記録を残すのがよい．セメント系材料を使用した補修・補強の施工は環境の影響を受けやすいため，施工時の温度，湿度等の環境条件を記録する必要がある．補修・補強後の経年変化により性能が低下していくことも計画的に把握していくことができるようにすることからも，対策後における点検は記録するものとする．さらに，調査，診断，性能照査の過程で実施しなかった補修・補強工法も記録することが望ましい．これにより，当時の対象構造物を維持管理する上での社会的背景等を伝えることができる．

9 章 維持管理

　構造物の維持管理者は，コンクリート標準示方書［維持管理編：標準］に基づき維持管理計画を策定し，補修・補強後の構造物の維持管理区分および推定される劣化機構に応じて点検，予測，性能評価，対策の要否判定等からなる診断の方法，対策の選定方法，記録の方法等を示すこととする．なお，維持管理計画は，必要に応じて見直すものとする．

【解　説】　補修・補強後の構造物の維持管理者はコンクリート標準示方書［維持管理編：標準］に従い，維持管理計画を策定することを原則とした．維持管理計画の策定にあたっては，まず，補修・補強の設計段階で考慮された構造物の予定供用期間を基本として，維持管理を実施する期間を定める必要がある．予定供用期間が明確でない場合には，設計耐用期間を予定供用期間と考えてよい．

　補修・補強後の維持管理については，特に補修・補強で採用した工法・材料の特性を十分に把握し，変状が起きやすいと考えられる部位や特性に着目した維持管理計画を策定するとよい．

　補修・補強後の構造物においては，補修・補強の計画・設計段階から維持管理計画を策定しておき，補修・補強後に実施する初期の診断において，構造物の情報を収集して計画の妥当性を確認し，状況に応じて内容を見直した上で，維持管理計画を最終決定するのがよい．また，点検結果に基づく劣化予測の結果が当初の予測と異なる場合等では，必要に応じて，それまで実行していた維持管理計画を見直すことが重要である．さらに，補修・補強後の構造物の供用期間は長期に及ぶため，その間に国民のライフスタイルやニーズの変化，物流や社会の変化等により，構造物に対する要求性能が変化することも十分に考えられ，それに合わせて維持管理計画を見直すことが必要となる場合もある．

セメント系材料を用いたコンクリート構造物の
補修・補強指針　工法別編　上面増厚工法

1章　総　則

1.1　適用の範囲

　本指針は，コンクリート構造物の安全性・使用性・耐久性などを向上させることを目的として，既設コンクリート部材の上面にセメント系材料を一体化させ，部材厚を増加させる上面増厚工法の設計および施工の標準を示すものである．なお，上面増厚工法編に定めていない事項は，共通編，コンクリート標準示方書によるものとする．

【解　説】　上面増厚工法は，既設コンクリート部材の上面にセメント系材料を打ち込み，一体化させることにより，部材の厚さを増加させ，コンクリート構造物の安全性，使用性，耐久性などを向上させる工法である．

　上面増厚工法が補修・補強工法として適用される代表的な構造物は，比較的大きな変動荷重が繰返し作用する道路橋鉄筋コンクリート床版(以下，床版)である．主に，交通荷重の繰返し作用によって疲労劣化した床版の安全性などの向上を目的として適用される．そのほか，車両の大型化に伴う設計荷重変更への対応，凍結防止剤による床版上面からの劣化対策など耐久性能や機能を向上させる目的で適用される場合がある．床版以外の適用事例としては，地震動に対して既設フーチングの曲げ耐力が不足している橋脚の耐震性向上を目的としたフーチング上面の増厚補強などがある．本編は，構造物の種類を必ずしも限定するものではないが，主に床版の上面増厚工法を対象として標準的な設計・施工方法を示したものである．

　上面増厚工法において，所定の効果を得るためには既設部材と増厚部のセメント系材料を一体化させることが必要不可欠となる．床版では，上面を切削，研掃後，接着剤を塗布しながら短繊維補強コンクリートを打ち込むことにより一体化を図る場合がある．増厚部に短繊維補強コンクリートを用いる理由は，コンクリートの曲げ・引張・せん断抵抗性，ひび割れ抵抗性の改善が主なものである．例えば，上面増厚部は比較的薄層の断面として施工されるため，初期の乾燥によるひび割れの発生および活荷重によるひび割れの発生・進展が懸念されるが，短繊維の混入により，ひび割れ進展の抑制が期待できる．また，連続桁橋の中間支点部および張出床版では，負曲げ耐力の向上のための補強材料として，鉄筋や連続繊維補強材などが使用されている．フーチングの上面増厚は床版の場合に比べて厚さが大きいため，マスコンクリートに該当する場合には，セメントの水和熱による温度ひび割れ対策が必要となる．

　本指針では，上面増厚工法による補修・補強後の構造物の性能を照査する具体的な方法を，現状の最新技術に基づき示している．ただし，この指針に示された照査方法で全ての照査が可能となるわけではなく，必要な事項は関連する示方書などを参考にして照査しなければならない．今後，補修・補強目的の多様化や技術の進展とともに，多くの工法が提案されると予想される．

　現状における補修・補強の対象となる部材の多くは床版であることから，短繊維補強コンクリートを増厚部に用いた上面増厚工法の設計・施工についての最新の情報と考えられる標準的な手法が示されている．なお，技術が進歩し，上面増厚工法を床版以外の補修・補強部位・部材に適用した場合や短繊維補強コンクリート以外の材料を用いたり，切削・研掃・接着剤以外の界面処理方法など，新たな材料，設計，施工方法が開発され，補修・補強後の構造物の性能を十分な精度で評価できる方法が確立された場合，必ずしもこの指針に示す事項

に制限されない.

また，コンクリート構造物の一般的な設計・施工の基本は，土木学会コンクリート標準示方書［設計編］［施工編］に示されている．この補修・補強指針はこれらを補完するものである．さらに，床版に上面増厚工法を適用する場合に本指針による補修・補強設計を補完するものとして，上面増厚工法設計施工マニュアル（高速道路調査会）1995 年，コンクリート構造物の補強指針（案）（土木学会）1999 年，道路橋床版の維持管理マニュアル（土木学会）2016 年，構造物施工管理要領（東日本高速道路(株)，中日本高速道路(株)，西日本高速(株)）2017 年，設計要領第二集　橋梁保全編（東日本高速道路(株)，中本高速道路(株)，西日本高速(株)）2017 年がある.

1.2　用語の定義

本編で用いる用語は，共通編 1 章によるものとする.

セメント系材料を用いたコンクリート構造物の補修・補強指針　工法別編　上面増厚工法　　61

2章　既設構造物の調査

2.1　一　　般

上面増厚工法による補修・補強を行う場合の既設構造物の調査は，共通編2章によるものとする．

【解　説】　上面増厚工法による補修・補強は，事前の調査によって既設構造物の状況を把握した上で設計し，それに基づく施工計画，施工管理および検査の計画を策定する必要がある．既設構造物の調査は，共通編2章によるものとし，文書，記録等における調査および現地における調査を実施する．これらの調査に基づき，構造物の状況や環境条件・使用条件を確認するとともに，補修・補強を施工する上での制約条件や問題点を把握する必要がある．

2.2　調　　査

2.2.1　文書，記録等における調査

上面増厚工法を行うための既設構造物の文書，記録等における調査は，共通編2.2.1によるものとする．

【解　説】　既設構造物が保有する性能を確認するため，部材の寸法や鋼材の配置，使用材料などの情報を設計図書や竣工図に基づいて把握しておく必要がある．また，必要に応じて当該路線の交通量や大型車混入率等の情報を入手しておくのがよい．すでに補修・補強が実施されている場合は，維持管理記録を調査する必要がある．施工上の制約条件や課題を抽出するために，構造物の立地条件や環境条件を事前に確認することが重要である．

2.2.2　現地における調査

上面増厚工法の適用を検討するための現地における調査は，共通編2.2.2によるものとする．

【解　説】　既設構造物にひび割れ等の物理的な劣化が生じている場合，既設構造物とセメント系材料との一体化が損なわれる場合がある．また，凍結防止剤の侵入に伴う鋼材腐食，凍結融解作用にともなうスケーリング，アルカリシリカ反応によるひび割れおよび土砂化などが既設構造物に生じている場合，劣化部分を除去しなければ上面増厚することによる補修・補強効果が十分に得られない可能性がある．そのため，定期点検記録等によって既設構造物の変状を事前に確認するとともに，必要な項目については，現地確認を行う必要がある．現地調査結果に基づき，補修・補強によって求められる構造物の性能レベルや設計耐用年数を考慮した上で，既設構造物の補修・補強の要否，規模等を判断するのがよい．また，事前調査の段階で施工機械や材料の置き場や配置，交通規制の状況などを確認しておくことは，上面増厚工法を現場で円滑に施工する上で重要である．

3章　補修・補強の設計

3.1　一　　般

上面増厚工法の適用を検討するための補修・補強の計画は，共通編3章によるものとする．

【解　説】　構造計画において，上面増厚工法では既設構造物の劣化状況が補修・補強効果に及ぼす影響が大きいため，劣化の状況を的確に判断した上で，補修・補強によって求められる構造物の性能レベルや設計耐用年数を確実に実現できるように，劣化部を除去し断面修復，打換えなどの実施を計画する必要がある．

構造詳細において，上面増厚工法では補修・補強効果を発揮するために既設部と増厚部の一体化が図れる接合方法を設定しなければならない．具体的には，適切な下地処理の方法，必要に応じて接着剤等の接合材料を使用し，所定の期間にわたって一体化が図れる方法を検討する．また，増厚部上面にアスファルト舗装を施工する場合は，防水層を設置し，床版に侵入する水を確実に防水・排水させる計画を検討することが，事後の耐久性を確保する上で重要となる．

3.2　構造計画

上面増厚工法の適用を検討するための構造計画は，共通編3.2によるものとする．

【解　説】　上面増厚工法を選定した場合は，工事の際に周辺環境に与える影響，補修・補強後の維持管理の容易さなどとともに経済性を考慮する必要がある．上面増厚による補修・補強工法は，床版を対象に採用されることが多く，既設床版上面に適切な打継ぎ界面の処理を行った後に，短繊維補強コンクリートにより補強するのが一般的である．床版を対象とする場合，既設の鉄筋コンクリート床版のひび割れやエフロレッセンスの発生状況，交通荷重や凍結融解の繰返し，アルカリシリカ反応などによるコンクリートの劣化状況，主に凍結防止剤の散布による塩害によって，鉄筋が腐食して生じたかぶりコンクリートの剥離の状況，さらにここに水が侵入し，かぶりコンクリートが土砂化した状況などについて事前に把握しなければならない．補修・補強の設計を行うにあたって，これらの状況を考慮し，上面増厚工法を施工する前に，劣化したコンクリートの除去方法，断面修復材料，断面修復方法，部分打替の実施の有無と打替範囲，上面増厚の施工方法などを適切に決定しなければならない．なお，床版上面の断面修復材料には，収縮が小さく，ひび割れ抵抗性や変形に対する追従性に優れ，既設コンクリートのヤング係数と同等以下であること等の特性が求められる．

上面増厚工法の計画では構造物に設定した要求性能に応じて具体的な補修・補強対策を検討する必要がある．既設構造物の劣化・損傷が構造物の性能に及ぼす影響を評価した上で，設計耐用期間にわたり目標とする構造物の機能および要求性能を確保できるように構造条件に応じた具体的な対策を計画する必要がある．

補修・補強を行う上で，対象となる構造物の置かれている立地条件，環境条件が施工に及ぼす影響は大きい．例えば，上面増厚工法を床版に適用する場合，長時間の交通規制を伴うため，これを考慮して施工範囲を計画する必要がある．

上面増厚工法を適用した床版の上面増厚部が補修・補強後に剥離・再劣化した事例が近年報告されている．これらは，施工目地やひび割れなどから雨水が侵入したことで，既設床版と増厚部との付着が損なわれ，両者が一体となって荷重に対して抵抗しなくなったことにより劣化が進行したものと考えられている．したがって，床版内部への水の侵入を完全に防ぐ必要があり，防水工の施工および防水工上面の排水処理を確実に行うことが重要となる．このように補修・補強後の構造物が確実に性能を保持するため，補修・補強後の環境や維持管理も考慮して再劣化が生じない対策を行うことが必要である．

3.3 構造詳細

上面増厚工法の適用を検討するための構造詳細は，共通編3.3によるものとする．また，増厚による自重の増加についても，適切に考慮しなければならない．

【解　説】　上面増厚工法により補修・補強した構造物が要求性能を満たすためには，既設部と増厚部とが一体化した合成構造として機能する必要がある．解説 図3.3.1に上面増厚工法を床版に適用した場合の断面例を示す．一般には，既設床版を10mm切削した後，上面のショットブラスト処理を行い，必要に応じて接着剤を塗布しながら鋼繊維補強コンクリートを打込み，既設床版と増厚部を一体化する．打継ぎ界面の処理方法のうち，接着剤の使用の有無や塗布方法は，施工現場の状況を考慮して合理的な施工方法が選択される．また一般に，増厚部の鋼繊維補強コンクリートの上面にアスファルト舗装が施工されるが，増厚部と舗装の間に防水層を設ける必要がある．これは床版内に水が滞留することによって疲労による損傷劣化が加速すること，および塩化物イオンは水と共に床版内に侵入して鋼材腐食を助長する等，水の存在下で床版の劣化が発生，加速す

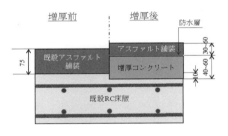

工法：上面増厚
舗装：アスファルト

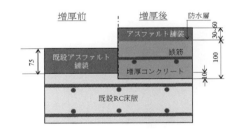

工法：鉄筋上面増厚
舗装：アスファルト

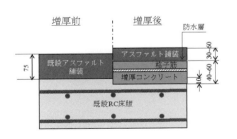

工法：格子筋（CFRP等）上面増厚
舗装：アスファルト

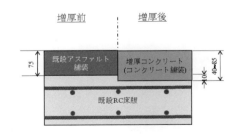

工法：上面増厚
舗装：コンクリート

解説 図3.3.1　上面増厚工法を床版に適用した場合の断面例

ることを防ぐ上で，特に重要である．

　既設部と増厚部の剛性が大きく異なる場合には，接合方法によっては十分な補強効果が発揮されない場合があるので，既設部コンクリートと増厚材料の強度，ヤング係数などを十分に検討しておくことが重要である．また，増厚部は 50mm 程度の薄層になる場合があるため，収縮やクリープ変形に対する既設部材からの拘束が大きくなる．したがって，短繊維補強コンクリートの体積変化特性やひび割れ進展の抑制効果に関する十分な検討が必要である．

　増厚により部材の全断面が厚くなる場合は，自重による死荷重増加分についても考慮する必要がある．

4章 材　料

4.1 一　般

上面増厚工法に用いる材料は，必要とされる期間にわたって所要の性能を満足するように，品質が確かめられたものでなければならない.

【解　説】　上面増厚工法を道路橋床版へ適用する場合，一般に交通規制を伴うため，供用までの時間を極力短くすることが求められる. そのため. セメント系材料には，短時間で所要の強度を発現することや施工速度を満足できるワーカビリティー等が求められる. また，長期にわたり既設部と増厚部の一体化が図れる材料を選定する必要がある.

4.2 既設構造物中の材料

既設構造物中の材料の特性値および設計値は共通編4.2によるものとする.

【解　説】　補修・補強の設計に用いる既設構造物中の強度の特性値および設計値は，共通編4.2に従い調査・点検結果に基づいて定める. 床版においては，近年，凍結防止剤の散布に起因すると考えられるコンクリートの劣化や鋼材の腐食が顕在化している. 文書・記録等からコンクリート標準示方書［設計編：本編］5.2に従って既設構造物の材料特性を定める場合は，これらの影響を考慮して材料係数を定めるのが良い. 一方，上面増厚工の前に，断面修復材等によって既設構造物の機能を回復させる場合には，その影響度に応じて補修材の材料特性を適切に考慮するのが良い.

4.3 補修・補強部分に用いる材料

4.3.1 セメント系材料

上面増厚工法に用いるセメント系材料は，共通編4.3.2によるものとし，セメント系材料に用いられる水，セメント，骨材，短繊維，混和材・剤，セメント混和用ポリマー等は，JISに適合したものあるいは既往の試験結果や確認試験により所要の品質を有することが確認されたものを使用しなければならない.

【解　説】　上面増厚工法に使用されるセメント系材料には，コンクリート，短繊維補強コンクリート，ポリマーセメントモルタル，ポリマーセメントコンクリート，膨張コンクリートなどがあり，各々を単独あるいは組み合わせて用いられる.

セメント系材料に用いられるセメントは，求められる性能や目的に応じて適切な種類を選択する必要がある. 床版を対象とした上面増厚工法では，一般に確保できる交通規制の日数に応じて異なるセメントが用いられる.

急速施工が求められる場合には，材齢3時間で目標強度が確保できる超速硬セメントが用いられる．超速硬セメントには，アルミン酸カルシウムを主成分とするクリンカを粉砕したもの，ポルトランドセメントに微粉砕したカルシウムサルフォアルミネート成分を適量混合したもの，リン酸マグネシウムを主成分とするものなどがある．超速硬セメントはJIS規格が定められていない材料であるが，上面増厚工法の増厚部に用いられているセメントとして実績がある．交通制限の期間が10日程度確保できる場合には，通常，早強ポルトランドセメントが用いられる．

骨材には，JIS A 5005「コンクリート用砕石及び砕砂」あるいはJIS A 5308「レディーミクストコンクリート」に適合したものが一般的に用いられる．増厚部材の厚さが薄い場合は，最大寸法が20mmよりも小さい粗骨材が使用される場合がある．

セメント系材料にひび割れ分散性や，力学的性能の改善が求められる場合，短繊維補強コンクリートが用いられる．床版の上面増厚工法では，補強部材の押抜きせん断耐力の向上を主な目的として，鋼繊維補強コンクリートが広く適用されている．鋼繊維は，JSCE-E 101に適合したものが一般的に使用されている．鋼繊維のアスペクト比は40〜80程度，長さは30mm程度のものが使用されている．鋼繊維以外の短繊維としては，ポリビニルアルコール(PVA)，ポリプロピレンといった合成繊維やアラミド単繊維をエポキシ樹脂で集束させたアラミド繊維が適用されている．

セメント系材料の収縮ひび割れが問題となる場合は，混和材として膨張材が使用されることがある．通常，膨張材はJIS A 6204「コンクリート用膨張材」に適合したものが使用される．膨張材を使用したコンクリートについては，コンクリート標準示方書[施工編：特殊コンクリート]5章膨張コンクリートを参考にするとよい．膨張材の収縮補償効果を発揮するためには，膨張性水和物の生成とセメント硬化体の骨格形成のタイミングが重要となる．超速硬セメントと膨張材を組み合わせる場合，セメント硬化体の骨格が早期に形成されるため，早期に膨張性水和物を生成する膨張材が用いられる事例もある．

セメント系材料に物質浸透抵抗性が求められる場合には，施工規模に応じて，ポリマーセメントモルタルやポリマーセメントコンクリートが使用される．ポリマーセメントモルタルおよびコンクリートは，使用するポリマーの量や種類によって硬化体の性質が異なってくるため，求められる性能に応じて適切な材料を使用する必要がある．

4.3.2 補強材料

上面増厚工法に用いる補強材料は，共通編4.3.3によるものとする．

【解　説】 床版の上面増厚工法では，補強材料として鉄筋のほか，格子状の鋼材や連続繊維補強材が使用される場合もある．

4.3.3 接合材料

上面増厚工法に用いる接合材料は，共通編4.3.5によるものとする．

セメント系材料を用いたコンクリート構造物の補修・補強指針 工法別編 上面増厚工法 67

【解 説】 床版の上面増厚工法では，セメント系材料と既設床版との一体化を図ることを目的として，打継ぎ界面に接着剤が使用される場合がある．接着剤を使用した場合の打継ぎ界面の付着強度は，気温，湿度，風等の環境条件や既設コンクリートの含水状態等の施工条件の影響を受けるため，これらを考慮して適切な材料を選定する必要がある．また，施工手順に応じた適切な可使時間を有し，収縮が小さく，長期的に付着性能が維持されることが求められる．

4.3.4 防水材料

上面増厚工法で用いる防水材料は，施工条件，施工環境および品質変動等を考慮して，所要の性能を満足するように選定しなければならない．

【解 説】 床版の場合，水や凍結防止剤といった劣化因子が床版内に侵入することを防ぐため，アスファルト舗装と増厚部材との間に防水層を設けることが一般的である．防水層に使用する材料の要求性能として，防水性，耐久性，施工性，品質安定性，環境安全性などがある．要求性能および照査の方法は土木学会鋼構造シリーズ28「道路橋床版防水システムガイドライン2016」を参照するとよい．

4.3.5 舗装材料

道路橋床版の上面増厚後に敷設される舗装材料については，防水材料との付着性能を考慮しなければならない．

【解 説】 舗装材料と防水材料の付着性が充分でない場合，所要の防水性能が得られない場合がある．防水層を含む舗装材料の特性については，土木学会鋼構造シリーズ28「道路橋床版防水システムガイドライン2016」を参照するとよい．

4.4 補修・補強部分に用いる材料の特性値および設計値

4.4.1 一 般

上面増厚工法に用いる材料の特性値および設計値は，共通編4.4によるものとする．

4.4.2 セメント系材料

上面増厚工法に用いるセメント系材料の特性値および設計値は，共通編4.4.2によるものとする．

【解 説】 上面増厚工法には，既設部材との付着やひび割れ抑制等の観点から，鋼繊維補強コンクリートな

どの特殊コンクリートが使用されることが多い．したがって，普通コンクリートとは異なった力学特性を示す場合は，適切な試験によりその特性値と設計値を定めることが必要となる．例えば，鋼繊維は，適切な混入率の範囲では，鋼繊維補強コンクリートの圧縮強度，ヤング係数の特性値にほとんど影響を及ぼさず，普通コンクリートと同一とみなしてよい．しかしながら，圧縮タフネス，曲げ強度・タフネス，引張強度，せん断強度は，同一圧縮強度の普通コンクリートに比べて大きくなるため，JCI-SF「繊維補強コンクリートの試験方法に関する規準」，JSCE-G 551 1983（SFRC 指針）「鋼繊維補強コンクリートの圧縮強度および圧縮タフネス試験方法」，JSCE-G 552 1983（SFRC 指針）「鋼繊維補強コンクリートの曲げ強度および曲げタフネス試験方法」，JSCE-G 553 1983（SFRC 指針）「鋼繊維補強コンクリートのせん断強度試験方法」等に基づく適切な試験により定めることが必要となる．また，鋼繊維補強コンクリートの曲げ疲労強度については，既往の研究により，普通コンクリートより大きくなることが報告されているものの，現時点では鋼繊維の種類や繊維混入率に応じた疲労強度算定式が確立されていない．鋼繊維以外の短繊維を用いたコンクリートについてはさらに疲労データが少ないため，試験によって S-N 曲線を求め，疲労強度の特性値を定めることが望ましい．

上面増厚工法に用いるセメント系材料の特性値と設計値は，構造物の使用目的，主な荷重の作用する時期および施工計画等に応じて，適切な材齢における試験強度に基づいて定める必要がある．

4.4.3 補強材料

上面増厚工法に用いる補強材料の特性値および設計値は，共通編 4.4.3 によるものとする．

4.4.4 接合材料

接合材料は，必要とされる期間にわたって，既設部と増厚部の一体化を図れる材料を選定するとともに，諸特性を十分に把握した上で適切に使用しなければならない．

【解　説】　接合材料は，増厚部が設計耐用期間において，一体化が確保される材料特性を有していることが求められる．そのため，接合材料を用いて既設部と増厚部の一体化が確保できることを適切な試験により確認する必要がある．実際の構造物の打継ぎ界面は，荷重や周りの環境作用，既設構造物の状態等によって複雑な応力状態になることが考えられる．また，劣化因子による作用が複合する場合もある．評価にあたっては，これらの影響を適切に考慮できる手法によって接合材料の性能を確認するのが望ましい．

解説 表 4.4.1 は，新旧コンクリートの付着特性によって接着剤の性能を評価する方法の一例である．これによれば，接着剤の性能として，温水浸漬や引張疲労荷重を与えた上で，引張付着強度が 1.0N/mm² 以上を満足していることが求められている．既設部と増厚部の一体化が確保されていることと，引張付着強度が 1.0N/mm² 以上であることが等価であるかどうかについては，理論的な説明が難しいのが現状である．しかしながら，試験による引張付着強度が 1.0N/mm² 以上であれば，総じて一体化した既設部と増厚部に不具合が生じていないという実績により基準値として広く採用されている．なお，施工の良否や環境条件に応じて，適切な引張付着強度および評価試験方法を設定するのが望ましい．

また，長期的に既設部と増厚部の一体化を図るためには，引張付着強度だけで確保されるものではないこと

に注意する必要がある．引張付着特性の経時的な変化が小さいこと，変形に追従でき剥離が生じにくいこと，劣化因子の作用に対し耐久的であること等が求められ，これらを考慮した接合材料を選定することが重要である．

解説 表 4.4.1　接着剤の性能評価試験方法の一例

(NEXCO 試験法 434：増厚コンクリート用エポキシ樹脂接着剤の性能試験方法)

項目	基準値	試験の方法
新旧コンクリートの付着耐久性	所定の負荷後，新旧コンクリート界面の付着強度が，1.0N/mm² 以上あること	負荷前の付着強度
		温水負荷 [1)] 後の付着強度
		所定の負荷 [2)] 後の付着強度

1)50℃温水に 10 日間浸漬

2)水張り条件での引張疲労載荷(振幅：0.6N/mm²，周波数：10Hz，サイクル数：480 万回)

5章 作 用

5.1 一 般

　上面増厚工法による補修・補強工法の性能照査に用いる作用は，共通編5章によるものとする．

5.2 補修・補強設計に応じた作用

　上面増厚工法による補修・補強工法の性能照査に用いる補修・補強設計に応じた作用は，共通編5.2によるものとする．

【解 説】　上面増厚工法による補修・補強設計では永続作用として，床版を対象とした場合，既設部の死荷重と増厚部の死荷重がある．ただし，増厚部が硬化して一体化するまでは，既設部で死荷重を負担する．増厚部が硬化した後は，既設部と増厚部の合成断面で負担する．補修・補強後の変動作用は，既設部と増厚部の合成断面で負担する．これらの作用を構造物に応じて適切に考慮する必要がある．

セメント系材料を用いたコンクリート構造物の補修・補強指針　工法別編　上面増厚工法　71

6章　補修・補強後の構造物の性能照査

6.1　一　　般

（1）上面増厚工法により補修・補強した構造物の性能照査は，この章に示した方法により照査すること
とする．

（2）上面増厚工法により補修・補強を行う場合，既設部と増厚部が一体化した合成断面によって外力に
抵抗することを前提として照査を行うこととする．

（3）補修・補強後の既設部材と増厚部材が一体化した合成断面の照査においては，既設部材に生じてい
るひび割れなどの損傷，残留変形・応力，腐食因子などを必要に応じて適切に考慮しなければならない．

【解　説】　　（1）について　選択した工法により補修・補強した構造物の性能は，適切な方法によりその性
能を評価し，要求性能を満足しているかどうかを照査しなければならない．この章では，上面増厚工法により
補修・補強した構造物の安全性，使用性を，現状の技術により評価する方法を示している．

　　（2）について　照査の前提条件として，適切な打継ぎ界面の処理および適切なセメント系材料の施工によ
って，既設部と増厚部の一体化が確保されている必要がある．本来，打継ぎ界面におけるせん断付着応力や変
形等が限界値を満足しているかどうかを確認する必要がある．しかしながら，床版への適用においては，これ
までの実績に基づき，打継ぎ界面の引張付着強度が 1.0N/mm² 以上あれば既設部と増厚部が一体化していると
判断されている．なお，適切な一体化の方法や信頼できる方法によって性能が確認された場合は，必ずしもこ
こに示す方法によらなくてもよい．

　　（3）について　補修・補強した構造物の性能評価にあたっては，増厚部の特性のみならず，既設部に生じ
ているひび割れなどの損傷，残留変形・応力，鋼材の腐食因子となる塩化物イオン量や中性化深さ等を必要に
応じて考慮する必要がある．

　　また，増厚部の厚さが大きく，死荷重の増分が著しい場合には，死荷重の影響を含めた部材の応力度照査を
行うことが望ましい．床版の上面増厚工法においては，一般に死荷重の増分が主桁に及ぼす影響は小さい．な
お，応力度の照査を行う場合，増厚部と既設部の死荷重については，切削を考慮した既設断面で抵抗するもの
とし，硬化後の後死荷重（舗装等）と活荷重については増厚部と既設部が一体化した合成断面で抵抗すると考
えるのが一般的である．

6.2　応答値の算定

6.2.1　一　　般

上面増厚工法により補修・補強した構造物の応答値の算定は，共通編 6.2 によるものとする．

6.2.2 構造物のモデル化

上面増厚工法により補修・補強した構造物のモデル化は，共通編 6.2.2 によるものとする．

6.2.3 構造解析

上面増厚工法により補修・補強した構造物の構造解析は，共通編 6.2.3 によるものとする．

6.2.4 設計応答値の算定

上面増厚工法により補修・補強した構造物の設計応答値の算定は，共通編 6.2.4 によるものとする．

6.3 耐久性に関する照査

6.3.1 一 般

上面増厚工法により補修・補強した構造物の耐久性の照査は，共通編 6.3 によるものとする．

6.3.2 鋼材腐食に対する照査

上面増厚工法により補修・補強した構造物の塩害による鋼材腐食に対する照査において，環境作用として凍結防止剤に起因する塩害の影響を受ける場合は，適切なコンクリート表面塩化物イオン濃度を設定するものとする．

【解　説】　増厚部の上面には，一般に防水層とアスファルト舗装が施される．しかし，中間支点部や桁端部などひび割れが発生する可能性がある部位や，防水層の劣化などによって，増厚および既設コンクリート部に凍結防止剤散布にともなう塩分が侵入する場合がある．凍結防止剤に起因する塩害の照査を行う場合の表面塩化物イオン濃度の値は，プレストレストコンクリート工学会・更新用プレキャスト PC 床版技術指針に示されており，これを参照するとよい．**解説 図 6.3.1** は，表面塩化物イオン濃度と凍結防止剤散布量の関係を示したものである．

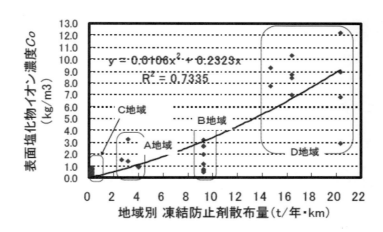

解説 図 6.3.1 表面塩化物イオン濃度と凍結防止剤散布量の関係[1]

参考文献

1) 桑原伸夫, 梅村靖弘, 酒井秀昭：高速道路橋における床版の塩化物イオン浸透予測に関する研究, コンクリート工学年次論文集, Vol.32, No.1, pp.791-796, 2010

6.4 安全性に関する照査

6.4.1 一 般

上面増厚工法により補修・補強した構造物の安全性に対する照査は，共通編 6.4 によるものとする．

6.4.2 断面破壊に対する照査

6.4.2.1 一 般

断面破壊に対する照査は，共通編 6.4 に基づき行うこととするが，上面増厚工法に固有の照査方法については，6.4 によるものとする．

6.4.2.2 曲げモーメントおよび軸方向力に対する照査

曲げモーメントおよび軸方向力に対する照査は，共通編 6.4.2.2 によるものとする．

【解　説】　補修・補強したコンクリート部材の曲げ耐力の算定において，既設部材と増厚部材は，剥離を生じることなく一体化して挙動することを前提とする．したがって，曲げを受ける増厚部が引張域に位置する場合は，引張側コンクリートは無視し，既設部が圧縮域に位置する場合は，既設部コンクリートの設計強度を用いて曲げ耐力を算定する必要がある．一方，増厚部が圧縮域に位置する場合は，増厚部と既設部コンクリート

の強度およびヤング係数が一致しないため，**4.4** に従って求めた増厚部のセメント系材料の設計強度を用いて曲げ耐力を算定するのが望ましい．

6.4.2.3 せん断力に対する照査

せん断力に対する安全性の照査は，共通編 **6.4.2.3** によるものとする．なお，この照査は既設部材と増厚部材が一体化していることを前提とする．棒部材の設計せん断耐力は，上面増厚工法による補強材の効果を適切に考慮し，コンクリート標準示方書［設計編：標準］によるものとする．また，載荷面が部材の自由縁または開口部から離れており，かつ，荷重の偏心が小さい場合の押抜きせん断耐力は，上面増厚工法による補強材料の効果を適切に考慮し，コンクリート標準示方書［設計編：標準］によることとする．

【解　説】　上面増厚工法を適用した床版を例に考えると，荷重の載荷状態は，一般に移動荷重であり，最終的に床版が梁状化した後にせん断破壊に至ることから，部材の種類や境界条件の決定には十分に留意し，せん断耐力に対する安全性の照査は慎重に行う必要がある．

棒部材の補修・補強後のせん断耐力の算定において，既設部と増厚部は，剥離を生じることなく一体化して挙動することを前提とする．したがって，せん断補強鉄筋を有しない棒部材の設計せん断耐力 V_{cd} は，コンクリート標準示方書[設計編：標準]3 編 により，増厚部を含めた断面について算定される．なお，増厚部に使用されるコンクリートの強度が既設部よりも大きい場合，増厚部に既設部コンクリートの圧縮強度を用いて V_{cd} を算定すると，せん断耐力を安全側に評価することになる．既設部材内のせん断補強鉄筋を有する場合は，設計せん断耐力 V_{yd} はコンクリート標準示方書[設計編：標準]3 編 により，せん断補強鉄筋の分担分 V_{sd} と V_{cd} の和で表すこととした．

面部材の補修・補強後の押抜きせん断耐力の算定においては，コンクリート標準示方書[設計編：標準]3 編 により，増厚部を含めた断面について，増厚部のセメント系材料の設計強度を用いて算定することが望ましい．ただし，既設部と増厚部で強度レベルが大きく異なる場合は，実験により確認する等，照査は慎重に行う必要がある．

現状では，上面増厚工法が適用されている面部材は主として床版である．床版のような比較的薄い部材の押抜きせん断耐力の算定には，実験による破壊形式に立脚し，**解説 図 6.4.1** に示す押抜きせん断破壊モデルに基づく式(解 6.4.1)が適用できる．ただし，上面増厚された床版の押抜きせん断耐力を実験等により確認するなど，式(解 6.4.1)により照査を行う場合も慎重に行う必要がある．なお，式(解 6.4.1) により，増厚部を含めた断面として，増厚部のセメント系材料の設計強度を用いて算定することが望ましいが，以下の点に留意しなければならない．コンクリートのせん断強度 f_v の算定式は，普通コンクリートを用いた場合の結果に基づくものであるため，増厚部に鋼繊維補強コンクリートを用いる場合には適用できない．しかしながら，一般に鋼繊維補強コンクリートのせん断強度は，既設の床版コンクリート以上であることから，押抜きせん断耐力の算定には，既設の床版コンクリートの設計圧縮強度を用いる方が安全側の評価となる．実際に上面増厚された床版は，既設部にひび割れが存在するなどの劣化損傷が進行していることが考えられるため，既設の床版コンクリートの設計強度を用いて押抜きせん断耐力に関する照査を行うのが安全である．

$$P_{0d} = \left[f_v\left\{2(a + 2x_m)x_d + 2(b + 2x_d)x_m\right\} + f_t\left\{2(a + 2d_m)C_d + 2(b + 2d_d + 4C_d)C_m\right\}\right]/\gamma_b \qquad \text{(解 6.4.1)}$$

ここに，　P_{0d} ： 設計押抜きせん断耐力 (N)
　　　　　a, b ： 載荷版の主鉄筋，配力鉄筋方向の辺長(mm)
　　　　　x_m, x_d ： 主鉄筋，配力鉄筋に直角な断面の引張側コンクリートを無視したときの中立軸深さ(mm)
　　　　　d_m, d_d ： 引張側主鉄筋，配力鉄筋の有効高さ(mm)
　　　　　C_m, C_d ： 引張側主鉄筋，配力鉄筋のかぶり深さ(mm)
　　　　　f_v ： コンクリートのせん断強度(N/mm²)，$f_v = 0.656 f'^{0.606}_{cd}$
　　　　　f_t ： コンクリートの引張強度(N/mm²)，$f_t = 0.269 f'^{0.667}_{cd}$
　　　　　f'_{cd} ： コンクリートの設計圧縮強度 (N/mm²)
　　　　　γ_b ： 一般に 1.3 としてよい

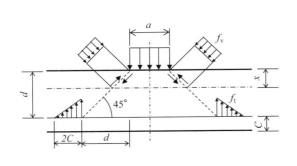 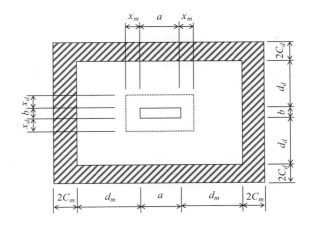

解説 図 6.4.1　押抜きせん断破壊モデルとそれに対する応力分布とその範囲

6.4.2.4 ねじりモーメントに対する照査

ねじりモーメントの作用が無視できない場合は，適切な方法によって安全性の照査を行うものとする．

【解　説】　補修・補強後のねじり耐力の算定は，既設部材と増厚部のセメント系材料は，剥離を生じることなく一体として挙動することを前提とし，コンクリート標準示方書［設計編：標準］3 編によるものとする．ただし，上面増厚工法により補修・補強した部材のねじりモーメントに対する挙動に関する研究はほとんどないため，適切な実験によって性能を確かめるのがよい．

6.4.3 疲労破壊に対する照査

6.4.3.1 曲げ疲労耐力に対する照査

上面増厚工法により補修・補強した部材が，荷重作用・環境作用下で曲げ疲労に対して安全であることを照査しなければならない．

【解　説】　引張応力が繰返し作用する面に上面増厚された部材（床版，はり）の曲げ疲労耐力に対する安全性の照査は，コンクリート標準示方書［設計編：標準］3編に従い，コンクリートおよび鋼材の疲労強度を算定してよい．上面増厚された床版に負の曲げモーメントが作用する場合など，必要に応じて増厚部の曲げ疲労の照査を行うことが望ましい．ただし，上面増厚に使用される各種セメント系材料の疲労強度データが無い場合には，実験や，実験に基づく評価法，非線形有限要素解析など適切な方法によって，曲げ疲労耐力を算定する必要がある．一般に，疲労試験は時間を要することから，既往の研究データからS-N曲線を作成して照査を行ってもよいが，生存確率95%の寿命，ひび割れ進展が急激に進行する時点を使用限界寿命とするなどの配慮が必要となる．実部材の曲げ疲労耐力を算定するためには，現況の損傷レベルや作用する繰返し曲げ応力のレベルなどを適切に把握する必要があり，これらの条件を試験において正確に設定することはきわめて難しい．条件の限られた疲労試験による照査は，上面増厚工法により補修・補強した部材の疲労寿命の延びの指標であり，上面増厚による効果の評価と考えるのがよい．

6.4.3.2　面部材の押抜きせん断疲労耐力に対する照査

上面増厚工法により補修・補強された面部材が，荷重作用・環境作用下で押抜きせん断疲労に対して安全であることを照査しなければならない．

【解　説】　面部材の補修・補強後の押抜きせん断疲労耐力の算定において，既設部材と増厚部材は，剥離を生じることなく一体として挙動することを前提とする．

床版に上面増厚工法を適用した場合，上面増厚床版には移動する輪荷重が繰返し作用し，荷重点が固定されている場合よりも押抜きせん断疲労耐力が著しく低下するため，実験や，実験に基づく評価法，非線形有限要素解析など適切な方法によって，耐力を推定する必要がある．実際の床版では最終的にいくつかの貫通ひび割れが橋軸直角方向に形成され，床版は配力鉄筋のみによって連結され，あたかもある幅の梁を並べたような状態になることがわかっている．したがって，床版の疲労寿命の検討において，使用実績が豊富な梁状化した床版の押抜きせん断耐力式を用いて，上面増厚工法により補修・補強した床版の輪荷重の繰返しにより疲労寿命を推定するものとする．乾燥状態の場合，式（解6.4.2）で，水張状態の場合，式（解6.4.3）で推定できる．

$$\log\left(\frac{P}{P_{sxd}}\right) = -0.07835\log N + \log 1.52 \tag{解 6.4.2}$$

$$\log\left(\frac{P}{P_{sxd}}\right) = -0.07835\log N + \log 1.23 \tag{解 6.4.3}$$

$$P_{sxd} = P_{sx}/\gamma_b \tag{解 6.4.4}$$

$$P_{sx} = 2B\left(f_v x_m + f_t C_m\right) \tag{解 6.4.5}$$

ここに，　P　　：　輪荷重 (N)

P_{sxd}　：　梁状化した床版の設計押抜きせん断耐力(N)

N　　：　繰返し回数

P_{sx}　：　梁状化した床版の押抜きせん断耐力(N)

セメント系材料を用いたコンクリート構造物の補修・補強指針　工法別編　上面増厚工法 77

B ： 梁状化の梁幅($=b+2d_d$)

b ： 載荷板の橋軸方向の辺長(mm)

x_m ： 主鉄筋断面の中立軸深さ(mm)

d_d ： 配力鉄筋の有効高さ(mm)

C_m ： 引張側主鉄筋のかぶり深さ(mm)

f_v ： コンクリートのせん断強度(N/mm²)，　$f_v = 0.656 f_{cd}'^{0.606}$

f_t ： コンクリートの引張強度(N/mm²)，　$f_t = 0.269 f_{cd}'^{0.667}$

f_{cd}' ： コンクリートの設計圧縮強度 (N/mm²)

γ_b ： 一般に 1.3 としてよい

　ただし，上面増厚工法により補修・補強した床版の押抜きせん断疲労耐力に関する実験的検証に関する報告は少なく，照査は慎重に行う必要がある．押抜きせん断耐力の算定と同様に，コンクリートのせん断強度 f_v の算定式は，普通コンクリートより求められたものである．したがって，増厚部のセメント系材料に鋼繊維補強コンクリートを使用し，上面増厚部内に中立軸が位置する場合は，鋼繊維補強コンクリートのせん断強度を用いるべきであるが，一般に増厚部に使用されるコンクリートのせん断強度は普通コンクリートのせん断強度以上であることから，普通コンクリートの設計強度を用いた押抜きせん断耐力の算定値の方が安全側の評価となる．実際の上面増厚された床版では，既設部が湿潤状態にある，あるいは凍結融解作用を受けると，既設部にひび割れが発生する，鋼材の腐食が生じるなどのコンクリートの劣化が進み，疲労耐力が低下することが考えられる．これを考慮すると，普通コンクリートの設計強度を用いて押抜きせん断耐力に関する照査を行う方が安全である．

　また，輪荷重走行試験機によって軌道装置等に相違があり，実験結果を単純に比較することはできないことから，簡単には S-N 曲線を統一することは難しい．したがって，これらの S-N 曲線は対象とする部材の上面増厚工法による補修・補強効果，つまり疲労寿命の延びの指標と考えるのがよい．

6.5　使用性に関する照査

6.5.1　一　　般

　上面増厚工法により補修・補強した構造物の使用性に対する照査は，共通編 6.5 によるものとする．

6.5.2　応力度の制限

　上面増厚工法により補修・補強した構造物の応力度の制限は，共通編 6.5.2 によるものとする．

【解　説】　上面増厚工法により補修・補強した構造物において，補修・補強前から作用している永続荷重は，切削を考慮した既設断面での応力度を算定する．また，補修・補強後に増加する永続荷重と変動荷重は，既設部と増厚部が一体化した合成断面での応力度を算定する．それらを合計した応力度により照査を行えばよい．

6.5.3 外観に対する照査

上面増厚工法により補修・補強した構造物の外観に対する照査は，ひび割れ幅を照査指標として，荷重作用および環境作用により生じる設計応答値が，使用性から定まる設計限界値を満足することを確認するものとし，共通編 6.5.3 によるものとする.

【解　説】　上面増厚工法により補修・補強した部材の曲げひび割れ幅は，既設部と増厚部が一体化した合成断面として求めた応力度を用い，コンクリート標準示方書［設計編：標準］4 編により算定される．ただし，知見が少ないため，適切な実験によって確かめるのがよい.

6.6 復旧性に関する照査

6.6.1 一　　般

上面増厚工法により補修・補強した構造物の復旧性に関する照査は，共通編 6.6 によるものとする.

【解　説】　床版に上面増厚工法を適用した場合は，地震後に要求される機能を確保するとともに，上部構造の落下を防止できる構造であることを確認する必要がある.

6.6.2 耐震性に関する構造細目

耐震性に関する構造細目は，共通編 6.6.2 によるものとする.

6.7 構造細目

6.7.1 上面増厚部の厚さ

上面増厚部の厚さは，必要な補修・補強効果および施工性が確保できる範囲で，所定の耐久性を得ることができるかぶりを確保するものとする.

【解　説】　増厚するセメント系材料の厚さは，施工性および既設部材との一体化が確保できるよう，粗骨材の最大寸法や施工精度を考慮して定める必要がある．また，乾燥収縮や塩化物イオンなどの劣化因子の侵入を考慮したかぶり厚さを有していなければならない.

たとえば，「（東，中，西）日本高速道路株式会社：設計要領第二集橋梁保全編；平成 27 年 7 月」では，補強材料を用いない場合，最大寸法 20mm の骨材を使用すること，床版の不陸に伴うコンクリートの締固めやレベリング等の施工精度が必要になることおよび乾燥収縮の影響等を考慮し，セメント系材料の最小厚は 50mm としている．増厚部材の厚さが 50mm より薄い場合は，粗骨材の最大寸法が 13mm のコンクリートやモルタル

が使用される場合がある．この場合，ポリマー等の付着性能や変形追従性を向上させるために混和材料を検討するとよい．鉄筋を増厚部に使用する場合，増厚部の厚さは，既設コンクリートと鉄筋とのあき(30mm)，鉄筋の上面かぶり(30mm)および鉄筋径を加えて，設計厚さは100mmを基本としている．

また，連続繊維補強材を増厚部に使用する場合，塩化物イオンの浸透などによって腐食することがないため，かぶりを低減することができる．そのため，鉄筋を配置しない上面増厚工法と同程度の厚さとなる．

6.7.2　か ぶ り

　上面増厚工法のかぶりは，セメント系材料と補強材料の付着強度，施工誤差，構造物の耐久性能を考慮し定めなければならない．

【解　説】　かぶりは，鉄筋の直径に施工誤差を加えた値以上を確保するものとし，過去の実績や繊維が混入されていることなどを勘案して決定しなければならない．また，下地処理によって生じた既設コンクリート部材表面の不陸についても考慮するのがよい．

6.7.3　補強材料の配置

　上面増厚工法では，補強材料が所定の補強性能と施工性を確保できるように，補強材料間のあき，既設部コンクリート表面と補強材料間のあきの両方を考慮して配置しなければならない．

【解　説】　既設コンクリート表面と鉄筋のあき，および鉄筋間のあきは，粗骨材の最大寸法，短繊維の長さを考慮して決定する必要がある．粗骨材の最大寸法の4/3倍以上，短繊維の長さ以上とする必要がある．床版の上面増厚工法では，粗骨材の最大寸法の4/3倍以上，コンクリートの充填性や短繊維の長さに基づき，既設コンクリートと補強材料のあきは30mm以上とすることが多い．補強材料と既設コンクリートとのあきは，施工性を確保するだけでなく，補強材料とセメント系材料を一体化し力学性能を確保する上で重要である．

6.7.4　補強材料の継手

　増厚部に用いられる補強材料の継手は，継手部で破壊が生じることなく応力の伝達が確実に行われるものでなくてはならない．

【解　説】　床版の上面増厚工法では，鋼材の継手に重ね継手が用いられるのが一般的である．分割施工の支障となる場合は，継手長を鉄筋径の20倍以上確保することで，施工を行うことがある．これは，上面増厚工法で使用される鋼繊維補強コンクリートの拘束効果が，重ね継手の一体化に寄与していることに基づいている．また，所定の重ね継手長を確保できない場合には，機械式継手を用いる必要がある．

7章 施　工

7.1 一　般

(1) 上面増厚工法の施工は，施工計画に従って実施しなければならない．

(2) 上面増厚工法の施工に関して十分な知識および経験を有する技術者を現場に常駐させ，その指示の下で施工しなければならない．

(3) 上面増厚工法の実際の施工において施工計画が遵守できない場合は，責任技術者の指示に従い，設計時に要求される性能が確保されるように，適切な措置を講じなければならない．

【解　説】　（1）について　施工の基本は，工事の安全性が確保されることを前提として，適切な施工方法を用いて経済的に効率良く実施することである．上面増厚工法の施工は，事前準備，下地処理，補強材料の組立て，セメント系材料の製造，運搬・打込み・締固めおよび仕上げ等，多様な工種から構成されるため，作業の実施にあたっては，関連する他工種とも十分に調整を行い，効率良く施工できるように配慮することが望ましい．施工の手順例を**解説 図 7.1.1**に示す．

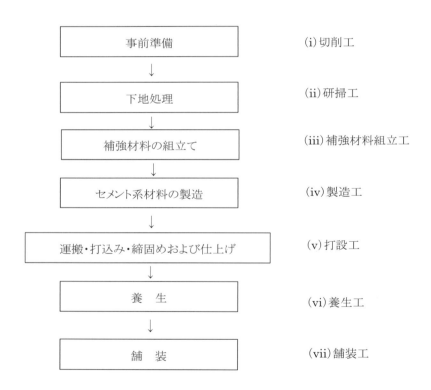

解説 図 7.1.1　上面増厚工法の施工手順の例　（床版の場合）

セメント系材料を用いたコンクリート構造物の補修・補強指針　工法別編　上面増厚工法　81

　（2）について　一般に，施工の良否は施工者の経験や資質等の人的要因に大きく左右される．このため，上面増厚工法の施工に関して十分な知識および経験を有する技術者を現場に常駐させ，その技術者の指示の下で施工を実施することが望ましい．

　（3）について　実際の施工においては，計画段階で想定しない事態が生じることも少なくないので，必ずしも施工計画どおりに実施できるとは限らない．施工時に施工計画を遵守することが難しい場合は，責任技術者の指示に従い，所要の性能が確保されるように適切な措置を講じなければならない．

7.2　事前調査および施工計画

　（1）上面増厚工法を適用する既設コンクリート構造物を，事前に十分に調査し，設計図書との相違や損傷状況等について確認しなければならない．

　（2）上面増厚工法の施工を適切に行うため，施工計画を立案し，施工計画書を作成しなければならない．施工計画の立案にあたっては，既設構造物の構造条件，現場の環境条件，施工条件等について配慮しなければならない．

【解　説】　（1）について　上面増厚工法における事前調査は，設計図書を調査し，計画高の決定，施工数量の把握，施工の円滑化等を目的として行う．床版を対象とする場合，床版下面から目視等によってひび割れやエフロレッセンスの発生状況の把握を行う．また，路面からコアを採取して，舗装厚さや鉄筋のかぶり等を測定しなければならない．

　（2）について　上面増厚工法における施工計画の立案にあたっては，現場の条件に応じた適切な施工計画を立てることが重要である．床版を対象とする場合，施工手順の例は**解説 図 7.1.1**に示した通りであり，留意する事項について以下に示す．

(i) 切削工：既設床版面に不陸があると，大型切削機ではアスファルト舗装が残存する場合がある．このような場合は，人力または小型機械で残ったアスファルト舗装を撤去する．また，切削時に既設床版の上端鉄筋を損傷させることもあり留意が必要である．万一，損傷させた場合は，鉄筋を補完しなければならない．

(ii) 研掃工：スチールショットブラスト工法の施工は，雨天時は困難であるので，工程によっては路面乾燥機等を準備する．研掃完了後は，床版面を防炎シート等で養生し，工事車両等から表面を保護する．

(iii) 補強材料の組立工：補強材料同士のあきおよび補強材料と既設コンクリートとのあきを確保する．

(iv) 製造工：所要の強度，耐久性，水密性，作業性が確保できる配合にてセメント系材料を製造する．

(v) 打設工：現場では専用コンクリートフィニッシャ等の施工機械，材料の積降ろしができる作業エリアが必要である．既設部と増厚部の付着力を向上させるために，接着剤を用いる場合は，接着剤を塗布しながら短繊維補強コンクリートを打ち込む．また，ポリマーセメントモルタルなど他のセメント系材料で増厚する場合は，プライマー塗布など，使用する材料に応じた適切な方法で既設部と増厚部の付着力を高める工程を実施する．

(vi) 養生工：防水層との付着を阻害する養生剤は使用しない．

(vii) 舗装工：舗装工では，上面増厚の打設面に防水工を設置した上で，舗装工を施工する．防水工では，増厚上面に防水層を施工するだけでなく，排水設備の設置も考慮する必要がある．アスファルト舗装の施工時には，路面高さの変化により，伸縮装置の交換，土工部での擦り付けなどが必要な場合もある．

7.3 セメント系材料の配合

セメント系材料の配合は，施工条件，施工環境および使用材料の品質変動等を考慮して，セメント系材料が所要の性能を満足するように設計しなければならない．

【解　説】　ここでは，ある部材に対して上面増厚部にセメント系材料を打ち込み，既設部と増厚部の一体化を確保するために必要な配合設計方法に関する留意点について示す．

(i) 設計材齢と強度：上面増厚工法におけるセメント系材料の設計基準強度は，既設部と増厚部が一体化していることが前提であるとことから，既設部のコンクリートと同等以上の強度が必要となる．設計基準強度を設定する材齢は，超速硬セメントを用いた場合には3時間，早強ポルトランドセメントを用いた場合には7日に設定することが多い．所定の材齢にて設計基準強度を満足するための水セメント比の決定にあたっては，実際に上面増厚工法に使用するセメント系材料を用いて試験練りを行い，セメント水比と強度の関係を得る必要がある．また，ポリマーセメントモルタルはプレミックス製であることが多いが，性能が確認された水量の範囲で練り混ぜることにより，所定の性能を有するポリマーセメンモルタルを得ることができる．

(ii) 粗骨材の最大寸法：粗骨材の最大寸法は，20mm のものを使用することが一般的である．上面増厚工の厚さや，補強材のかぶり，あきに制約がある場合は，粗骨材の最大寸法を 20mm より小さくする場合もある．

(iii) スランプ：床版に適用する場合，機械施工が主であるため，スランプ 5cm の硬練りコンクリートが用いられる．ただし，人力施工を行う場合は 8cm 程度のスランプが設定されることが多い．

(iv) 空気量：一般的に，空気量は，現場プラントにおいて超速硬セメントを用いた場合は 2～3% 程度，レディーミクストコンクリートプラントのミキサによる早強ポルトランドセメントを用いた場合は，4.5% 程度とすることが多い．

(v) 混和材量：収縮補償，ひび割れ防止を目的として膨張材を使用する場合には，所要性能が得られるよう単位量を設定しなければならない．近年，低添加型膨張材が一般化してきており，収縮補償を目的とする場合の単位量は，従来の $30kg/m^3$(膨張材 30 型)から $20kg/m^3$(膨張材 20 型)が標準となりつつある．

(vi) 混和剤量：高性能減水剤の使用量は，試験練りにより確認するものとする．ポリマーを使用する場合のポリマーセメント比は，あらかじめ性能の確認されたプレミックスタイプのポリマーセメントモルタルを用いるのがよい．別途，ポリマーを添加する場合は試験により，適切なポリマー使用量を決定する必要がある．短繊維を使用する場合は，短繊維の補強効果および施工性を考慮して，繊維混入率を決定する必要がある．鋼繊維補強コンクリートの繊維混入率は，1.0vol.%～1.3 vol.% 程度とすることが多い．

7.4 事前準備

上面増厚工法による補修・補強を実施する前に，必要に応じて準備工を実施することとする．

セメント系材料を用いたコンクリート構造物の補修・補強指針　工法別編　上面増厚工法　83

【解　説】　上面増厚を行う前に，既設コンクリートに劣化が生じている場合の処理や材料の搬入や施工機械の設置等の準備工を実施する必要がある．床版に適用した場合，アスファルト，防水層，タックコート等の舗装材料は，既設部材と増厚部材の一体化を阻害する要因となるため，事前に切削し除去する必要がある．一般に，既設コンクリート部材の上面から 10mm 程度まで切削される．床版に適用した場合に考えられる準備工の例を列挙すると以下のとおりである．

(i) コンクリート劣化部の除去

(ii) セメント系原材料の搬入集積（現場練りの場合）

(iii) 現場プラントの設置（現場練りの場合）

(iv) コンクリートの現場における運搬方法の検討

(v) 専用コンクリートフィニッシャなど機械設備の搬入・設置等

7.5　下地処理

　増厚部材と既設部材が所定の付着性能が得られるよう，表面の油脂等の汚れや脆弱層を取り除かなければならない．また，施工箇所の断面修復等補修対策を行わなければならない．

【解　説】　上面増厚工を行う既設コンクリートに劣化が生じている場合，セメント系材料との付着性能を阻害する可能性がある．そのため，事前に適切な方法によって調査を実施し，コンクリート劣化部を判定するとともに，付着に影響する範囲を除去する必要がある．コンクリートの劣化としては，剥離，豆板，さび汁発生箇所，ひび割れ発生部などがあるが，床版の舗装面と下面の両方を勘案して部分打換えの範囲を決定する必要がある．また，許容量以上の塩化物イオンが含まれるコンクリートや土砂化が生じている劣化部分は，除去する必要がある．劣化部の除去方法としては，人力施工，ブラスト処理，ウォータージェット処理などがある．下地の状況に応じてウォーターブラスト工法（ウォータージェット，高圧洗浄）等を実施し，油脂等の汚れ，脆弱層，セメントペーストの除去を行い，健全面を露出（目荒し）させることもある．床版の上面増厚工法では，ショットブラストによる下地処理が一般的である．また，必要に応じて除去したコンクリートの断面修復を行うが，一般に，既設床版と一体化させるために，付着性能が高く収縮が小さいポリマーセメントモルタルが用いられることが多い．また，既設コンクリートとの変形追従性の観点から，断面修復材料のヤング係数として既設コンクリートと同程度以下であることが求められる場合がある．断面修復工法については，コンクリートライブラリーNo.119「表面保護工法設計施工指針(案)」を参考にするのがよい．

　上面増厚工法では，既設コンクリートの補修部位が上面となるため，下面増厚工法などに比べると施工時の制約は少ない．ただし，部分打ち換え箇所が多く存在する場合，打ち換え箇所に車両がアクセスできなくなる，施工時間が不足する等，制約が厳しくなるので，部分打ち換えを事前に別工事として実施しておくなどの対策を講じることが望ましい．

7.6　補強材料の組立て

　補強材料の継手・定着は補強材料の種類に応じて定められた方法を用いて行わなければならない．

84   C.L.150　セメント系材料を用いたコンクリート構造物の補修・補強指針

【解　説】　補強材料を用いる場合は，継手・定着は各補強材料の継手方法に準じる．また，補強材料のかぶりや既設部材とのあきが許容誤差内に納まるよう，適切な位置に使用箇所に適した材質のスペーサを配置することが重要である．下地処理によって生じた既設コンクリート部材表面の不陸が生じた場合は，これを考慮するのが良い．

7.7　セメント系材料の製造

　セメント系材料の製造は，所要の品質を有するセメント系材料が得られるように行わなければならない．

【解　説】　セメント系材料の製造は，コンクリート標準示方書[施工編：施工標準]に準じることを基本とする．床版の上面増厚工法で使用される超速硬コンクリートは，コンクリートの可使時間や硬化時間が短いため，レディーミクストコンクリート工場で製造しアジテータトラックで運搬することが困難である．そのため，超速硬コンクリートの製造は，一般的に，施工現場近傍に貯蔵された原材料の逐次供給，計量，練混ぜが可能な現場用コンクリートプラント車で行われる．このように現場用コンクリートプラントでコンクリートを製造する場合は，セメント系材料が所要の品質を確保できることを確認する必要がある．また，大型の現場用コンクリートプラント車には，連続練りミキサとバッチミキサの形式がある．なお，セメント系材料を一定の速度で練り混ぜて現場に運搬することにより，コンクリートフィニッシャによる敷均し・締固め作業が安定する．このことは高い品質の上面増厚工法の施工を実現するうえできわめて重要である．

　早強ポルトランドセメントを用いた鋼繊維補強コンクリートの場合は，レディーミクストコンクリート工場で製造しアジテータトラックやダンプトラックで運搬した実績がある．なお，鋼繊維はプラントでミキサに投入して製造する，あるいは現場にてアジテータトラックに投入して製造するケースなどがある．

7.8　運搬・打込み・締固めおよび仕上げ

　（1）セメント系材料の運搬に際しては，材料分離と流動性の低下に留意した方法を選定しなければならない．
　（2）セメント系材料の荷降し・打込みは，材料分離が生じることのないように行なわなければならない．
　（3）締固めは，セメント系材料の打込み後すみやかに，振動機を用いて行う．なお，型枠および打継ぎ目の周辺は，振動機での締固めに先行して，別途簡易装置等で十分に締め固める．
　（4）表面の仕上げは，所定の形状寸法および品質が得られるように行わなければならない．
　これら一連の作業は，連続的に行えるように計画することが重要であり，打込み・締固めおよび仕上げは，材料の特性や施工する構造物の特徴を理解して，適切な方法を選択することを原則とする．

【解　説】　セメント系材料の運搬・打込み・締固めおよび仕上げは，コンクリート標準示方書[施工編：施工標準]に準じることを基本とする．床版の上面増厚工法では，既設床版と増厚部の短繊維補強コンクリートの

セメント系材料を用いたコンクリート構造物の補修・補強指針　工法別編　上面増厚工法　　85

付着力の向上を目的に接着剤を使用する場合は，既設部表面に接着剤を塗布しながらコンクリートが打ち込まれる．打込み面積は，橋軸方向については 1 スパン単位，幅員方向は全幅とすることが標準的である．また，スランプ 5cm 程度の硬練りの鋼繊維補強コンクリートが用いられることが多く，増厚部材厚さが比較的薄いことなどから，締固めには専用のコンクリートフィニッシャが用いられている．ただし，専用コンクリートフィニッシャによる施工の開始時，終了時には一部，型枠バイブレータによる人力での敷均し作業が必要となる．専用コンクリートフィニッシャには，仕上げ面の平坦性が良好であることに加え，既設部材とセメント系材料との一体化が図れる振動特性を有していることが求められ，事前に性能が確認されたものを用いるとよい．

7.9　養　　生

　養生は，一定期間にわたって硬化に必要な温度および湿度に保ち，乾燥や急激な温度変化等による有害な影響および振動や変形の影響を受けないように，方法および期間を定めなければならない．

【解　説】　セメント系材料の養生方法および期間は，コンクリート標準示方書[施工編：施工標準]に準じることを基本とする．床版の上面増厚工法で被膜養生剤を使用する場合，種類または散布量によっては防水材料との付着が損なわれる場合があることに留意する必要がある．

7.10　舗　　装

　（1）防水工は耐久性に大きく影響を与えることから，材料の選定は，構造物，施工時間，セメント系材料との相性などの条件を把握した上で，所定の防水性能が得られるように行わなければならない．
　（2）アスファルト舗装は，様々な外気温に対して所定の品質が得られるよう，材料の運搬時間，使用機械の選定に留意しなければならない．
　（3）増厚部材の表面をコンクリート舗装として供用する場合には，舗装として求められる性能を満足する必要がある．

【解　説】　（1）について　近年，床版は，水の供給や凍結防止剤の侵入によって劣化速度が著しく増加することが報告されている．また，上面増厚工法では，水が施工目地から既設コンクリートとセメント系材料との付着界面に侵入し，繰返し荷重が作用することによって，両者の一体化が損われる事例が報告されている．そのため，上面増厚工法を施工した床版では，防水対策が重要になる．防水対策は，防水材料だけでなく，排水設備や舗装を一体として行うのがよい．防水材料は，主にシート系と塗膜系に分類される．防水材料の特徴や構成材料を把握した上で選定するのがよい．高欄，地覆，伸縮装置等の床版端部は，施工が難しい箇所であることから，特に材料の選定に配慮が必要である．また，防水材料はアスファルトおよびセメント系材料との付着性が良いものを選定する必要がある．セメント系材料の施工時に使用した養生剤と防水材料の組合せによっては，所要の付着性能が得られない場合があるので留意が必要である．防水材料については，土木学会鋼構造シリーズ28「道路橋床版防水システムガイドライン2016」を参考とするのがよい．
　（2）について　アスファルト舗装の施工については，2014 年制定舗装標準示方書を参考とするのがよい．

（3）について　死荷重の増加が制限される床版の補修・補強においては，床版上の舗装を撤去した後，セメント系材料によって舗装厚さ分だけ上面増厚し，増厚部材の表面をそのままコンクリート舗装として供用する場合がある．この場合，部材表面は舗装として求められるすべり抵抗性や出来形を満足する必要がある．また，増厚部材と既設部材との間に防水層を設置することができないので，既設部材への水の侵入に十分配慮した構造や材料を選定する必要がある．コンクリート舗装の施工については，2014年制定舗装標準示方書を参考にするのがよい．

7.11　品質管理

（1）上面増厚工法によって，所要の品質を有するコンクリート構造物を造るため，施工の各段階において品質管理を適切に行わなければならない．

（2）品質管理は，施工者の自主的な活動であり，施工者自らがその効果を期待できる方法を計画し，適切に行わなければならない．

（3）品質管理の記録は，建設した構造物の品質保証や将来の工事における品質管理に活用できるよう，引渡し後も一定期間保管しておかなければならない．

【解　説】　施工者は，要求性能を満足する上面増厚構造を構築するために，施工計画に従って施工するとともに，セメント系材料，補強材料，機械設備，施工方法等の適切な項目に対して適切な方法により品質管理を実施し，施工の各段階で所定の品質が確保されていることを確認する．ただし，品質管理は，各種の試験を実施し，数多くのデータを収集するだけでなく，必要な項目について必要な頻度だけ実施するのがよい．また，試験結果をもとに品質を確認する方法には，実際に試験を実施する以外に，JIS製品等の場合のように，製造会社の試験成績表によって確認する方法もある．

施工者は，施工計画書に基づいて，確実かつ効率的，経済的な品質管理計画を立案し，この品質管理計画に従って施工しなければならない．また，品質管理の結果は，発注者による施工の各段階における検査結果として代用されることもあるので，品質管理はできるだけ既往の技術的裏付け等の信頼性が保障された方法によって行うことが望ましい．

品質管理を実施した結果，品質の変動が大きくなる兆候が認められた場合は，その原因について調査し，あらかじめ設定した管理の範囲内に収まるよう適切な措置を講じなければならない．万一，異常が生じた場合や，品質が疑わしい場合は，責任技術者の指示に従って早めに適切な措置を講じる．品質管理の記録は，施工時の経緯が管理データとして残されている場合が多いため，建設した構造物の品質保証や将来の工事における品質管理に活用できるよう，引渡し後の一定期間において，これらの記録を保管することが望ましい．

7.12　検　査

（1）上面増厚工法を適用した構造物の検査は，施工の各段階および完成した構造物に対して，発注者の責任において実施することを原則とする．

（2）施工者は，施工計画に基づいて施工の各段階において必要な検査を実施する．施工者が行う検査

は，材料の受入れ検査，製造設備の検査，レディーミクストコンクリートの受け入れ検査および補強材料の受入れ検査を標準とする．

【解　説】　（1）について　上面増厚による補修・補強を設計図書どおりに構築するために，施工の各段階において，その実施内容が妥当であるかどうかを検査する．また，上面増厚による補修・補強工法は，既設コンクリート部材とセメント系材料による増厚部材が一体化した合成断面として挙動することが重要である．したがって，補修・補強後の構造物の検査として，付着強度試験などの破壊試験やインパクトエコー法，打音等の非破壊試験を行い，既設部材と増厚部材の間に隙間等が生じていないか確認することが望ましい．

8 章 記 録

　構造物の補修・補強の実施に関する情報は，適切な方法で記録し，必要な期間保管しなければならない．記録の方法は，共通編 8 章によることとする．

【解　説】　上面増厚工法による補修・補強に関する調査，設計，性能照査，施工および使用材料，品質管理等の記録は，共通編 8 章に従うことを原則とする．

9 章　維持管理

上面増厚工法により補修・補強した構造物の維持管理は，共通編 9 章に基づき行うものとする．

【解　説】　上面増厚工法により補修・補強した構造物の維持管理は，共通編 9 章に従って行うことを原則とする．上面増厚工法により補修・補強した床版において，増厚部と既設部の剥離・再劣化の事例も報告されている．したがって，補修・補強後の環境や構造物の状態を考慮し，再劣化が生じない維持管理を行うことが必要である．

セメント系材料を用いたコンクリート構造物の
補修・補強指針　工法別編　下面増厚工法

1章 総　則

1.1 適用の範囲

> 本指針は，下面増厚工法の設計および施工の標準を示すものである．下面増厚工法は，必要とされる性能より劣る面状および棒状部材の下面に補強材料を配置し，増厚材料によって補強材料と既設の部材を一体化することにより，部材の耐久性，使用性，安全性などを向上させることを目的とする．

【解　説】　下面増厚工法は，面状および棒状部材の下面（引張側）に補強材料を配置し，既設の部材と一体化することにより，曲げ，せん断特性や疲労特性を向上させる工法である．増厚材料は，補強材料と既設の部材の一体化，補強材料の重ね継手，定着および補強材料の耐久性の担保の役割を担っている．増厚材料には，一般的にポリマーセメントモルタル（以下，PCM）が用いられている．その理由は，既存の部材との接着性能が高く，ひび割れ発生時の引張ひずみが大きく，劣化因子の浸透が生じにくいためである．補強材料には，鉄筋，溶接金網やFRPグリッドなどが用いられる．

　下面増厚工法は，RC床版の疲労に対する補強工法として，**解説 図1.1.1**に示すような適用事例で，注目されて発展した．現状における補修・補強した対象部材は，RC床版，トンネルの覆工，ボックスカルバート，水路，および梁などである．この指針では，増厚材料を用いた下面増厚工法の設計・施工についての最新の情報を収集し，考えられる最善の標準を示す．なお，本編に記載されていない事項は，［共通編］による．

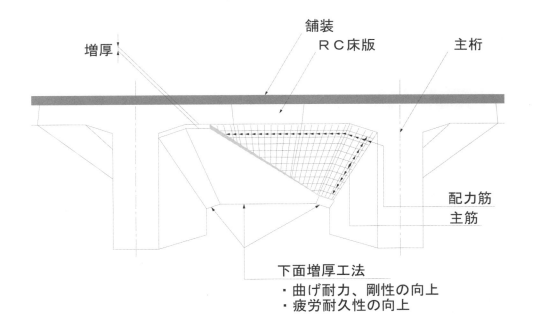

解説 図1.1.1　下面増厚工法を床版補強に適用した事例

1.2　用語の定義

本編で用いる用語は，［共通編］1章によるものとする．

セメント系材料を用いたコンクリート構造物の補修・補強指針　工法別編　下面増厚工法　　93

2章　既設構造物の調査

2.1　一　　般

　下面増厚工法により補修・補強を検討する既設構造物の調査は，［共通編］2章によるものとする．

2.2　調査

2.2.1　文書，記録等における調査

　現地の気象条件や環境条件ならびに地理的条件を文書・記録などで調査を行う場合は，［共通編］2.2.1に基づいて行うものとする．

2.2.2　現地における調査

（1）　現地における既設コンクリート構造物の劣化，損傷，初期欠陥の調査は，［共通編］2.2.2により行うものとする．
（2）　事前に現地の作業環境等を確認しなければならない．

【解　説】　（1）について　下面増厚工法の対象となる既設の部材の形状や寸法等が，文章記録と一致していることを確認する必要がある．調査にあたっては，必要に応じ非破壊検査，はつり調査等により，既設の部材の鋼材の寸法，および配置状況等を確認する必要がある．また，下面増厚工法の対象となる既設の部材の外観変状調査（ひび割れ，漏水・遊離石灰，錆汁，浮き，剥離・剥落，鉄筋露出等），塩化物イオンの含有量測定，中性化深さ，およびかぶり深さや鋼材腐食程度の確認等により劣化程度や損傷の進行度を把握する．併せて周辺環境（海岸線，交通状況，気候状況等），損傷の特徴，雨水の流れ，漏水状況ならびに大型車通行時の振動状況等により劣化や損傷の要因を推定しなければならない．

　（2）について　作業車両および作業機械等の進入路の状況，配置スペース並びに足場等の仮設工の設置が可能であることを確認する必要がある．

3章 補修・補強の設計

3.1 一 般

　下面増厚工法でコンクリート構造物の補修・補強を行う場合，構造物が必要とされる期間にわたって必要とされる性能を満たしていることを適切な方法で照査しなければならない．また，補修・補強工事の施工環境，施工性，補修・補強後の維持管理の容易さ，経済性も考慮しなければならない．

【解　説】　下面増厚工法は，薄い補強増厚層によって部材の曲げ補強，せん断補強などに適用される．特徴は，補強重量の増加が少なく，ボックスカルバート，トンネルや水路等に採用した場合，内空断面の減少が少ないことである．橋梁床版等を下面増厚工法で補修・補強した場合は床版の押抜きせん断破壊に対する照査が必要となる．水路やボックスカルバートの場合は，土圧や水圧等の常時の設計荷重に対する照査が必要となる．また，トンネルや水路でもレベル2の地震動に対する照査が求められることもある．この指針に示された照査方法で全ての照査が可能となるわけではないが，現在の最新の技術を示している．照査に必要な事項はこの指針（案）の他，関連する示方書などを参考にして照査しなければならない．

　解説 図 3.1.1 に橋梁床版における下面増厚工法の施工断面の一例を示す．この例は，既設の部材に沿って補強材料を固定・配置し，増厚材料で既設の部材と追加する補強材料を一体化する工法である．他にも補強材料との一体化の方法は，様々ある．

　下面増厚工法では，補強材料の防食機能も増厚材料に求められる．PCMによる下面増厚工法の場合は，増厚は30mm程度となる例が多い．このため，増厚部の増厚材料の施工方法としては，吹付け施工と左官施工が可能となる．施工方法は，施工環境や施工数量を考慮して，合理的な方法を選択すればよい．

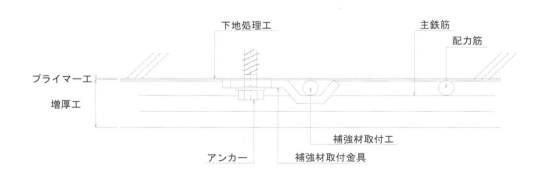

解説 図 3.1.1　下面増厚工法の断面の一例

セメント系材料を用いたコンクリート構造物の補修・補強指針　工法別編　下面増厚工法　　95

3.2　構造計画

　下面増厚工法により補修・補強した構造物の構造計画は，［共通編］3.2に従うものとする．

【解　説】　補修・補強した構造物の設計耐用期間にわたり，所要の耐久性，安全性，使用性および復旧性を満足しなければならない．下面増厚工法によって補修・補強した構造物は，要求性能が異なる．既設の部材の曲げ補強においては，主に使用性，安全性などが照査対象となる．橋梁床版の疲労補強においては，床版の押抜きせん断耐力の向上が求められる．ボックスカルバートやトンネルなどの耐震補強では，復旧性が照査対象となる．また，下面増厚工法の対象となる既設の部材の劣化や損傷の要因を考慮した補修・補強を計画しなければならない．

　下面増厚工法の施工に関する制約条件を考慮しなければならない．増厚材料の施工方法は，左官工法と吹付け工法を選択できる．また，吹付け工法の中には，湿式工法と乾式工法がある．これらの施工方法は，それぞれ特徴をもっており，一長一短がある．計画段階で施工環境，経済性等を考慮して，適切な施工方法を選択することが望ましい．

　下面増厚工法では，増厚材料が薄い部材として用いられており，かつ，補強材料のかぶりも相対的に薄くなる．そのため，厳しい腐食環境では劣化因子の浸透が早くなる可能性がある．したがって，維持管理のポイントは，耐久性の照査が重要であり，必要な対策を検討しなければならない．

3.3　構造詳細

　（1）　下面増厚工法の構造は，補修・補強した部材における既設部と増厚部の一体性を確保しなければならない．
　（2）　下面増厚工法の構造は，補強材料が既設部に強固に固定されていなければならない．
　（3）　下面増厚工法の構造は，既設部と増厚部の界面に水分の滞留が生じないようにしなければならない．
　（4）　下面増厚工法に用いる補強材料は，既設部と一体として挙動できる程度の引張剛性でなければならない．

【解　説】　（1）について　下面増厚工法では，補修・補強した部材における既設部と増厚部の一体性を失うことにより，安全性の限界状態に至ることがある．この破壊は，脆性的なので避けなければならない．

　（2）について　補強材料が既設部に強固に固定されることにより，剥離・剥落のリスクを減じることができる．

　（3）について　下面増厚工法で補修・補強した部材における既設部と増厚部の界面付近に水分が滞留することにより，界面の劣化や密着性が減ずることがあるので，これを予防する方法をとらなければならない．

　（4）について　下面増厚工法に用いる補強材料は，既設の部材に対して過大な引張剛性を有してはならない．補強材料の引張剛性が過大な場合は，既設部と増厚部の界面および補強材料の定着部の負荷が大きくなり，剥離等の不具合が生じることがあるので留意が必要である．補強材料は，既設部と一体として挙動す

るために，可能な限り均一に配置することが望ましい．従って，補強材料は，細径を用いて施工可能な限り密に配置するのがよい．例えば，補強材料として細径鉄筋（D6やD10）を，50mmピッチに配置するのもよい．

セメント系材料を用いたコンクリート構造物の補修・補強指針　工法別編　下面増厚工法　　97

4章 材　　料

4.1 一　　般

　下面増厚工法に用いる材料は，必要とされる期間にわたって所要の性能を満足するように，品質が確かめられたものでなければならない．

【解　説】　下面増厚工法は，既設部材の下面に薄く増厚部を施工する工法である．これを鑑み，材料の選定と工法の工夫が必要である．

4.2 既設構造物中の材料

　設計に用いる既設構造物中の材料の材料強度の特性値，材料係数および設計値は，［共通編］4.2 に従って定めるものとする．

4.3 補修・補強部分に用いる材料

4.3.1 一　　般

　下面増厚工法の補修・補強部分に用いる材料の品質は，［共通編］4.3 による．

4.3.2 セメント系材料

（1）　下面増厚工法に用いる増厚材料は，既設部と追加配置する補強材料を一体化できる付着性能と耐久性を有しなければならない．

（2）　増厚材料は，既設部材の環境因子に対する遮蔽性と比べ，同等以上の性能を有しなければならない．

【解　説】　（1）について　下面増厚工法に用いる増厚材料に求められる性能は，既設部および補強材料との付着力が高く，既設部と補強材料との密着性や間隙充填性等の一体性を担保できることが求められる．一般的には，付着強度，引張強度，曲げ強度に優れ，既設部と補強材料との間で確実に応力伝達できる必要がある．ヤング係数や圧縮強度は既設の部材と同程度または近似した材料がふさわしい．

　（2）について　増厚材料は，補強材料に対して薄いかぶりで用いることが多く，増厚部や既設部に対す

る劣化因子が浸透しにくい材料である必要がある．特に，塩化物イオンの拡散係数や中性化速度が小さく，耐凍結融解性能の高いものがよい．これらの求められる性能，均一的な品質および経済性を鑑みて，増厚材料として既調合（プレミックス）タイプの PCM が用いられることが多い．

4.3.3　補強材料

補強材料は，求められる性能を鑑み，適切な引張剛性，設計引張耐力および耐久性を有する材料を選定しなければならない．

【解　説】　補強材料には，鉄筋，溶接鉄筋や FRP 筋などが用いられており，形状としては棒状やグリッド状の面材などがある．

4.3.4　接合材料

（1）　既設部と増厚部の界面に使用する接合材料は，所定の付着特性を確保できるものでなければならない．
（2）　接合材料は，増厚部と既設部の付着特性の劣化を防止しなければならない．

【解　説】　（1）について　接合材料には，各工法（材料）で選定されたポリマーディスパージョン，ポリマーセメントモルタル，樹脂接着剤等がある．これらは，既設部と増厚部との付着特性を改善する目的で使用される．

（2）について　接合材料は，増厚部と既設部の双方の材料との適合性が確認され，耐久性のあるものを用いなければならない．

4.4　材料の特性値および設計値

4.4.1　一　　般

下面増厚工法に用いる材料の特性値および設計値は，［共通編］4.4 に従うものとする．

4.4.2　セメント系材料

下面増厚工法に用いるセメント系材料は，［共通編］4.4.2 に従うものとする．

【解　説】　PCM のように，通常の構造物の使用環境下の温度の範囲内でも，温度によりその強度などの力学特性が変化する材料では，使用環境に合わせた温度の条件下での強度などの特性値を定める必要がある．

セメント系材料を用いたコンクリート構造物の補修・補強指針　工法別編　下面増厚工法　　99

4.4.3　補強材料

下面増厚工法に用いる補強材料は，［共通編］4.4.3 に従うものとする．

4.4.4　接合材料

接合材料の設計値は，接合材料自体の強度の特性値ではなく，既設部と増厚部間，および，増厚部間の界面を接合材料で一体化した後の接合強度の特性値を用いるものとする．

【解　説】　接合材料は，既設部と増厚部が設計耐用期間にわたり，一体化が確保される材料特性を有していなければならない．接合材料は，補修・補強により既設部と増厚部および増厚部材同士の界面が一体化することを目的に使用される．そのため，新旧材料が一体化した後の強度の特性値が設計により必要な値となる．このことから，接着材料の材料特性値ではなく，部材同士が一体化した後の接合強度を特性値とすることとした．接合材料の特性値は，必要に応じて試験により定めるものとする．

5章 作 用

5.1 一 般

下面増厚工法による補修・補強の性能照査に用いる作用は，［共通編］5章によるものとする．

5.2 補修・補強の設計で考慮する作用

補修・補強設計において既設構造物と補修・補強部分に生じる作用は，［共通編］5.2 に従って考慮するものとする．

セメント系材料を用いたコンクリート構造物の補修・補強指針　工法別編　下面増厚工法　　101

6章　補修・補強した構造物の性能照査

6.1　一　　般

（1）　下面増厚工法により補修・補強したコンクリート部材に対する照査項目は，補修・補強した構造物の要求性能を満足するように適切に設定しなければならない．

（2）　補修・補強した部材における設計限界値の算定に当たっては，既設部材に残留しているひび割れ，ひずみ，応力，腐食因子などの影響を考慮しなければならない．

【解　説】　（2）について　既設部材は，建設されてから補修・補強されるまでの期間に，様々の作用を受けており，変状をきたした状態にある．この変状は補強した部材における設計限界値を算定する上で影響するので，これを適切に考慮しなければならない．

6.2　応答値の算定

6.2.1　一　　般

下面増厚工法により補修・補強した構造物の応答値の算定は，共通編 6.2 によるものとする．

6.2.2　構造物のモデル化

（1）　下面増厚工法により補修・補強した部材は，形状および作用の方向に応じて棒部材または面部材として有限要素あるいは線材によりモデル化してよい．

（2）　有限要素によりモデル化する場合は，既設部材の構成則は，既設部材の変状を考慮した上で，コンクリート標準示方書［設計編］に従い，既設部と増厚部の界面には使用材料に応じて適切な構成則を用いなければならない．

（3）　線材によりモデル化する骨格曲線は，ファイバーモデルによって求めるか，実験等で確認したものを用いることを原則とする．

【解　説】　（1）について　下面増厚工法により補修・補強した面部材に面外力が作用する場合，断面力は支持条件や荷重の作用位置を考慮して二方向に対して算定することを原則とする．

（3）について　下面増厚工法により補修・補強した部材は，既設鉄筋と補強材料や既設コンクリートと増厚材料など異なる材料特性から構成されるため，線材モデルに用いる骨格曲線は，ファイバーモデルあるいは実験によることとした．

6.2.3 構造解析

下面増厚工法により補修・補強した構造物の構造解析は，共通編 6.2.3 によるものとする．

6.2.4 設計応答値の算定

（1）下面増厚工法により補修・補強した構造物の照査で用いる設計応答値は，補強前の既設構造物の応答を考慮して算定するものとする．

（2）補修・補強前から作用している永久荷重は既設の断面における応答として，補修・補強後に増加する永久荷重と変動荷重については既設断面と補強断面との合成断面における応答として算定し，それぞれを合計するものとする．

（3）下面増厚工法により補修・補強した部材の曲げひび割れ幅は，式（6.2.1）に従って算定してよい．

$$w = S_{sf} \cdot (\varepsilon_s - \varepsilon_c) \tag{6.2.1}$$

ここに，w ：ひび割れ幅（mm）

$\quad S_{sf}$ ：ひび割れ間隔（mm）

$\quad \varepsilon_s$ ：ひび割れ間における補強材料の平均ひずみ

$\quad \varepsilon_c$ ：ひび割れ間の増厚部の表面における平均ひずみ

（4）下面増厚工法により補修・補強した部材のひび割れ間隔 S_{sf} は，増厚部と既設部の一体性を仮定し，適切に算定する必要がある．

（5）ひび割れ間における平均ひずみは，以下の仮定に基づいて算定してよい．

（i）下面増厚補強した部材のひび割れ幅は，増厚層内の補強材料の平均ひずみと増厚材料の表面における平均ひずみを用いて算出する．平均ひずみはテンションスティフニングの影響を考慮する．

（ii）増厚材料の収縮およびクリープ等によるひび割れ幅の影響を考慮する．

【解 説】 （1）について　補修・補強は，既設の部材の低下した性能の向上や作用の増大への対策を目的として実施されることが多い．補修・補強は実施される時点では，既設部材は自重等の永久荷重による断面力や応力度が作用しており，また損傷・劣化を有している部材では残留変位やひび割れ等が存在している．したがって，補修・補強後の増厚部と合成された既設部材に対する応答は，補修・補強前後のそれぞれの状態で分離して算定し，合理的に合成する必要がある．

（2）について　一般に，既設部材の鉄筋やコンクリートの圧縮部は，床版や舗装などの死荷重を支持して一定の応力度が存在している．この応力度を考慮して設計しなければならない．また，増厚材料が硬化・一体化するまでの増厚部の死荷重は，既設の部材が支持することになる．**解説 図 6.2.1** は，ファイバーモデルで既設の部材の存在応力を算定し，そのひずみを残留ひずみとして考慮し補強後の部材で作用荷重に対する応答を算定した例である．

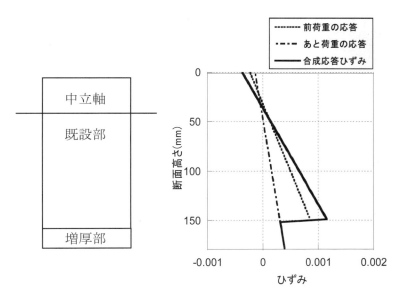

解説 図 6.2.1 補強後の使用時のひずみ

（3）について　下面増厚した部材のひび割れ幅は，既設部材の補強前の応力度やひび割れ，補強後の増厚材料とコンクリートとの物性の相違，補強材料の相違など，複雑な様相を呈する．増厚部のひび割れは，既設部から伝搬してくると想定される．よって，補強後のひび割れ幅は，増厚部に生じるひび割れを対象としている．

（4）について　増厚部表面における平均ひび割れ間隔の推定式を式（解6.2.1）に示す．

$$S_{sf} = k_1 \cdot \min(S_{cs}, S_{os}) \qquad (解 6.2.1)$$

ここに，$k_1 = \dfrac{h_b + h_u}{2 \cdot h_b}$

$$S_{cs} = \dfrac{3 \cdot f_{ct} \cdot \left(A_{ct} + A_{ot}\dfrac{E_o}{E_c}\right)}{\sum O_c \cdot \tau_{bcm} + \sum O_o \cdot \tau_{bom}}$$

$$S_{os} = \dfrac{3 \cdot f_{ot} \cdot \left(A_{ct}\dfrac{E_c}{E_o} + A_{ot}\right)}{\sum O_c \cdot \tau_{bcm} + \sum O_o \cdot \tau_{bom}}$$

$$A_{c(o)t} = b \cdot \min\left(h_{c(o)\max}, h_{c(o)tc}, h_{c(o)tt}\right)$$

$$h_{c(o)\max} = \sqrt{\dfrac{A_{sc(o)} \cdot f_{yc(o)}}{f_{c(o)t}}}$$

$$h_{c(o)tc} = \dfrac{1}{2} h_{c(o)\max} + h_{c(o)} - d_{s(o)}$$

$$h_{ctt} = h_c - x_{gc}$$

$$h_{ctt} = t$$

$$\tau_{bc(o)m} = 5.5 \cdot \left(\frac{f'_{c(o)}}{20}\right)^{0.25}$$

k_1 : ひずみ分布を考慮する係数

S_{cs}, S_{os} : 既設部と増厚部に生じるそれぞれの想定ひび割れ間隔 (mm)

A_{ct}, A_{ot} : 既設部と増厚部のテンションスティフネスに影響するセメント系材料の断面積 (mm²)

τ_{bcm}, τ_{bom} : 既設部と増厚部のセメント系材料の補強材料との付着強度 (N/mm²)

t : 増厚部の厚さ (mm)

x_{gc} : 圧縮縁から中立軸までの距離 (mm)

h_b : 中立軸から増厚下面までの距離 (mm)

h_u : 中立軸から既設の部材のテンションスティフネス影響する上端までの距離 (mm)

f_{ct}, f_{ot} : 既設部と増厚部のセメント系材料の引張強度 (N/mm²)
　　　　　一般に，設計引張強度 $f_{c(o)td}$ を用いてよい．

E_c, E_o : 既設部と増厚部のセメント系材料のヤング係数 (N/mm²)

O_c, O_o : 既設部と増厚部の補強材料の周長 (mm)

f'_c, f'_o : 既設部と増厚部のセメント系材料の圧縮強度 (N/mm²)
　　　　　一般に，設計圧縮強度 $f'_{c(o)d}$ を用いてよい．

$h_{c(o)\max}$: 既設部と増厚部のセメント系材料の有効引張域の最大高さ (mm)

$h_{c(o)tc}$: 既設部と増厚部のかぶりの制限を考慮した有効引張域の高さ (mm)

$h_{c(o)tt}$: 既設部と増厚部の最大引張領域の高さ (mm)

$A_{sc(o)}$: 既設部と増厚部の補強材料の断面積 (mm²)

$f_{vc(o)}$: 既設部と増厚部の補強材料の降伏強度 (N/mm²)
　　　　　一般に，$f_y = \rho_m \cdot f_{yd}$, $\rho_m = 1.2$

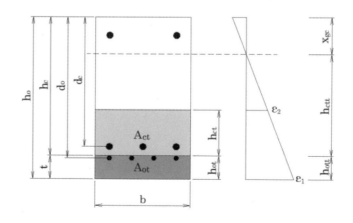

解説 図 6.2.2　記号の説明

式（解 6.2.1）を適用する際には，増厚補強時に作用している荷重により生じている部材内の応力度やひずみを考慮して，ひび割れ間隔や平均ひずみを算定する必要がある．補強時に作用している荷重がない場合

は，式（解6.2.1）をそのまま適用してよい．しかし，補強時に荷重が作用している場合は，既設部と増厚部との強度 f_{ct}, f_{ot} を荷重により既設部と増厚部に作用している応力を，それぞれの強度 f_{ct}, f_{ot} から差し引いた値に置き換え，既設部と増厚部の付着強度 τ_{bcm}, τ_{bom} を，荷重により生じている付着応力度をそれぞれの付着強度から差し引いた値に置き換える必要がある．補強時にひび割れが発生していたり，そのひび割れを補修したりした場合は，正確にはひび割れがない場合と状況が異なるが，ひび割れやその補修が与える影響はひび割れの程度によって異なり，算定が大変複雑となるので，簡単のため増厚補強時にひび割れがない場合と同様に算定してもよい．なお，式（解6.2.1）は，既往の実験結果に基づいた半経験式であるが，その実験条件は増厚補強時にひび割れもなく荷重も作用していないものである．この式の理論的な内容は，他の条件の場合でも適用できるものであるが，補強時にひび割れが発生している場合や荷重が作用している条件での式の適用性は今後さらに検討する必要もある．

ひび割れ幅を算定するためには，既設部のひび割れに対しては既設部の補強材の平均ひずみを，増厚部のひび割れに対しては増厚部の補強材の平均ひずみを用いる．既設部の平均ひずみは，補強前から作用している荷重をも加えた荷重下の平均ひずみであるが，増厚部の平均ひずみは，補強後に作用している荷重下の平均ひずみである．なお，平均ひずみは，既設部のコンクリート及び増厚部の材料特性と，既設部および増厚部の補強材の材料特性，補強材と周囲のコンクリートもしくは増厚材料との間の付着特性を考慮して算定する必要がある．簡単のために，コンクリートと増厚材料のひずみを無視し，補強材のひずみは各断面をひび割れ断面と仮定した値の平均値としてもよい．また，既設部コンクリートや増厚材料が乾燥や自己収縮などが理由で収縮する影響を，通常のコンクリート構造物のひび割れ幅を算定する場合と同様に考慮するのがよい．

6.3 耐久性に関する照査

下面増厚工法により補修・補強した構造物の耐久性に関する照査は，［共通編］6.3によるものとする．

6.4 安全性に関する照査

6.4.1 一　　般

下面増厚工法により補修・補強した部材の安全性に関する照査は，［共通編］6.4に従って行うものとする．

106   C.L.150　セメント系材料を用いたコンクリート構造物の補修・補強指針

6.4.2　断面破壊に対する照査

6.4.2.1　一　　般

（1）断面破壊に対する照査は，一般に，軸方向力，曲げモーメント，せん断力およびねじりに対して行うものとする．

（2）設計断面耐力の計算では，既設部と増厚部の一体性が確保されていることを確認しなければならない．

【解　説】　　（2）について　補修・補強した部材の曲げ耐力，せん断耐力は，既設部の増厚部との一体性が担保されている前提で算出されるが，増厚部の補強材料が過多となった場合や補強筋の定着をとることができない場合は，増厚材料の剥離や既設部のかぶりコンクリートの割裂破壊が生じる可能性がある．

6.4.2.2　曲げモーメントおよび軸方向力に対する照査

（1）　曲げモーメントおよび軸方向力を受ける場合の補修・補強後の設計断面耐力は，[共通編]6.4.1.2 に従って算定してよい．

（2）　設計荷重が作用している下で，検討断面の近傍で増厚部の剥離が生じないことを確認しなければならない．

【解　説】　　（1）について　曲げモーメントおよび軸方向力に対する部材の断面耐力は，断面力の作用方向に応じて部材断面あるいは部材の単位幅について算定する．このとき，増厚材料の剥離が生じず補修・補強した断面が一体として挙動することを前提として求めてよい．増厚部の剥離については，これとは別に検討を行うこととした．

　　（2）について　既設部材の断面寸法や増厚部の補強筋量によっては断面の終局状態に至る前に，増厚部の剥離が生じて耐荷力が低下する場合がある．したがって，本照査においては，別途増厚部の剥離に対する確認を行うこととした．実験や解析による特別な検討を行わない場合は，以下に示す方法を用いてよい．

　　支間の中間部付近で生じる増厚部の剥離破壊（解説 図 6.4.1 参照）に対する検討にあたっては，式（解6.4.1）によって，増厚部の界面の平均せん断付着応力度がせん断付着強度を下回ることを確かめるものとする．

セメント系材料を用いたコンクリート構造物の補修・補強指針　工法別編　下面増厚工法　107

検討断面
（最大曲げモーメント位置）

解説 図 6.4.1　支間中間部付近での増厚材料の剥離

$$\gamma_i \frac{\overline{\tau}_m}{\tau_{mud}} \leq 1.0 \qquad\qquad (\text{解 } 6.4.1)$$

ここに，

$$\overline{\tau}_m = \frac{F_{h0} - F_{he}}{B \cdot L_e}$$

$$F_{h0} = n \cdot A_r \cdot \sigma_{r0}$$

$$F_{he} = n \cdot A_r \cdot \sigma_{re}$$

$\overline{\tau}_m$　　：増厚界面の設計せん断付着応力度（N/mm²）

F_{h0}　　：検討断面の補強材料の引張力（N）

F_{he}　　：検討断面から有効付着長 L_e だけ離れた位置の補強材料の引張力（N）

n　　：補強材料本数

A_r　　：補強材料 1 本あたりの断面積（mm²）

σ_{r0}　　：検討断面（最大曲げモーメントの位置）の補強材料の応力度（N/mm²）

σ_{re}　　：検討断面から有効付着長 L_e だけ離れた位置の補強材料の応力度（N/mm²）

B　　：部材の有効幅（単位幅または梁状化した床版の主方向の梁幅）（mm）

L_e　　：有効付着長でひび割れ間隔としてよい（mm）．

　　　ただし，ひび割れ間隔が 150mm を超える場合は 150mm としてよい．

τ_{mud}　　：増厚界面の設計せん断付着強度（N/mm²）

　　　既設部基板面の表面処理が適切に行われており，処理深さが 3mm 程度以下の場合は，

　　　$\tau_{mud} = 2.6\, \sigma_{mud}$ としてよい．

σ_{mud}　　：直接引張試験による増厚界面の設計引張付着強度（N/mm²）

γ_i　　：構造物係数で，一般に 1.1 としてよい．

6.4.2.3 せん断力に対する照査

（1） せん断力に対する安全性の照査は，棒部材，面部材等の種類，部材の境界条件，荷重の載荷状態，せん断力の作用方向等を考慮して行わなければならない．

（2） コンクリートの負担する棒部材の設計せん断耐力および面部材の設計押抜きせん断耐力は，増厚部に配置した定着が取られている補強材料の効果を見込んで算定してよい．

（3） 増厚部の補強材料の端部における定着が取られていない場合は，設計荷重が作用している下で端部での増厚部の剥離および既設部かぶりコンクリートの割裂ひび割れが生じないことを確認しなければならない．

【解　説】　（1）について　下面増厚補強した部材の境界条件や荷重の作用状態によって，棒部材や面部材に適切にモデル化しなければならない．土圧や水圧のように荷重の作用が面的な構造物では，単位幅をもつ棒部材と考えてよい．また，道路橋床版を例に考えると，既設の部材の種類は梁状化した面部材で，梁とも考えられる．部材の境界条件は，主桁に両端固定された梁と見ることもできる．また，荷重の載荷状態は，一般に移動荷重である．したがって，せん断力に対する安全性の照査は慎重に行う必要がある．

（2）について　ボックスカルバートやトンネルなどの部材に下面増厚工法で補強を行う場合，モーメントの反曲点を越えて増厚部を施工することができ，増厚部の剥離が生じにくくなる．この場合，補強された部材のせん断耐力は僅かであるが増厚部の補強効果を加算することができる．

（i）棒部材のせん断耐力

せん断補強材料の無い棒部材の設計せん断耐力は，式（解 6.4.2）を用いて算定してよい．

$$V_{cd} = \beta_{dr} \cdot \beta_{pr} \cdot \beta_n \cdot f_{vcd} \cdot b_w \cdot d_r / \gamma_b \qquad （解 6.4.2）$$

ここに，　$f_{vcd} = 0.20 \sqrt[3]{f'_{cd}}$　　（N/mm²）　　ただし，　$f_{vcd} \leq 0.72$　（N/mm²）

$\beta_{dr} = \sqrt[4]{1000 / d_r}$　　　　ただし，　$\beta_{dr} > 1.5$ となる場合は 1.5 とする．

$\beta_{pr} = \sqrt[3]{100 \, p_{wr}}$　　　　ただし，　$\beta_{pr} > 1.5$ となる場合は 1.5 とする．

$\beta_n = 1 + 2M_0 / M_{ud}$　　（$N'_d \geq 0$ の場合）　　ただし，　$\beta_n > 2$ となる場合は 2 とする．

$\quad = 1 + 4M_0 / M_{ud}$　　（$N'_d < 0$ の場合）　　ただし，　$\beta_n < 0$ となる場合は 0 とする．

$d_r = \dfrac{E_{s1}A_{s1}d_1 + E_{s2}A_{s2}d_2}{E_{s1}A_{s1} + E_{s2}A_{s2}}$　　：換算有効高さ

$p_{wr} = \dfrac{A_{s1} + (E_{s2} / E_{s1}) A_{s2}}{b_w \cdot d_r}$　　：換算鉄筋比

N'_d　　：設計軸方向圧縮力

M_{ud}　　：軸方向力を考慮しないときの設計曲げ耐力

M_0　　：設計曲げモーメント M_d に対する引張縁において，軸方向力によって発生する応力を打ち消すのに必要な曲げモーメント

A_{s1} ：既設梁の引張補強材料の断面積（mm²）
A_{s2} ：増厚部の引張補強材料の断面積（mm²）
d_1 ：上縁から既設梁の引張補強材料中心までの距離（mm）
d_2 ：上縁から増厚部の引張補強材料中心までの距離（mm）
E_{s1} ：既設梁の引張補強材料の弾性係数（N/mm²）
E_{s2} ：増厚部の引張補強材料の弾性係数（N/mm²）
b_w ：腹部の幅（mm）
γ_b ：部材係数で，一般に1.3としてよい．

(ii) 面部材のせん断耐力

下面増厚工法で補強された面部材の押抜きせん断耐力V_{mpd}は，RC床版の疲労耐力と，既設床版および補強された床版の押抜きせん断耐力を関連づけるために提案された．

式（解6.4.3）は，**解説 図6.4.2**に示すような抵抗機構を仮定している．増厚部の補強材料によって中立軸深さが大きくなりコンクリートのせん断抵抗が大きくなること，増厚材料と既設部材の付着応力とその付着面積により剥離抵抗する機構を仮定して検証している．ここで，図中のα_tは増厚部の厚さの2倍（$\alpha=2$）としている．床版の鉄筋比などが大きく逸脱する特殊な床版に適用する場合は，別途の検討を要する．

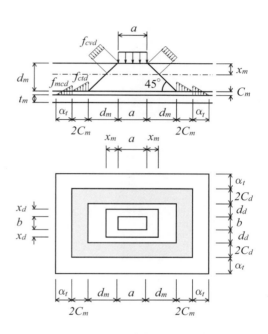

解説 図6.4.2 押抜きせん断破壊モデル

$$V_{mpd} = \Big[f_{cvd} \{ 2(a+2x_m)x_d + 2(b+2x_d)x_m \} \\ + f_{ctd} \{ 2(a+2d_m)C_d + 2(b+2d_d+4C_d)C_m \} \\ + f_{mcd} \{ 2(a+2d_m+4C_m)t_m + 2(b+2d_d+4C_d+4t)t_m \} \Big] / \gamma_b$$

(解6.4.3)

ここに，$f_{cvd} = 0.656 f'_{cd}{}^{0.606}$
$f_{ctd} = 0.269 f'_{cd}{}^{0.667}$

a, b ：載荷版の主鉄筋，配力鉄筋の辺長（mm）
x_m, x_d ：主鉄筋，配力鉄筋に直角な断面の引張側コンクリートを無視したときの補強鉄筋も考慮した中立軸深さ（mm）
d_m, d_d ：引張側主鉄筋，配力筋の有効高さ（mm）
C_m, C_d ：引張側主鉄筋，配力筋のかぶり深さ（mm）
t_m ：増厚部の厚さ(mm)
f_{cvd} ：既設コンクリートの設計せん断強度（N/mm²）

f_{ctd} : 既設コンクリートの設計引張強度（N/mm²）
f_{mcd} : 既設コンクリートと増厚部との界面における設計付着強度（N/mm²）
γ_b : 部材係数で，一般に 1.3 としてよい．

（3）について　補修・補強した部材に斜めひび割れが生じた後，増厚端部の定着がとられていない場合は，増厚材料の剥離や既設部のかぶりコンクリートの割裂破壊が生じることがある．設計作用の下でこのような局部的な破壊が生じないことを確かめる必要がある．これらの2つの破壊に対する安全性の照査は，以下の方法によって行ってよい．

(i) 増厚端部での増厚材料の剥離の検討

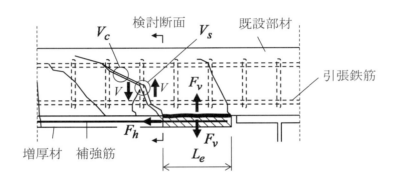

解説 図 6.4.3　増厚端部での増厚材料の剥離

既設部にせん断補強材料が配置されている部材に下面増厚補強を行った場合は，増厚端部の剥離破壊に対する安全性の照査は以下の式（解 6.4.4）によって行ってよい．ただし，照査用せん断力が斜めひび割れ発生せん断力を下回る場合（$V_d < V_{cd}$）は，この照査を省略してよい．

$$\gamma_i \left\{ \left(\frac{\bar{\sigma}_m}{\sigma_{mud}} \right) + \left(\frac{\bar{\tau}_m}{\tau_{mud}} \right) \right\} \leq 1.0 \qquad (解 \ 6.4.4)$$

ここに，$\bar{\sigma}_m = \dfrac{F_v}{B \cdot L_e}$

$F_v = V - V_s$

$V_s = k (V_d - V_{cd})$

$\bar{\tau}_m = \dfrac{F_h}{B \cdot L_e}$

$F_h = n \cdot A_r \cdot \sigma_r$

$\bar{\sigma}_m$ ： 増厚界面の設計引張付着応力度（N/mm²）
F_v ： 界面の垂直方向力（N）
V_d ： 設計せん断力（N）
V_{cd} ： 増厚補強効果を考慮した部材の斜めひび割れ発生せん断力（N）で，式（解 6.4.2）により算定してよい．
$k = 0.8$ ： 斜めひび割れ発生後のせん断補強材料とそれ以外のせん断力負担比

B　　　　：部材の有効幅（単位幅または梁状化した床版の主方向の梁幅）（mm）

L_e　　　：有効付着長でひび割れ間隔としてよい（mm）.

　　　　　　ただし，ひび割れ間隔が150mmを超える場合は150mmとしてよい.

$\overline{\tau}_m$　　　：増厚界面の設計せん断付着応力（N/mm²）

F_h　　　：検討断面の補強材料の引張力（N）

n　　　　：補強材料本数

A_r　　　：補強材料断面積（mm²）

σ_r　　　：設計活荷重作用時の検討断面の補強材料の応力度（N/mm²）

　　　　　　ただし，モーメントシフトを考慮して，検討断面から有効高さと同じ距離だけ
　　　　　　荷重作用側に離れた位置の曲げモーメントを用いて算定するものとする.

σ_{mud}　　：増厚材料の直接引張試験による設計引張付着強度（N/mm²）

τ_{mud}　　　：増厚材料の設計せん断付着強度（N/mm²）

　　　　　　既設部基板面の表面処理が適切に行われており，処理深さが3mm程度以下の場合は，
　　　　　　$\tau_{mud} = 2.6\,\sigma_{mud}$ としてよい.

γ_i　　　：構造物係数で，一般に1.1としてよい.

　既設の部材にせん断補強材料が配置されていない場合には，せん断ひび割れが発生すると同時に増厚端部の剥離が生じると考えられるので，（2）に示す照査を行うこととする.

（ii）かぶりコンクリート割裂破壊に対する検討

　増厚材料の付着強度が大きい場合には，増厚端部を起点とした斜めひび割れと既設引張鉄筋の交差部から急速に水平ひび割れが発達してかぶりコンクリートごと剥落させるような破壊（**解説 図6.4.4**参照）に到ることがある．この破壊は，異形鉄筋の付着作用によって生じる付着割裂ひび割れによるものとは異なり，増厚端部において補強材料引張力によって発生した局部曲げモーメントがかぶりコンクリートを下方へ引き剥がそうとする作用によるものである．既設部の引張鉄筋が配置されている平面で局部曲げモーメントによって生じるコンクリートの引張応力が，引張強度に達するときに破壊が生じるものと考えられる.

　照査は，式（解6.4.5）によって行ってよい.

$$\gamma_i \frac{M_{rs}}{M_{rud}} \leq 1.0 \qquad\qquad\qquad （解6.4.5）$$

ここに，　$M_{rs} = F_h \cdot z$

$$M_{rud} = \frac{1}{6} f_{ct} (B - n_s \varphi_s) L_e^2 / \gamma_b$$

$F_h = n \cdot A_r \cdot \sigma_r$

M_{rud}　：設計割裂ひび割れ発生モーメント（N・mm）

F_h　　：検討断面のモーメントシフトを考慮した補強材料の引張力（N）

n　　　：補強材料本数

A_r　　：補強材料断面積（mm²）

σ_r　　：検討断面における補強材料の引張応力度（N/mm²）

z ：既設部引張鉄筋と補強材料の距離（mm）

f_{ct} ：既設部コンクリートの引張強度（N/mm²）

B ：部材の有効幅（単位幅または梁状化した床版の主方向の梁幅）（mm）

n_s ：既設部引張鉄筋の本数

ϕ_s ：既設部引張鉄筋の直径（mm）

L_e ：有効付着長でひび割れ間隔としてよい（mm）
　　　ただし，ひび割れ間隔が150mmを超える場合は150mmとしてよい．

γ_b ：部材係数で，一般に1.3としてよい．

γ_i ：構造物係数で，一般に1.1としてよい．

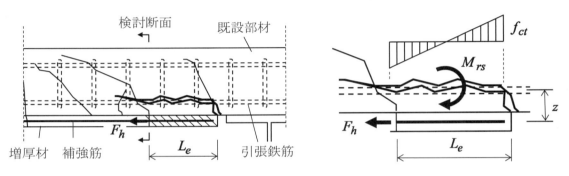

解説 図6.4.4　かぶりコンクリートの割裂破壊

6.4.2.4　ねじりモーメントに対する照査

ねじりモーメントの作用が無視できない場合は，適切な方法によって安全性の検討を行うものとする．

【解　説】　下面増厚補強した部材のねじりモーメントに対する挙動については，研究がほとんどないため，明らかにされていない．ねじりモーメントの作用が大きく，構造物の安全性に対してその影響が無視できない場合は，適切な実験等によって確かめるのがよい．

6.4.3 疲労破壊に対する照査

（1） 疲労破壊に対する安全性の照査において，棒部材は曲げおよびせん断に対して，面部材は曲げおよび押抜きせん断に対して行うものとする．荷重の移動の影響を無視できる場合は，コンクリート標準示方書［設計編］に準じて照査を行ってよい．

（2） 増厚材料の疲労剥離破壊に対する安全性の照査は，適切な方法を用いて検討を行わなければならない．

（3） 荷重の移動の影響が無視できない場合の疲労破壊に対する照査は，（1）に加え，荷重の移動による応答の変化を解析や実験等で適切に考慮して照査を行わなければならない．

【解　説】　（1）について　増厚材料の剥離が生じないことを前提とした破壊については，一般に既設部の主鉄筋，増厚部の補強材料および圧縮縁のコンクリートの設計変動応力度を算定して，コンクリート示方書［設計編］によって照査を行ってよい．下面増厚補強された部材の疲労せん断破壊についても，同様にコンクリート標準示方書を参考とすることができる．また，設計変動応力度もしくは設計変動断面力および等価繰返し回数についてもコンクリート標準示方書に従ってよい．

（2）について　既設部の諸元や補強材料の補強量によっては，一体性を仮定した場合の曲げ破壊やせん断破壊に先行して増厚部の剥離破壊が先行することが実験等によって確認されている．繰返し作用が卓越する構造物においては，増厚部の剥離に対しても検討を行う必要がある．照査の方法は，［本編］6.4.2 に示す剥離モデルを用いてよいが，増厚界面の疲労付着強度は原則として実験によって確かめることとする．なお，増厚材料に PCM を用いる場合には，以下に示す設計疲労強度を用いてよい．

$$\sigma_{brd} = \sigma_{mud}(1-\sigma_{b\min}/\sigma_{mud})\left(1-\frac{\log N}{21.0}\right)\Big/\gamma_m \qquad (\text{解 } 6.4.6)$$

ここに，　σ_{brd}　：増厚界面の設計疲労引張付着強度（N/mm²）
$\sigma_{b\min}$　：永久荷重作用時の増厚界面の引張付着応力（N/mm²）
σ_{mud}　：増厚材料の直接引張試験による設計引張付着強度（N/mm²）
N　：疲労寿命
γ_m　：材料係数で，一般に 1.3 としてよい．

$$\tau_{brd} = \tau_{mud}(1-\tau_{b\min}/\tau_{mud})\left(1-\frac{\log N}{20.4}\right)\Big/\gamma_m \qquad (\text{解 } 6.4.7)$$

ここに，　τ_{brd}　：増厚界面の設計疲労せん断付着強度（N/mm²）
$\tau_{b\min}$　：永久荷重作用時の増厚界面のせん断付着応力（N/mm²）
τ_{mud}　：増厚材料の設計せん断付着強度（N/mm²）

（3）について　道路橋床版における移動する輪荷重による疲労損傷のメカニズムと補強効果については，これまでの実験に基づく評価が可能である．式（解 6.4.8）は，多くの実験から導かれた実績のある RC 床版の疲労耐力式である．PCM で補強された床版の疲労寿命は式（解 6.4.8）で評価でき，式中の $Psxd$ は，式（解 6.4.3）を梁状化の梁幅の影響を考慮して修正した押抜きせん断耐力を表す式（解 6.4.9）で求めてよい．

$$\log\left(\frac{P_d}{P_{sxd}}\right) = -0.07835 \log N + \log 1.52 \qquad (\text{解 } 6.4.8)$$

ここに，P_d ：設計荷重（輪荷重）
N ：疲労寿命

$$P_{sxd} = 2B\,(f_{cvd} \cdot x_m + f_{ctd} \cdot C_m + f_{mcd} \cdot t_m)\,/\,\gamma_b \qquad (\text{解 } 6.4.9)$$

ここに，$B = b + 2d_d$

P_{sxd} ：梁状化した RC 床版の設計押抜きせん断耐力（N）
B ：梁状化の梁の幅（mm）
b ：設計荷重の橋軸方向の辺長（mm）
d_d ：配力鉄筋の有効高さ（mm）
x_m ：配力鉄筋に直角な断面の引張側コンクリートを無視したときの補強鉄筋も考慮した中立軸深さ（mm）
C_m ：引張側主鉄筋のかぶり深さ（mm）
t_m ：PCM 増厚部の厚さ（mm）
f_{cvd} ：コンクリートの設計せん断強度（N/mm²）
f_{ctd} ：コンクリートの設計引張強度（N/mm²）
f_{mcd} ：コンクリートと PCM 増厚部との界面における設計付着強度（N/mm²）
γ_b ：部材係数で，一般に 1.0 としてよい．

　PCM を用いた下面増厚による床版補強は，昭和 39 年道路橋示方書で設計され，疲労劣化した床版に対しても有効であり，平成 8 年道路橋示方書レベルまで補強できることが確認されている．また，実際に補強された床版の経年変化も調べられており，補強 20 年後においても床版剛性の低下が僅かであることが確認されている．なお，式（解 6.4.8）は輪荷重走行試験機から得られた実験式であり，実橋の疲労寿命を算定するためには，現況の損傷レベル，過去および将来の交通量などを把握する必要がある．したがって，本式は対象床版の補強による延命の指標と考えるのがよい．

6.5　使用性に関する照査

6.5.1　一　　般

　下面増厚工法により補修・補強した部材の使用性に関する照査は，［共通編］6.5 に従って行うものとする．

6.5.2　外観に対する照査

　外観に対する照査は，下面増厚部の表面が使用者の目に触れる度合い，ひび割れや汚れ等が使用者に与える不安感や不快感の程度を考慮して照査しなければならない．

セメント系材料を用いたコンクリート構造物の補修・補強指針　工法別編　下面増厚工法　115

【解　説】　使用者や第三者の目に触れることがほとんどない地中や水中にある構造物は，外観に対する照査を省略してよい．都市部の高架橋や河川橋梁では第三者（住民や周辺施設の利用者等）の目に触れる機会が多いので，増厚部のひび割れ等が不安感や不快感を与えることがある．外観に対するひび割れ幅の限界値は，0.2mm程度と考えてよい．一般に，下面増厚工法により補修・補強した構造物に生じるひび割れは，0.2mmを大きく下回り，ひび割れ幅に対する照査は省略してよい．

6.5.3　変位および変形に対する照査

下面増厚工法により部材の剛性を大きくすることを目的する場合には，使用上の要求を満たしていることを変位や変形を指標として照査を行うものとする．

【解　説】　下面増厚工法は主として既設部材の耐荷力や疲労寿命の向上を目的としているが，併せて剛性の向上を目的する場合には，変位や変形を指標として要求性能を満たしていることを確かめるのがよい．例えば，橋梁等の走行性や歩行性に関わる機能上の要求性能を満たしていることを確かめるためには，下面増厚補強した部材のたわみ量や角折れの大きさに対して適切な限界値を設けるとよい．

6.6　復旧性に関する照査

下面増厚工法により補修・補強した部材の復旧性に関する照査は，［共通編］6.6に従って行うものとする．

6.7　構造細目

6.7.1　下面増厚部の厚さ

下面増厚部の厚さは，既設の部材の下地処理や不陸調整，補強材料の配置の誤差，かぶりの施工誤差の影響および一体性を考慮して定めなければならない．

【解　説】　下面増厚部の厚さは，解説 図6.7.1に示すように，素地調整工の面から補強材料とその増厚材料によるかぶり表面までの厚さである．下面増厚部の設計厚さの設定にはこれらの要因を考慮して定めなければならない．また，増厚部の厚さが著しく厚くなると，補強層の剥落などが生じる恐れがあるので，慎重に最大厚さを定める必要がある．例えば，実績と施工性を鑑みて下面増厚部の最大厚さを70mmとしている事例もある．

増厚部の厚さは，補修・補強した部材に対する死荷重の増加，劣化因子の侵入に対する抵抗性，既設部材から浸透する水分の排水性能，既設部と増厚部の一体化などに影響を与える．これらの影響因子をバランスよく考える必要がある．

増厚部の補強材料として連続繊維補強材を使用する場合，塩化物イオンの浸透などによって腐食することがないため，かぶりを低減することができる．

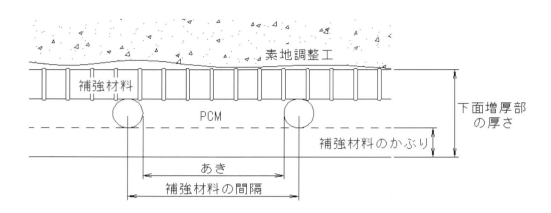

解説 図 6.7.1　下面増厚工法の施工断面例

6.7.2　かぶり厚さ

下面増厚工法のかぶりは，下面増厚工法による補修・補強の力学性能および耐久性能を確実に付与できる寸法以上でなければならない．

【解　説】　増厚材料に PCM を用いた場合，下面増厚工法のかぶり厚さは PCM の引張強さが大きいことから，補強材料の定着性能や継手性能が薄いかぶり厚さで発揮でき，また，PCM の中性化速度が極めて小さいことなどを根拠に，最外縁の補強材料の径以上のかぶり厚さが慣用的に用いられてきた．しかし，構造物の置かれる環境は様々で，それぞれの環境において，かぶり厚さを検討しなければならない．特に，塩化物イオン濃度の高い環境や耐火性能を求められる環境などでは，慎重な検討が必要である．また，かぶり厚さは 10mm 前後の場合もあり，僅かな施工の誤差が，大きな割合のかぶり不足になる場合があるので，設計上の配慮が必要である．

6.7.3　補強材料のあき

補強材料のあきは，増厚材料の充填性を考慮して定めなければならない．

【解　説】　補強材料として鉄筋を用いる場合，補強鉄筋のあきは細径から太径で，50mm から 100mm 程度である．また，増厚材料に PCM を用いた場合にはその充填性を鑑みると，補強鉄筋の太さも影響するが純あきを 50mm 程度にするのがよい．補強材料の配置は，可能な限り細径の補強鉄筋を密な間隔で配置する．これは，既設の部材との付着界面に均等なせん断力が作用し，補強鉄筋の曲げ剛性が小さい方が既設の部材からの剥離が生じにくいためである．結果，増厚部の厚さが薄くなり経済的な設計になる．

セメント系材料を用いたコンクリート構造物の補修・補強指針　工法別編　下面増厚工法　　117

6.7.4　補強材料の継手

増厚部に用いられる補強材料が継手を有する場合，継手部で破壊が生じることなく継手部での応力の伝達が確実に行われるものでなくてはならない．

【解　説】　補強材料の継手の仕様が明記されていない場合，鉄筋を補強材料として用いる際の継手は，コンクリート標準示方書［設計編］や，鉄筋定着・継手指針［2007 年版］に示される鉄筋継手の仕様を満足することとする．鉄筋以外の補強材料を用いる場合は，使用する補強材料における継手仕様に準ずるものとするが，増厚部の寸法，充填性や施工性も確認しなければならない．下面増厚工法における，補強材料の継手設置個所や継手方法などの仕様が定められている材料を採用する場合，材料の仕様に従うのがよい．

6.7.5　補強材料の定着・固定方法

（1）　補強材料は，増厚部もしくは既設部に定着し一体化しなければならない．
（2）　補強材料は，施工中および施工後に耐久性を保ち，変形や振動が生じないように固定しなければならない．

【解　説】　（1）について　増厚部に用いられる補強材料は，増厚部もしくは既設の部材に完全に定着され，その強度を十分に発揮できるようにしなければならない．
　（2）について　補強材料は，増厚材料の施工時においても固定され振動などが生じないことが必要である．一般に，補強材料の固定方法は，固定金具とコンクリートアンカーを用いて既設の部材に強固に取り付けられる．採用する工法によって補強材料の定着・固定の仕様が定まっている場合はその仕様に従うのがよい．

7章 施　工

7.1 一　般

（1）　下面増厚工法による補修・補強の施工は，［共通編］7章およびこの章の各条項に従って行うことを原則とする．

（2）　下面増厚工法の施工に関して十分な知識および経験を有する技術者を現場に配置し，その指揮の下で施工しなければならない．

【解　説】　（1）について　下面増厚工法は，増厚材料の吹付け工法，もしくは左官工法による施工を原則とし，吹付け工法には湿式工法と乾式工法とがある．下面増厚工法の施工の手順の例を**解説 図**7.1.1に示す．ここでは，構造物に要求される性能が満足されるように適切な設計が行われていることを前提として，設計図書に示された補修・補強するコンクリート構造物を下面増厚工法により構築するために必要な事項を示す．下面増厚工法により補修・補強を行う既設コンクリート構造物の置かれている環境や損傷状況を十分に調査・把握し，必要に応じ事前・事後対策を実施することが重要である．設計図書に基づいて施工計画を立案し，この施工計画に従って，適切に品質を管理しながら増厚部を構築し，補修・補強した構造物が設計

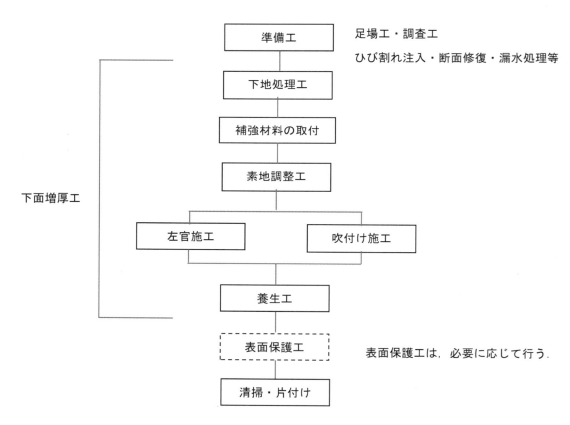

解説 図 7.1.1　下面増厚工法の施工手順例

図書どおり構築されていることを検査することを原則とする.また,施工後の維持管理が適切に行えるよう,施工記録を適切に保管しなければならない.

（2）について　一般に,施工の良否は施工者の経験や資質等の人的要因に起因する場合がある.このため,下面増厚工法の施工に関して十分な知識および経験を有する技術者の指示の下で施工を実施するものとする.特に,下面増厚工法の施工の中で,増厚材料の吹付けの施工技術はその品質確保に重要である.そのため,各関連団体等で実施されている吹付け監理技術者認定制度等による資格を有する技術者および認定を受けた吹付け技能者を配置することが望ましい.

7.2　事前調査および施工計画

（1）　施工に先立ち事前調査を行い,下面増厚工法で補修・補強する既設構造物の状況を把握するものとする.

（2）　設計図書に示された補修・補強後のコンクリート構造物を構築するために,施工条件および環境条件を考慮して適切な施工計画を立案し,施工計画書を作成しなければならない.

（3）　施工計画の立案に当たっては,具体的な作業方法とそれらを確実に実施するための管理方法を検討しなければならない.

【解　説】　（1）について　事前調査では既設構造物の設計図書を調査し,必要に応じコンクリートの強度,配筋の状況等を確認する.また,既設部材のひび割れ状況,遊離石灰と錆汁の有無,鉄筋の腐食状況,コンクリートの浮きや剥離等の損傷の程度を把握し,必要に応じて,下面増厚工法の施工に先だってひび割れ注入や劣化部の除去および断面修復等の対策を実施しなければならない.また,漏水やまわり水はコンクリート構造物の耐久性を著しく低下させるばかりでなく,補修・補強後の再劣化の原因になりやすい.したがって,漏水やまわり水がある場合には,止水,排水設備や水切り装置の設置も検討する必要がある.事前調査および対策は,コンクリート標準示方書［維持管理編］によるものとする.

（2）について　補修・補強の設計で定めた諸性能（耐久性,使用性,安全性等）を有する補修・補強した構造物を構築するためには,適切な施工計画を立案しその施工計画に従って確実に施工を行うことが必要である.下面増厚工法による補修・補強を行う場合,既設構造物の配置や利用状況等の現場条件や施工現場の環境条件が施工の確実性や安全性に大きく影響する.したがって,事前調査の結果を反映させ,現場条件に応じた品質の確保,作業の安全性,経済性,工期ならびに環境負荷を総合的に考慮した施工計画書を作成する必要がある.

施工計画の立案にあたっては,以下のことに配慮しなければならない.

- ・　作業可能な時間帯を考慮した無理のない工程計画とすること
- ・　十分な作業空間が確保されること
- ・　品質の確認された材料を必要な数量確保すること
- ・　必要な能力と十分な経験を有する施工者を従事させること

さらに,安全に施工するため,以下のことに配慮する必要がある.

- ・　施工者の安全確保のための方策を示すこと

120   C.L.150　セメント系材料を用いたコンクリート構造物の補修・補強指針

- ・　第三者の安全確保のための方策を示すこと
- ・　添加物等の関連施設の破損防止策を示すこと
- ・　万一事故が発生した場合，速やかに対処できる体制を確立しておくこと
- ・　廃棄物の処理方法を示すこと

　（3）について　下面増厚工法の施工手順はおおむね以下の通りである．施工計画を立案する場合には各作業工程での具体的な作業方法と管理方法を明記しなければならない．

　　　（i）　下地処理工
　　　（ii）　補強材料の取付け工
　　　（iii）　素地調整工
　　　（iv）　増厚材料の貯蔵・練混ぜ・運搬
　　　（v）　増厚材料の増厚施工
　　　（vi）　養生

　また，施工現場の作業環境や作業時間等の制約を考慮して，施工項目に対応した工程と設計上の要求性能を確保するために品質管理方法を明示する必要がある．工事の途中で施工の変更が必要になった場合は，工事の要件および構造物の要求性能等を満足するように，施工計画の変更を行わなければならない．施工計画を変更した場合には，施工計画書の修正を行わなければならない．

7.3　下地処理工

　下地処理は，下面増厚工法による補修・補強部と既設部材が一体となるよう既設部材表面の油脂等の汚れや脆弱層を取り除かなければならない．また，有害なひび割れ，浮き，剥離や漏水は適切に処理しなければならない．

【解　説】　下地処理は，ウォータージェット工法，バキュームブラスト工法，サンドブラスト工法，ワイヤーブラシ工法等によることを原則として実施し，油脂等の汚れや脆弱層，セメントペーストの除去を行い，健全面を露出（目荒し）させる．また，既設部材表面にジャンカ等の施工不良，著しい劣化，ひび割れや漏水等がある場合には，断面修復，ひび割れ注入や漏水対策等の適切な方法を用いて既設部材を補修しなければならない．

7.4　補強材料の取付け工

　（1）　下面増厚工法に用いる補強材料は，所定の位置に正確に配置しなければならない．
　（2）　下面増厚工法に用いる補強材料は，コンクリートアンカー等を用いて既設部材に確実に固定しなければならない．
　（3）　補強材料の継手の位置および方法は，原則として設計図書に従わなければならない．

【解　説】　（1）について　補強材料は，設計で定められた正しい寸法および形状を持つように，材質を

害さない適切な方法で加工し，設計図書で示された所定の位置に正確に組み立てなければならない．また，塩害環境でエポキシ樹脂塗装鉄筋を使用する場合には，組立時にエポキシ樹脂塗装を傷めないよう十分注意しなければならない．

（2）について　下面増厚工法に用いる補強材料の取付けは，既設部と補強材料の間に隙間が生じないよう，各補強材料に適した固定金具等を用いて確実に固定するものとする．また，補強材料を既設部表面に設けた溝内に埋設し接着剤を用いて固定する方法，テーパ付アンカーで圧着固定して増厚後に樹脂注入を併用する方法もある．

（3）について　補強材料の継手の方法は，補強材料の種類，断面寸法，応力状態，継手位置，継手に要求される性能等に応じて適切なものを選定しなければならない．このため，設計段階では，それらを十分に考慮し，設計図書に継手の位置と方法を定めている．したがって，継手の位置と方法は原則として設計図書に従わなければならない．施工段階において，設計図書に示されていない補強材料の継手を設ける必要が生じた場合には，6.7 構造細目およびコンクリート標準示方書［設計編］に従うものとする．

7.5　素地調整工

　素地調整工は，使用する増厚材料に適した接合材料を選定し，施工しなければならない．

【解　説】　下面増厚工法に用いる増厚材料は，その製品ごとに素地調整工として専用の接合材料が定められていることが多い．使用する増厚材料に適した素地調整工を選択することで所定の付着強度を得ることができる．よって，製品ごとの接合材料の可使時間や打継時間に十分注意して素地調整をしなければならない．

7.6　増厚材料の貯蔵・練混ぜ・運搬

（1）　増厚材料の貯蔵は，コンクリート標準示方書［施工編］によるものとする．

（2）　増厚材料の練混ぜは，材料ごとに定められた所定の配合を用い，定められた材料の投入順序，ミキサ能力および練混ぜ時間で行わなければならない．

（3）　増厚材料の運搬は，品質と運搬量を確保できる方法を選択しなければならない．

【解　説】　（1）について　増厚材料は，コンクリート標準示方書［施工編：施工標準］（5.2.1 貯蔵設備）に従って適切に貯蔵しなければならない．増厚材料として PCM を用い，混和剤として液体エマルションを使用する場合は，凍結しないよう貯蔵しなければならない．液体エマルションは凍結すると材料特性が変化するので，凍結した場合にはこれを使用してはならない．

（2）について　一般に増厚材料の配合は，所定の性能に対し材料ごとに定められている．したがって，使用する増厚材料ごとに定められた所定配合を用いなければならない．下面増厚工法に使用する増厚材料は，材料投入順序，ミキサ能力，練混ぜ時間等定められた手順等と異なる方法を行うと，流動性状，吹付け性状，強度発現等に影響を及ぼす場合がある．このことから増厚材料の練混ぜを行う場合，使用する増厚材料ごとの定められた練混ぜ方法を実施し，適切な機具を使用しなければならない．

（3）について　増厚材料の運搬にあたっては，下面増厚施工の方法や選定した増厚材料に適したポンプ容量，配管径と配管長および吹付け機械を選定し施工しなければならない．

7.7　増厚材料の増厚施工

（1）　増厚材料の増厚施工は，材料ごとに定められた施工方法に従って，施工しなければならない．

（2）　吹付け厚さが大きい場合，厚さに応じて，適切な層数に分けて施工しなければならない．

（3）　吹付け施工の表面仕上げは，仕上げ面まで吹付け，コテ押さえにて表面を平滑化に仕上げなければならない．

（4）　夏期および冬期の施工は，コンクリート標準示方書［施工編］に準拠し，施工を実施するものとする．

【解　説】　（1）について　使用する増厚材料によっては素地調整に接合材料を使用せず，モルタルから既設部材表面への吸水（ドライアウト）を防止することを目的とした散水処理を行う場合がある．この場合は，既設部材表面に十分に吸水（プレウェティング）させた後，下面増厚を行わなければならない．また，下面増厚の施工を湿式工法で行う場合は，増厚材料を吹付け位置まで圧送し，既設部材に所定量の吹付けを行うことから，増厚材料は所定の流動性を有する必要がある．そのため，吹付け前にコンシステンシー試験等を実施し流動性を確認する必要がある．流動性を確認する試験方法として，J ロート試験，モルタルフロー試験，ミニスランプ試験，最大せん断力試験がある．また，使用する増厚材料の性状によっては，吹付け施工が困難な場合，施工数量が少ない場合や吹付け設備の設置が困難な場合には人力による左官施工を行う場合がある．左官施工の場合は，補強材料と既設部材の間に増厚材料が確実に充填されるよう入念にコテ押さえしなければならない．

（2）について　吹付け工法の種類や吹付ける方向によって一層の施工可能な吹付け厚さが異なる．一般に上向きに吹付ける場合の最大施工厚さは，湿式工法では 30mm 程度，乾式工法では 100mm 程度である．よって，施工可能な厚さを超える場合は多層に積層して施工しなければならない．一般的には増厚材料の充填性から補強材料まで 1 層にて吹付け，1 層目の増厚材料の硬化後にかぶり部分を吹付けるのがよい．層間の打継ぎ面の処理が適切におこなわれないと将来的に剥離の原因となることがある．したがって，モルタル片の剥落が生じないように層間の打継ぎ面の処理を適切に行わなければならない．一般的には素地調整工で使用した接合材料を使用するが，打継ぎ面が湿潤な場合には接合材料を使用せずにそのまま打ち継ぐ場合もある．

（3）について　吹付け施工を湿式工法で行う場合の表面仕上げは，表面まで吹付けた後，人力コテ押さえにより表面の平滑化を図る．ただし，乾式吹付の場合は増厚材料の硬化が早いため仕上げ範囲の面積を調整し，速やかに仕上げなければならない．

（4）について　施工時は施工場所に設置した温度計で温度管理を行い，コンクリート標準示方書「施工編：標準」に準拠して，冬季は日平均気温が 5℃以上であること，夏季には日平均気温が 25℃以下であることを確認し施工する．これらの温度を外れる場合にはコンクリート標準示方書［施工編：標準］（12 章　寒中コンクリート，13 章　暑中コンクリート）に準拠し，施工を行うものとする．

7.8 養　　生

下面増厚された増厚材料が急激な温度変化や乾燥を受けないように養生を行わなければならない.

【解　説】　下面増厚された増厚材料は所定の強度が発現するまで適切に養生しなければならない. 増厚完了後の急激な温度変化や特に冬期の風の吹き込み, 直射日光は表面が急激に乾燥し, プラステック収縮ひび割れや乾燥収縮ひび割れが生じやすい. そのため, これらの施工箇所ではひび割れが発生しないよう十分注意し, 必要に応じてミスト養生や被膜養生等による適切な養生を施す必要がある.

7.9 品質管理

下面増厚工法で施工され補強された構造物が所要の品質を有することを確認できるよう, 施工の各段階で設定した項目に対して適切な方法で品質管理を行わなければならない.

【解　説】　下面増厚工法の施工では, 工程管理, 品質管理, 安全管理が重要である. これらのうち, 品質管理は, 目的に合致した下面増厚補強を行うために, 施工のあらゆる段階で行う品質確保のための行為である. 品質管理は補強材料の品質管理, 増厚材料の練混ぜ時の管理, 配合管理, 強度管理を実施しなければならない.

（i）補強材料の品質管理

補強材料として JIS 鉄筋を用いる場合は, 工場生産時の品質記録により性状を確認する. FRP グリッドは工場生産時の品質記録により引張強度および引張ヤング率を確認するものとする.

（ii）練混ぜ時の管理

増厚材料の練混ぜにおいては練混ぜ中にミキサ, ポンプ, コンプレッサ等が正常に稼働するよう管理しなければならない.

（iii）配合管理

増厚材料は, 所定配合を適切な練混ぜ方法で行うことにより, 所要の流動性, ポンプ圧送性, 厚付け性および良好な強度発現が得られる. 増厚材料の硬化前の性状は外気温等の環境により若干変化する. このことから練混ぜを開始する時点（午前, 午後）および配合変更時に配合および流動性状, 練混ぜ時の温度, 外気温等を確認し, 硬化前の品質を管理するとよい.

（iv）強度管理

増厚材料は搬入前に工場生産時の品質記録により品質を確認し, 現場では増厚材料の圧縮強度, 曲げ強度, 付着強度を適切な施工数量ごとに確認する.

7.10 検 査

下面増厚工法により施工された構造物の検査は，検査計画に基づき，構造物の発注者の責任の下に実施することを標準とする．

【解 説】 検査は，コンクリート標準示方書［施工編：標準］（7章 施工の検査，8章 コンクリート構造物の検査，9章 検査記録）に準じて適正な方法で検査しなければならない．特に下面増厚工法を湿式吹付けで施工する場合は，吹付け厚やかぶり厚が小さいため適切に確保できているか検査で確認しなければならない．

セメント系材料を用いたコンクリート構造物の補修・補強指針　工法別編　下面増厚工法　　125

8章　記　　録

　下面増厚工法による補修・補強に関する調査，設計，性能照査，施工および使用材料，品質管理等の記録は，［共通編］　8章に基づき行うものとする．

【解　説】　下面増厚工法による補修・補強に関する調査，設計，性能照査，施工および使用材料，品質管理等の記録は，［共通編］　8章に従うことを原則とする．

9 章　維持管理

　下面増厚工法により補修・補強した構造物の維持管理は，［共通編］　9 章に基づき行うものとする．

【解　説】　下面増厚工法により補修・補強した構造物の維持管理は，［共通編］　9 章に従って行うことを原則とする．下面増厚工法は，既設構造物の下面に施工されるため，増厚材料の剥落の危険性が懸念されるため注意が必要である．剥落の原因は，増厚部の異常な収縮によるひび割れの発生や，既設構造物の上面から浸透してくる水分の影響等が考えられる．特に，完成後に水分が流入している場合は，付着界面に早期劣化が生じる恐れがあるので，速やかに排水することが望ましい．また，浮き等が認められた場合，ひび割れ注入等で浮き部の接着性を回復するのがよい．

セメント系材料を用いたコンクリート構造物の
補修・補強指針　工法別編　巻立て工法

1章 総　則

1.1　適用の範囲

巻立て工法編は，既設コンクリート棒部材の外周部に，鉄筋やFRPグリッド等の補強材を配置してセメント系材料を巻き立てる巻立て工法によって補修・補強を行う場合の設計，施工および維持管理に関する標準的な事項を示すものである．この編に定めていない事項は，共通編によるものとする．

【解　説】　巻立て工法は，既設コンクリート棒部材の外周あるいはコンクリート表面に設けられた溝内に鉄筋やFRPグリッドを配置し，コンクリートやポリマーセメントモルタル等のセメント系材料を部材の全周に巻き立てて既設コンクリート部材と一体化することにより，曲げ耐力，せん断耐力およびじん性等の力学的性能や耐久性等の性能を回復・向上させる工法である．一般に，巻立て材料としてコンクリートを用いる場合には，型枠を配置してコンクリートを打設するコンクリート巻立て工法が適用され，巻立て材料としてポリマーセメントモルタル等のモルタルを使用する場合には，吹付けまたは左官により増厚するモルタル巻立て工法が適用されている．巻立て工法は，主に橋脚等の柱部材やラーメン橋脚のはり部材の耐震補強を対象として実施されることが多い．この編は，巻立て工法によって既設コンクリート構造物の補修・補強を行う場合の，設計，施工および維持管理に関する標準的な事項を示すものである．本編に定めていない事項は，共通編によるものとする．

なお，この編では地震作用により損傷が発生した鉄筋コンクリート橋脚等のコンクリート構造物の巻立て工法による補修・補強も対象としている．損傷の発生したコンクリート構造物に対して巻立て工法による補修・補強を行う場合には，事前調査によりコンクリートのひび割れや剥落等の損傷状況を把握し，必要に応じてひび割れ注入や断面修復等の対策を行った後に，巻立て工法による補修・補強を行うものとする．

1.2　用語の定義

本編で用いる用語は，共通編1章によるものとする．

2章　既設構造物の調査

2.1　一　　般

（1）　巻立て工法による補修・補強を検討する既設構造物の調査は，共通編2章により行うものとする．

（2）　地震により被災した構造物の補修・補強を巻立て工法により行う場合には，被災構造物の損傷状態を詳細に調査しなければならない．

【解　説】　（2）について　巻立て工法は，鉄筋コンクリート橋脚等の鉛直部材の耐震補強として適用されることが多く，また，地震により被災した構造物の補修・補強に使用されることもある．地震により被災した構造物では，コンクリートのひび割れ，かぶりコンクリートの剥離・剥落，コンクリートの圧壊，鉄筋の座屈，鉄筋の破断等の損傷が生じている場合がある．損傷の状態によっては，巻立て工法による補修・補強を行う前に，ひび割れ注入や断面修復，変形した鉄筋の整正や取替等の対策が必要となる．また，これらの損傷は，既設構造物および補修・補強した構造物の力学的性能に大きな影響を及ぼす場合がある．したがって，地震により被災した構造物の補修・補強を巻立て工法により行う場合には，調査により損傷状態を把握した上で，これらの損傷が構造物の性能に及ぼす影響を適切な方法により評価し，補修・補強の設計および施工計画に反映させる必要がある．

2.2　調　　査

2.2.1　文書，記録等による調査

（1）　文書，記録等による調査は，共通編2.2.1により行うものとする．

（2）　建設時の設計図書および補修・補強検討時点までに行われた補修・補強工事の設計図書等により，対象とする既設構造物の使用材料ならびに構造諸元を詳細に把握しなければならない．

【解　説】　（2）について　巻立て工法により既設構造物の補修・補強を行う場合には，既設構造物の性能評価および補修・補強した構造物の性能照査を行う上で，使用材料ならびに断面寸法，鉄筋の配置等の構造諸元を把握しておくことが重要である．

2.2.2　現地における調査

（1）　現地における既設構造物の調査は，共通編2.2.2により行うものとする．

（2）　地震により被災した構造物の現地における調査は，地震による損傷状態を詳細に調査しなければならない．

セメント系材料を用いたコンクリート構造物の補修・補強指針　工法別編　巻立て工法　　129

【解　説】　（1）について　巻立て工法によって期待する補修・補強の効果を得るためには，既設構造物と巻立て部の一体性を確保する必要がある．そのため，既設構造物の表面および内部の劣化・損傷状態を，現地における調査で把握しておくのがよい．

　（2）について　地震により被災した構造物では，コンクリートのひび割れ，かぶりコンクリートの剥落，コンクリートの圧壊，鉄筋の座屈，鉄筋の破断等の損傷が生じている場合がある．したがって，地震により被災した構造物の補修・補強を巻立て工法により行う場合には，適切な方法により損傷状態を詳細に調査しなければならない．現地における調査では，目視による方法およびたたきによる方法が一般に行われている．

　損傷が生じた構造物の外観変状に基づく性能評価手法が，複合構造標準示方書［維持管理編：仕様編］3章に示されている．外観変状を，コンクリートや鋼材等の損傷状況の程度と力学的性能の変化を考慮してグレーディングし，外観変状のグレーディングに応じて構造性能を評価するのがよい．外観変状に基づく構造性能の評価では，区分された外観変状の程度や領域が構造性能に及ぼす影響を十分に考慮して，力学的な根拠に基づいて構造性能の区分を設定しなければならない．外観変状のグレーディングは，一般に以下の3段階としてよい．

　　グレードⅠ：無損傷，または軽度の損傷

　　グレードⅡ：中程度の損傷

　　グレードⅢ：重度の損傷

また，変状領域の力学的抵抗性は，以下の4つのレベルに区分するのがよい．

　　レベルa：健全

　　レベルb：抵抗性が若干低下

　　レベルc：抵抗性が顕著に低下

　　レベルd：抵抗性がない

　なお，地震により被災した鉄筋コンクリート橋脚に関しては，道路震災対策便覧（震災復旧編）（日本道路協会）に，被災橋脚の調査法や被災判定の方法が記載されている．鉄筋コンクリート橋脚の場合には，損傷の位置と程度がともに重要となるため，損傷が橋脚基部で生じているか，あるいは橋脚の中間位置（主鉄筋の段落し位置）で生じているかを調査する必要がある．なお，調査は橋軸方向および橋軸直角方向の両方に対して行う必要がある．鉄筋コンクリート橋脚の損傷は，曲げ破壊とせん断破壊で異なり，それぞれ一般に以下のように進行する．

　　・曲げ破壊の場合　　　　　①コンクリートのひび割れ（水平ひび割れ）

　　　　　　　　　　　　　　　②かぶりコンクリートの剥離

　　　　　　　　　　　　　　　③軸方向鉄筋の座屈（鉄筋のはらみ出し）

　　　　　　　　　　　　　　　④軸方向鉄筋の破断，コアコンクリートの圧壊

　　・せん断破壊の場合　　　　①コンクリートのひび割れ（水平ひび割れ，ななめひび割れ）

　　　　　　　　　　　　　　　②コンクリートのひび割れの拡大

　　　　　　　　　　　　　　　③かぶりコンクリートの剥離，剥落

　　　　　　　　　　　　　　　④軸方向鉄筋の露出

　　　　　　　　　　　　　　　⑤帯鉄筋の破断，コアコンクリート圧壊

　したがって，損傷の程度を把握するためには，実際に鉄筋コンクリート橋脚に生じている損傷が，上記のいずれの段階に相当するかを調査することが重要である．

130   C.L.150　セメント系材料を用いたコンクリート構造物の補修・補強指針

3章　補修・補強の設計

3.1　一　般

　巻立て工法による補修・補強の設計では，残存する設計耐用期間を通じて，補修・補強した構造物が要求性能を満足するように，合理的な構造計画を策定し，それに基づいた構造詳細を設定しなければならない．

【解　説】　補修・補強の設計では，補修・補強した構造物が残存する設計耐用期間を通じて全ての要求性能を満足することが前提であるが，巻立て工法による補修・補強は，構造物の耐震性に大きく影響を及ぼす部材に施されることが多いため，特に，補修・補強した構造物が所要の耐震性を確保できるように設計しなければならない．

　また，構造物を構成する一つの部材に対して，巻立て工法による補修・補強を施すことによって，地震時に他の部材の損傷が誘発されることがあるので，補修・補強の計画においては，構造物が全体として性能が満足されるように検討を行わなければならない．

　なお，補修・補強の対象とする構造物に既に損傷が生じている場合には，その損傷が補修・補強した構造物の性能に影響を及ぼす可能性がある．そのため，2章の既存構造物の調査の結果を踏まえ，構造物の既存の損傷の影響を評価した上で，設計耐用期間を通じて目標とする構造物の性能が確保できるように，構造物の置かれた条件に応じた具体的な対策を計画していくものとする．地震により被災した構造物に対して，巻立て工法による補修・補強を実施する場合には，まずは地震により損傷を生じた部位に対して適切な対策を施す必要があるので，これを考慮して補修・補強の計画を検討するものとする．

3.2　構造計画

（1）　巻立て工法による補修・補強の計画では，構造物の設置されている環境条件の中で，要求性能を満たすように，構造特性，材料，施工方法，維持管理方法，経済性等を考慮して，補修・補強工法の選定を行うこととする．

（2）　巻立て工法による補修・補強の計画では，施工に関する制約条件を考慮しなければならない．

（3）　巻立て工法による補修・補強の計画では，構造物の重要度，設計耐用期間，供用条件，環境条件および維持管理の難易度等を踏まえ，補修・補強が施された構造物の維持管理が容易になるように考慮しなければならない．

【解　説】　（1）について　セメント系材料を巻き立てることによる補修・補強工法には，コンクリート巻立て工法とモルタル巻立て工法とがあるが，一般にはコンクリート巻立て工法が経済的で採用実績も多い．しかし，河川内に設置された構造物では河積阻害率を考慮する必要があり，また近接する構造物との離隔が少なく建築限界が厳しいなどの制約がある場合もある．このような場合に標準的な巻立て厚さが250mm程度であるコンクリート巻立て工法を適用すると，部材の断面寸法が大きくなり，施工上あるいは供用上の制約条件を満足できない可能性が

ある．一方，モルタル巻立て工法は，標準的な巻立て厚さが 100mm 以下であり，補強後の部材の断面寸法の変化を少なくすることが可能である．そのため，巻立て工法の選定に際し，上記のような制約条件を満足する工法として，モルタル巻立て工法が選定されることもある．また，巻立て工法に使用するモルタルのうち，ポリマーセメントモルタルは，塩化物イオンの拡散係数が小さく中性化の進行速度も遅いなど，耐久性の高い材料であることから，沿岸部・海浜部等の環境下でも採用されている．このように，構造物の置かれている環境条件の中で構造物に要求されている性能を，構造特性，材料，施工方法，維持管理方法，経済性等を考慮して，具体的な補修・補強の工法を選定しなければならない．

　巻立て工法により補修・補強されたコンクリート部材のかぶりコンクリートの剥落等による構造物の周辺の公衆への安全性は，設計段階ではコンクリーの剥離や剥落が生じないような限界状態を設定して照査することを原則とし，その想定を超えることが懸念される場合には，公衆災害が生じないように対策を施すのがよい．巻立て部の剥落に関し，①巻立て部の表層（巻立て部の補強材のかぶり）の剥落，②巻立て部と既設部との界面の剥離による巻立て部の剥落とが考えられる．巻立て部の剥落等，構造物の利用者や第三者等の公衆災害に対する安全性は，6.3 耐久性の照査を満足することで，設計段階では，満足するとみなしてよい．

　（2）について　補修・補強を行う上で，対象となる構造物の置かれている立地条件，環境条件が施工に及ぼす影響，あるいは施工が周辺環境に及ぼす影響は大きい．例えば，河川内に位置する構造物の補修・補強の施工では，動植物や水質等の環境への影響を考慮する必要がある．また，急峻な渓谷に位置する構造物に補修・補強を行う際には，大型の施工機械の搬入は不経済となる．寒冷地域における冬期施工では寒中コンクリート対策，夏期においては暑中コンクリート対策等，セメント系材料を扱う場合の検討が必要となる．これらのことから補修・補強の計画では，施工に関する制約条件を考慮しなければならない．

　（3）について　巻立てによる補修・補強を行う構造物には，河川内で水没するような場合や海浜に近接する構造物等，耐久性の確保が課題となる構造物もある．補修・補強した構造物が所期の性能を発揮し，それを保持するため，補修・補強後の環境や維持管理も考慮して，再劣化が生じないように対策を行うことが必要である．そのため，設計段階で構造物の重要度，設計耐用期間，供用条件，環境条件および維持管理の難易度等を考慮し，補修・補強後の維持管理が容易にできる工法を選定しなければならない．

3.3　構造詳細

（1）　巻立て工法による補修・補強では，既設部材と巻立て部の一体性が確保できるように，構造詳細を決定しなければならない．

（2）　巻立て工法による補修・補強を施す部位や範囲，既設部材の外周への補強材の配置，補強材のかぶりや巻立て材料の厚さ等は，構造物の要求性能を満足できるように適切に設定しなければならない．

（3）　曲げ耐力の向上が必要な場合には，外周に配置する補強筋を既設部に十分に定着しなければならない．

（4）　じん性の向上が必要な場合には，既設構造物の断面形状に応じて，中間貫通補強材の配置も検討するのがよい．

【解　説】　（1）について　巻立て工法による補修・補強を施すことによって，耐震性を始めとする構造物の要求性能を確保するためには，既設部と巻立て部とが一体構造として機能することが重要であるため，一体化が可能な材料・施工・断面構造を選定する必要がある．

（2）について　巻立てを行う部位や範囲は，耐震性を始めとする構造物の要求性能を確保できるよう，適切に選定しなければならない．また，所要のせん断耐力，曲げ耐力およびじん性を確保するように，既設部材の外周に軸方向鉄筋や横拘束筋等の補強材を配置するものとする．さらに，既設構造物が置かれている環境に鑑み，耐久性や施工性を考慮して，巻立て部の補強材のかぶりや巻立て材料の厚さを決定しなければならない．

（3）について　既設構造物の曲げ耐力の向上が必要な場合には，配置する補強鉄筋が適切に既設構造物に定着できる構造とする．橋脚等の柱部材の巻立て補強では，軸方向鉄筋をフーチングへ適切に定着する必要がある．

（4）について　壁式橋脚等，補修・補強の対象とする部材断面が，辺長比が1：3を超えるような扁平な形状である場合，補強後の部材のじん性を向上させるために中間貫通補強材の配置が有効である．そのため，既設構造物の断面形状や寸法等を考慮して必要に応じて中間貫通補強材を設置することを検討するのがよい．

4章 材 料

4.1 一 般

　巻立て工法に用いる材料は，必要とされる期間にわたって所要の性能を満足するように，品質が確かめられたものでなければならない．

【解 説】　巻立て工法は，既設構造物の耐震補強に用いられる場合が多い．この場合，巻立て工法により補修・補強した構造物が必要とされる期間にわたって耐震性能等の所要の性能を満足することができるよう既設部と巻立て部の一体性が確保できるよう材料の選定を行う必要がある．

4.2 既設構造物中の材料

（1）　既設構造物中の材料の材料強度の特性値，設計値ならびに材料係数は，共通編4.2に従って定めるものとする．

（2）　地震により被災した構造物中の材料の材料強度の特性値，設計値ならびに材料係数は，生じている損傷の程度およびそれに対して施された対策の種類等を考慮して，適切に定めるものとする．

【解 説】　（2）について　地震により被災した構造物を対象とする場合には，既設構造物中の材料には，鉄筋の降伏や座屈，コンクリートのひび割れやコアコンクリートの圧壊等の著しい損傷が生じている場合があるので，その損傷の影響を適切に評価しなければならない．また，巻立て工法による補修・補強を行う前に，これらの損傷に対してひび割れの補修や断面修復等の対策が施されている場合には，それらの対策が及ぼす影響を必要に応じて適切に考慮して，既設部の材料の特性値，設計値ならびに材料係数を定めなければならない．

4.3 補修・補強部分に用いる材料

4.3.1 一 般

　巻立て工法の補修・補強部分に用いる材料の品質は，共通編4.3による．

【解 説】　巻立て工法は，既設構造物の外周に配置された補強材料と巻き立てられたセメント系材料を一体化させることにより部材の力学的な性能を向上させる工法であるから，巻立て工法に使用する材料は，材料の力学的な特性のみならず既設コンクリートと巻立て部の一体化を確保するための付着性状や巻立て施工時のワーカビリティ等の品質が確かめられたものを選定しなければならない．

　巻立て工法に使用する材料の分類を解説 表4.3.1に示す．セメント系材料はコンクリート巻立て工法に使用す

るコンクリートと，モルタル巻立て工法に使用するポリマーセメントモルタル等のモルタルに分かれる．補強材料としては，鉄筋，PC鋼材，FRPグリッド等の連続繊維補強材が用いられる．接合材料は，コンクリート同士，コンクリートとモルタルおよびコンクリートと補強材料の付着を得るために塗布あるいは注入される材料であり，ここでは以下に示す材料を指す．

- 既設コンクリートとモルタルの付着力を向上させるプライマー．
- 軸方向鉄筋等をフーチングに定着するためのアンカー注入材．
- 補強材料と既設コンクリートを接着する接着剤．主に補強材料を既設コンクリートかぶりに切削した溝に埋め込み付着を必要とする工法，中間貫通補強材の付着を確保するために用いられる．

充填材料は，中間貫通補強材の付着を期待せず，鋼材の腐食を防止するために中間貫通鋼材等の補強材料とコンクリート間の空隙を充填するために注入される材料である．

解説 表4.3.1 巻立て工法で用いられる材料の種類

工法	セメント系材料	補強材料	接合材料	充填材料
コンクリート巻立て工法	・コンクリート	・鉄筋 ・PC鋼棒 ・連続繊維補強材	・プライマー ・アンカー注入材 ・接着剤	・無収縮グラウト ・モルタル
モルタル巻立て工法	・モルタル	・鉄筋 ・連続繊維補強材		

4.3.2 セメント系材料

（1）巻立て工法に用いる セメント系材料は，共通編4.3.2に従って選定するものとする．

（2）コンクリート巻立て工法に使用するコンクリートは，巻立て施工に適した所要のワーカビリティを有し，硬化後の品質ができる限り経時的に変化しないよう，良質の材料を選定し，試験練りを行い適切な配合を設定することを原則とする．

（3）モルタル巻立て工法に使用するモルタルは，吹付け施工あるいは左官施工の種類に応じて品質および安全性の確かめられた材料を使用し，適切な配合を設定したものでなければならない．

【解　説】　（1）について　ここで述べるセメント系材料は，巻立て工法で使用されるコンクリートおよびモルタルを対象としている．セメント系材料の品質は，圧縮強度ばかりではなく種々の材料特性によって表される．強度特性は圧縮強度，引張強度，曲げ強度，付着強度等の静的強度や疲労強度等で表され，巻立て工法では圧縮強度や付着強度は重要な材料特性である．また，変形特性としては，ヤング係数やポアソン比等のほかに，巻立て工法では，じん性，ひび割れ抵抗性等の力学特性を表す指標が必要とされる場合がある．また巻立て工法で使用されるセメント系材料は，乾燥収縮が小さく早期に実用強度が得られ，所要のひび割れ抵抗性，曲げ・せん断特性を有する必要がある．セメント系材料は，補修・補強した構造物が所要の性能を確保できるよう品質の確かめられたものを選定しなければならない．

（2）について　コンクリート巻立て工法で使用されるコンクリートは，一般にレディーミクストコンクリートとして供給されるか，あるいは現場にて練り混ぜられる．この練混ぜ完了時から打設時までのフレッシュコンクリートの品質は，経時的な変化を伴い施工性，ひいては硬化コンクリートの材料特性に影響を及ぼす．したがって，

セメント系材料を用いたコンクリート構造物の補修・補強指針　工法別編　巻立て工法　135

所要の硬化コンクリートの諸特性を得ることができるよう配合条件を設定し，試験練りを行いスランプや空気量，圧縮強度等の材料特性により表される諸量により，その品質を確かめる必要がある．コンクリート巻立て工法では，増厚部に空隙が生じないようにすることが重要であり，スランプ18cm程度の流動化コンクリート等の流動性の高いコンクリートが使用される場合がある．また，既設部材の拘束による収縮ひび割れの発生を防止するため，膨張材を併用する場合もある．さらに，アルカリシリカ反応等の劣化が生じないよう良質の材料を選定することも重要となる．

　良質の材料を使用し適切に配合設計が行われたコンクリートで，適切な試験や解析により圧縮強度等の材料の特性が経時的にほとんど変化しないことが確認されている場合，補修・補強施工時の材料特性を照査時点での材料特性としてよい．

　巻立て工法では，鉄筋等の補強材料が既設構造物の外表面に配置されるため，巻立てコンクリートの鉄筋かぶりを十分に確保する，あるいは必要に応じて巻立て部に表面保護を行ない，補強材料の経時変化ができるだけ生じないようにするのがよい．適切な保護により，材料特性の経時的な変化を防止できる場合には，補修・補強施工時の材料特性を照査時点での材料特性としてよい．

　使用材料の選定と配合設計に際しては以下に示す示方書，指針類を参照するのがよい．

　　・2017年制定　コンクリート標準示方書[設計編]，[施工編]（土木学会）
　　・コンクリートライブラリー119「表面保護工　設計施工指針（案）」（土木学会）
　　・設計要領第二集　橋梁保全編（東日本高速道路㈱，中日本高速道路㈱，西日本高速道路㈱）
　　・構造物施工管理要領（東日本高速道路㈱，中日本高速道路㈱，西日本高速道路㈱）

　（3）について　モルタル巻立て工法に使用されるモルタルは，吹付け施工または左官施工により既設部材の外周に巻き立てられる．吹付け用モルタルには，乾式吹付け用モルタルと湿式吹付け用モルタルがある．

　一般に乾式吹付け工法は，セメント，骨材および鋼繊維等の補強用繊維を用い，水を添加せず（あるいは骨材を表乾状態にする程度の水量を添加して）に練り混ぜたドライミクストモルタルを製造し，これを圧縮空気により圧送して，吹付けノズル部分で所定量の水または水とセメント混和用ポリマーおよび状況によって急結剤を混入して吹き付ける工法である．

　湿式吹付け工法は，所定の水量を投入してミキサ内で練混ぜたモルタルを，ポンプ圧送してノズル吐出口手前で圧縮空気を導入することで，モルタルを吹き付けて施工するものである．湿式吹付け材料には，JIS A 6203「セメント混和用ポリマーディスパージョンおよび再乳化粉末樹脂」に示されるセメント混和用ポリマーを含むポリマーセメントモルタルならびにポリマーを含まないセメントモルタルの2種類が使用されており，吹付けモルタルとしてはポリマーセメントモルタルを使用する場合が多い．また，セメント，細骨材およびセメント混和用ポリマーや繊維等の混和材料等があらかじめ混合されたプレミックス材料を使用するのが一般的である．

　乾式および湿式吹付け用材料の選定においては，吹付けモルタルに要求される性能をJISならびに土木学会規準，そのほか適切な試験方法を用いて品質および安全性の確かめられたものを使用しなければならない．**解説 表 4.3.2**には，吹付けモルタルに用いる材料の主な構成例を示す．

　使用材料の選定と配合設計に際しては以下に示す示方書，指針類を参照するのがよい．

　　・コンクリートライブラリー123「吹付けコンクリート指針（案）」（土木学会）
　　・吹付けモルタルによる高架橋柱の耐震補強工法　設計・施工指針（鉄道総合技術研究所）

解説 表 4.3.2 吹付けモルタルに用いる材料の主な構成例

構成材料		乾式吹付け用材料	湿式吹付け用材料
セメント		超速硬セメント（状況によって，早強あるいは普通ポルトランドセメント）	JIS R 5210,5211,5213 に規定されるセメントの他，アルミナセメントも使用
細骨材		乾燥天然骨材 ※1	乾燥天然骨材，軽量骨材
繊 維		鋼繊維，有機繊維	主に，有機繊維
混和材料	セメント混和用ポリマー ※2	ポリマーディスパージョン	ポリマーディスパージョン，再乳化形粉末樹脂
	減水剤	－	使用する場合がある
	保水剤	－	使用する場合が多い
	促進剤	－	寒中施工時，厚付けを必要とする時に使用する場合ある
	遅延剤	－	暑中施工時に使用する場合ある
	急結剤	使用する場合がある ※3	使用する場合がある
	膨張材	－	使用する場合が多い
	微粉末	使用する場合がある	使用する場合が多い
水		上水道を標準	

※1：主に，粒度調整されたプレパック骨材
※2：ポリマーセメントモルタルの場合
※3：早強，普通ポルトランドセメントを使用する場合

4.3.3 補強材料

巻立て工法に用いる 補強材料は，共通編 4.3.3 に従って選定するものとする．

【解　説】　巻立て工法で使用される補強材料には，鉄筋やエポキシ樹脂塗装鉄筋，PC 鋼材といった鋼材および，FRP グリッドや FRP 棒材等の連続繊維補強材がある．さらに，これらを定着，接続するための鋼材等がある．鋼材の品質は，圧縮強度や引張強度等の強度特性，ヤング係数やポアソン比，応力－ひずみ関係等の変形特性等の材料特性によって表される．補強用鋼材が，工学的に信頼できる強度，伸び能力，ヤング係数，線膨張係数等の材料特性を有していることを確認する必要がある．鋼材は JIS の規格を満足する品質を有しているものを使用するのがよい．

　連続繊維補強材は，工学的に信頼できる強度，伸び能力，ヤング係数，線膨張係数等の材料特性を有していることを確認しなければならない．FRP グリッドについては，そのほかの強度特性として，格子交差部の強度特性等が挙げられる．FRP グリッドと既設コンクリートとの付着は，FRP グリッドと格子間のポリマーセメントモルタルとの支圧によるところが大きい．格子交差部の強度が低い場合は，既設コンクリートとポリマーセメントモルタルの付着破壊前に交差部が破壊し，定着性能が失われることとなる．交差部の強度はマトリクス樹脂の特性，成形方法に影響を受けるため，その組合せにより確認する必要がある．また，連続繊維補強材の耐久性は，連続繊維，マトリクス樹脂の種類により異なる．成形後の複合材として耐久性を確認する必要がある．

セメント系材料を用いたコンクリート構造物の補修・補強指針　工法別編　巻立て工法　　137

4.3.4　接合材料

（1）　巻立て工法に用いる　接合材料は，共通編4.3.5に従って選定するものとする.

（2）　プライマーは，既設コンクリートと巻立て部のセメント系材料間の応力伝達ができるよう，必要な性能を満足するものを選定しなければならない.

（3）　アンカー注入材は，所要の強度を有し，既設コンクリートと補強鉄筋の定着強度を確保できるものを選定しなければならない.

（4）　接着剤は，所要の強度を有し，既設コンクリートと補強材料を一体化できるものを選定しなければならない.

【解　説】　（2）について　一般にプライマーは，モルタル巻立て工法において既設コンクリートとモルタルの応力伝達を確実にできるようモルタルの巻立て前に塗布される. プライマーは，使用するモルタルの種類に応じて既設コンクリートとモルタルの付着特性が確保できるもので，品質の確認されたものを選定しなければならない.

　　（3）について　アンカー注入材は，鉄筋コンクリート橋脚の巻立て補強において曲げ耐力の向上を目的とする場合に巻立て部の柱軸方向鉄筋をフーチングに定着する際に使用される. したがって所要の付着強度を有し，既設コンクリートと補強鉄筋の定着強度を確保できるもので，品質の確認されたものを選定しなければならない.

　　（4）について　巻立て工法で使用する接着剤は，既設コンクリートと補強材料を一体化するために使用される. 既設コンクリートに溝形の切削を行い，主鉄筋を定着するために既設コンクリート溝内に接着剤を充填する場合や，中間貫通補強材として使用する連続繊維補強材を緊張後に，既設コンクリートと巻立てコンクリートを一体化するために，コンクリート孔と連続繊維補強材の空隙に接着剤を充填する場合に使用される. したがって所要の強度を有し，既設コンクリートと補強材料の一体化を確保できるもので，品質の確認されたものを選定しなければならない. また，現場の施工に適した粘度，流動性等の施工に関する所要の品質を有するものでなければならない.

4.3.5　充填材料

充填材料は，所要の充填性，流動性を有するもので，補強材料と既設コンクリートとの空隙を確実に満たすものを選定しなければならない.

【解　説】　充填材料は補強材料と既設コンクリートの空隙を確実に満たし，所要の防錆性を有することが重要であり，必ずしも一体化させる必要はない. 充填材料は，補強材料とコンクリートとの間隔，注入方法に応じて適切な充填性，流動性，防錆性を有するものを選定しなければならない.

4.4 材料の特性値および設計値

4.4.1 一 般

巻立て工法に用いる材料の特性値および設計値は，共通編 4.4 によるものとする．

4.4.2 セメント系材料

巻立て工法に用いるセメント系材料の特性値および設計値は，共通編 4.4.2 によるものとする．

4.4.3 補強材料

巻立て工法に用いる補強材料の特性値および設計値は，共通編 4.4.3 によるものとする．

4.4.4 接合材料

巻立て工法に用いる接合材料の特性値および設計値は，共通編 4.4.4 により定めるものとする．

【解　説】　接合材料は，既設コンクリートと補強材料および巻立て部のセメント系材料が一体化することを目的に使用される．このことから接合材料の設計に用いる材料強度は，接合材料そのものの材料強度ではなく，接合される材料の組合せに応じて適切な試験により付着強度および変形特性を測定し，特性値を定めるのがよい．一般に，プライマーではコンクリートと巻立て部のセメント系材料とをプライマーを介して接合した試験体を，アンカー注入材ではコンクリートに削孔した孔内に鉄筋をアンカー注入材で定着した試験体を，鉄筋をコンクリート溝へ埋め込む方法で使用する接着剤ではコンクリートに設けた溝内に鉄筋を接着剤で定着した試験体を用いて試験により付着強度等の特性値を定めるのがよい．

セメント系材料を用いたコンクリート構造物の補修・補強指針　工法別編　巻立て工法　139

5章　作　　用

5.1　一　　般

　巻立て工法により補修・補強した構造物の性能照査において考慮する作用は，共通編5章によるものとする.

【解　説】　巻立て工法によって補修・補強した構造物の性能照査に用いる作用は，構造物または部材に応力および変形の増減，材料特性に経時変化をもたらす全ての働きを含むものとし，共通編5章によるものとする.

5.2　補修・補強の設計で考慮する作用

　補修・補強設計の設計で考慮する作用は，共通編5.2によるものとする.

【解　説】　既設構造物と補修・補強部分に生じる作用を共通編5章5.2補修・補強設計の設計で考慮する作用に従って適切に考慮するものとする. 既設構造物を補修・補強する場合の作用には，既設構造物に補強前から作用している永続作用および補修・補強後には増加する永続作用と変動作用がある. 巻立て工法により鉄筋コンクリート橋脚の補修・補強を行う場合には，永続作用として上部工反力，橋脚の自重があり，これらの永続作用は既設構造物で負担する. 巻立て工法による補修・補強により増加する自重による永続作用の負担に関しては，巻立て部の構造や施工方法を考慮して適切に判断するものとする. なお，偶発作用としては地震により生じる慣性力が対象となるが，これは既設構造物と巻立て部が一体となった構造物が負担すると考えてよい.

140   C.L.150 セメント系材料を用いたコンクリート構造物の補修・補強指針

6章 補修・補強した構造物の性能の照査

6.1 一　般

（1）　巻立て工法により補修・補強した部材に関する照査項目は，補修・補強後の状態に対して，構造物の要求性能を満足するように適切に設定しなければならない．

（2）　既設コンクリートと巻立て部が一体となって挙動するように構成された部材に対しては，この章によって照査を行ってよい．既設コンクリートと巻立て部の一体性が確保されていない場合には，共通編に準じて解析や実験等の適切な方法により性能照査を行わなければならない．

【解　説】　（1）について　補修・補強した構造物の性能照査は，この章，共通編6章，コンクリート標準示方書［設計編：本編］およびコンクリート標準示方書［設計編：標準］5編によるものとする．

　巻立て工法により補修・補強した部材は，巻立てにより断面形状，断面剛性が変化するため，既設部材と同じとはいえない．そのため，限界状態を補修・補強した構造物もしくは構造部材に設定して，限界状態に至らないことを確認することで行うこととする．この章では，巻立て工法により補修・補強した部材の耐久性，安全性，使用性，復旧性の照査の方法を示す．

　（2）について　巻立て工法により補修・補強した部材は，既設コンクリートと巻立て部の一体性が確保されている場合には，既設コンクリートと巻立て部が一体となって作用に抵抗するとみなすことができる．この章で示す照査方法は，既設コンクリートと巻立て部の一体性が確保できることを前提とする．すなわち，適切な施工により所要の下地処理，界面へのプライマーの塗布，横方向鉄筋の配置等の適切な処置を行った後，棒部材の全周にほぼ全長にわたってセメント系材料を巻き立てることにより，既設コンクリートと巻立て部の一体性が確保されていることを前提とした性能照査の方法を示している．既設コンクリートと巻立て部が一体とみなせない場合，すなわち巻立て部と既設コンクリートの界面に，剥離やすべりを考慮する必要がある場合には，共通編に準じて適切な解析や実験によりその影響を考慮して性能照査を行う必要がある．

6.2 応答値の算定

6.2.1 一　般

巻立て工法により補修・補強した構造物の応答値の算定は，共通編6.2によるものとする．

【解　説】　巻立て工法により補修・補強した構造物の各要求性能の限界状態の照査に用いる応答値の算定にあたっては，共通編6.2に従って既設部と巻立て部の一体化による特性を適切に反映しなければならない．

6.2.2 構造物のモデル化

（1）　巻立て工法により補修・補強した構造物のモデル化は，共通編 6.2.2 に準じて構造物の要求性能に応じて行うものとし，安全性の照査に対してはコンクリート標準示方書［設計編：本編］により，耐震性の照査はコンクリート標準示方書［設計編：標準］5 編により行うものとする．

（2）　巻立て工法により補修・補強した部材は，補修・補強後の断面形状を考慮し，適切にモデル化するものとし，補強範囲，定着長を考慮するものとする．

（3）　巻立て工法により補修・補強した部材の材料のモデル化は，共通編およびコンクリート標準示方書［設計編：本編］ならびに［設計編：標準］5 編によるものとする．

（4）　巻立て工法により補修・補強した構造物は，点検・診断の結果に基づき，既設部材の劣化および損傷を考慮して，適切にモデル化するものとする．

【解　説】　（1）について　巻立て工法により補修・補強した構造物のモデル化は，共通編 6.2.2 に従って，作用による構造物の応答特性に応じ，解析範囲，解析次元の設定，作用や構造物のモデル化を行うこととする．巻立て工法は，既設構造物の耐震補強に用いられることが多い．この場合，安全性に関する照査はコンクリート標準示方書［設計編：本編］，耐震性の照査はコンクリート標準示方書［設計編：標準］5 編により行うものとする．

　（2）について　巻立て工法により補修・補強した部材の断面は厚くなり，せん断スパン比，細長比等が既設部材と異なるため，構造物のモデル化にあたっては，その影響を適切に考慮する必要がある．また，補強材料の端部を部材の途中で定着する場合は，定着範囲の補強材料をないものとするなど部材に与える影響を適切に考慮する必要がある．

　（3）について　巻立て工法により補修・補強した部材の材料のモデル化は，共通編およびコンクリート標準示方書［設計編：本編］ならびに［設計編：標準］5 編によるものとする．巻立て部に用いられるセメント系材料の種類により，コンクリートと特性値，応力－ひずみ曲線が異なるものもある．実験により断面への影響を確認し，適切に材料をモデル化するものとする．線材によりモデル化する場合は，実験から得られた骨格曲線を用いて設計するなどの工夫が必要である．

　有限要素等を用いた既設コンクリート部と巻立て部の界面におけるモデル化は，必要に応じて考慮するものとする．

　（4）について　既設部材は，経年劣化によるコンクリートのひび割れ，鋼材の腐食減肉等が発生している場合があり，その場合，部材剛性の低下，鋼材の断面積の減少等を材料のモデル化として考慮する必要がある．また，地震の影響による変動作用，車両や落石の衝突を受けた場合等により，かぶりコンクリートの剥落，ひび割れの発生，鋼材の座屈，部材の塑性化等の損傷を受ける．この場合も断面減少，部材剛性の低下等を考慮して適切に材料をモデル化する必要がある．

　一方で，劣化および損傷を受けた既設部材に対し，既設部材の残留変位の解消，かぶりコンクリートの復旧，コンクリートへのひび割れ注入，座屈した鉄筋に対する追加鋼材の配置等の補修を巻立て工法に先立ち行う場合もある．これらの補修の影響も考慮し，材料のモデル化を適切に行う必要がある．

6.2.3 構造解析

巻立て工法で補修・補強した構造物の構造解析は，共通編 6.2.3 によるものとする．

6.2.4 設計応答値の算定

巻立て工法で補修・補強した部材の設計応答値の算定は，共通編 6.2.4 によるものとする．

【解　説】　巻立て工法で補修・補強した部材の設計応答値の算定は，共通編 6.2.4 によるものとし，6.2.3 構造解析から得られる応答値を適切な方法で照査指標に変換して算定することとする．

6.3 耐久性の照査

巻立て工法により補修・補強した構造物の耐久性の照査は共通編 6.3 によるものとし，環境作用による鋼材の腐食，既設コンクリートおよび巻立て部のセメント系材料の劣化等の経時変化が生じない，または，生じても軽微な範囲に留めることを確認するものとする．

【解　説】　巻立て工法で補修・補強した構造物の耐久性の照査は，共通編により，環境作用による既設部および巻立て部の鋼材の腐食，既設部のコンクリートおよび巻立て部のセメント系材料の劣化等の経時変化が生じない，または，生じても軽微な範囲に留めることを確認する．

6.4 安全性に関する照査

6.4.1 一　般

巻立て工法により補修・補強した構造物の安全性に対する照査は，一般に，断面破壊に対する限界状態を設定して行うものとする．

6.4.2 断面破壊に対する照査

6.4.2.1 一　般

断面破壊に対する照査は，一般に，曲げモーメント，軸方向力，せん断力およびねじりに対して行うものとする．

セメント系材料を用いたコンクリート構造物の補修・補強指針　工法別編　巻立て工法　　143

6.4.2.2　曲げモーメントおよび軸方向力に対する照査

（1）　曲げモーメントおよび軸方向力に対する安全性の照査は，断面破壊の状態を適切に考慮して行う．

（2）　既設部と巻立て部が一体として，多層に補強材料が配置されたものとして断面耐力を算定してよい．

（3）　曲げモーメントおよび曲げモーメントと軸方向力を受ける部材の断面破壊の限界状態に対する照査等で耐力を算定する場合においては，コンクリートの応力－ひずみ曲線は，コンクリート標準示方書［設計編：標準］3編 2.4.2 のモデルを用いてよい．

（4）　巻立て部セメント系材料の応力－ひずみ曲線は，　4.4.1 によるものとする．

（5）　断面破壊の限界状態の照査等で耐力を算定する場合において，鋼材の応力－ひずみ関係は，コンクリート標準示方書［設計編：標準］3編 2.4.2 のモデルを用いてよい．

（6）　連続繊維補強材の応力－ひずみ曲線は，　4.4.2 によるものとする．

【解　説】　　（1）および（2）について　既設コンクリートと巻立て部が一体として挙動することが実験により確認されている工法，かつ適切に定着を考慮した場合は，既設部材と巻立て部が一体であるとして断面耐力を算定してもよい．また，補強材料端部においては，定着を考慮して，断面耐力を算定するものとする．

　橋脚基部の断面耐力の算定では，巻立て部の補強材料を橋脚基部に定着した場合のみ巻立て部の補強材料を考慮することができる．

　また，以下の仮定に基づいて設計断面耐力を算定するものとする．

・維ひずみは，断面の中立軸からの距離に比例する．

・セメント系材料の引張応力は無視する．

・巻立て部のセメント系材料の圧縮応力は考慮する．

　（3）について　劣化の生じていない既設コンクリートの応力－ひずみ曲線は，コンクリート標準示方書［設計編：標準］3編 2.4.2 のモデルを用いてよい．ただし，劣化が生じている既設コンクリートにおいては，適切に劣化の影響を考慮するものとする．巻立て部のコンクリートの物性が既設コンクリートと同等とみなせる場合は，既設コンクリートの応力－ひずみ曲線を仮定してもよい．

　（4）について　巻立て部のセメント系材料の応力－ひずみ曲線は，実験により確認されたものを用いることとする．しかし，セメント系材料の種類は多く，応力－ひずみ曲線が定式化されているものは少ないのが現状である．また，コンクリート以外のセメント系材料を使用する場合は，断面厚さを小さくできる工法が多く，断面に与える影響は小さい場合がある．断面破壊の限界状態の照査等で耐力を算定する場合において，断面に与える影響を考慮することとし，セメント系材料が既設コンクリートと同様とみなせる場合は，既設コンクリートの応力－ひずみ曲線を仮定してもよいとする．

　（5）について　既設部および巻立て部の鋼材の応力－ひずみ曲線は，コンクリート標準示方書［設計編：標準］3編 2.4.2 のモデルを用いてもよい．ただし，既設部の鋼材に腐食による減肉等がある場合には，その影響を適切に考慮するものとする．

　（6）について　連続繊維補強材の応力－ひずみ曲線は，JSCE-E 531「連続繊維補強材の引張試験方法（案）」により確認されたものを用いてよい．一般に，連続繊維補強材の応力－ひずみ曲線は破断まで線形であり，原点を通る線形な関係で定式化される．

6.4.2.3 せん断力に対する照査

（1） せん断力に対する安全性の照査は，断面破壊の状態を適切に考慮して行い，設計せん断耐力V_{yd}および腹部コンクリートの設計斜め圧縮破壊耐力V_{wcd}のそれぞれに対して行うことを原則とする．

（2） 巻立て部のせん断補強筋は，原則として既設部材全周に巻き立てられたせん断補強筋のみ考慮する．

（3） 設計せん断耐力V_{yd}は，以下の式（6.4.1）により求めてよい．

$$V_{yd} = V_{cd} + V_{sd} + V_{asd} \tag{6.4.1}$$

ここに，V_{cd} ：せん断補強鋼材を用いない棒部材の設計せん断耐力で，式（6.4.2）による．

$$V_{cd} = \beta_{dr} \cdot \beta_{pr} \cdot \left(f_{vcd} \cdot b_w + f_{avcd} \cdot b_{aw} \right) \cdot d_r / \gamma_b \tag{6.4.2}$$

$f_{vcd} = 0.20\sqrt[3]{f'_{cd}}$ （N/mm²）　　ただし，$f_{vcd} \leq 0.72$ （N/mm²）

$\beta_{dr} = \sqrt[4]{1000/d_r}$ （d_r：mm）　（ただし，$\beta_{dr} > 1.5$ となる場合は1.5とする．

$\beta_{pr} = \sqrt[3]{100 p_{vr}}$　　　　　　ただし，$\beta_{pr} > 1.5$ となる場合は1.5とする．

b_w ：既設コンクリートの腹部の幅（mm）

d_r ：補強後の有効高さで，コンクリートの圧縮縁から既設部と巻立て部の鉄筋コンクリート部材の引張鉄筋の図心までの距離（mm）

$p_{vr} = A_{sr} / \left\{ \left(b_w + b_{aw} \right) \cdot d_r \right\}$

A_{sr} ：引張側鋼材の断面積（mm²）

f'_{cd} ：既設コンクリートの設計圧縮強度（N/mm²）

f_{avcd} ：巻立て部セメント系材料の平均せん断強度（N/mm²）

b_{aw} ：巻立て部の腹部の幅（mm）

γ_b ：一般に 1.3 としてよい．

V_{sd} ：既設部材のせん断補強筋により受け持たれる設計せん断耐力で，式（6.4.3）による．

$$V_{sd} = \left\lfloor A_w f_{wyd} \left(\sin \alpha_s + \cos \alpha_s \right)/s_s \right\rfloor z_r / \gamma_b \tag{6.4.3}$$

A_w ：区間s_sにおけるせん断補強筋の総断面積（mm²）

f_{wyd} ：せん断補強筋の設計降伏強度で，$25 f'_{cd}$（N/mm²）と $800\,\text{N/mm}^2$ のいずれか小さい値を上限とする．

α_s ：せん断補強筋が部材軸となす角度

s_s ：せん断補強筋の配置間隔（mm）

z_r ：補強後の圧縮応力の合力の作用位置から引張鋼材図心までの距離で，一般に$d_r / 1.15$としてよい．

γ_b ：一般に 1.1 としてよい．

V_{asd} ：巻立て部のせん断補強筋により受け持たれる設計せん断耐力で，式（6.4.4）による．

$$V_{asd} = \left\lfloor A_{aw} f_{awyd} \left(\sin \alpha_{as} + \cos \alpha_{as} \right)/s_{as} \right\rfloor z_r / \gamma_b \tag{6.4.4}$$

A_{aw} ：巻立て部の区間s_{as}におけるせん断補強筋の総断面積（mm²）

f_{awyd} ：巻立て部のせん断補強筋の設計降伏強度で，$345\,\text{N/mm}^2$ を上限とする．

α_{as} ：巻立て部のせん断補強筋が部材軸となす角度

s_{as} ：巻立て部のせん断補強筋の配置間隔（mm）

γ_b ：一般に 1.1 としてよい．

(4) 腹部コンクリートのせん断に対する設計斜め圧縮破壊耐力 V_{wcd} は，以下の式 (6.4.5) により求めてよい．

$$V_{wcd} = f_{wcd} \cdot (b_w + b_{aw}) \cdot d_r / \gamma_b \tag{6.4.5}$$

ここに，$f_{wcd} = 1.25\sqrt{f'_{cd}}$　　ただし，$f_{wcd} \leq 9.8$　（N/mm²）

γ_b ：一般に 1.3 としてよい．

【解　説】　（1）について　コンクリート標準示方書［設計編：標準］3 編と同様に，単純支持および片持ち支持にモデル化される棒部材は，設計せん断耐力 V_{yd} および設計斜め圧縮破壊耐力 V_{wcd} のおのおのについて安全性を確かめるものとする．ただし，せん断スパン比の小さい場合は，コンクリート標準示方書［設計編：標準］（3 編 2.4.2）により，設計せん断圧縮破壊耐力 V_{dd} について安全性を確かめることとする．

（2）について　全周に巻き立てられていない巻立て部のせん断補強筋は，定着が不完全となり有効に機能しない場合がある．そのため，原則として既設部材全周に巻き立てられたせん断補強筋のみを考慮することとする．

（3）について　既設コンクリートと巻立て部が一体であることを前提に，棒部材の設計せん断耐力は，既設部と巻立て部のセメント系材料の分担力 V_{cd} と既設部のせん断補強鋼材の分担力 V_{sd}，巻立て部のせん断補強筋の分担力 V_{asd} の和で表すこととした．せん断補強鋼材を用いない棒部材の設計せん断耐力 V_{cd} は，既設コンクリートのせん断強度 f_{vcd} と巻立て部のセメント系材料の平均せん断強度 f_{avcd} から算定することとし，有効高さ d_r は既設部と巻立て部の補強筋の図心位置までとした．

巻立て工法における腹部の取り方は，巻立て部の巻立て厚さの 2 倍を腹部の幅とする．円形もしくは小判型の断面は矩形に換算して算出するものとする．

連続繊維補強材をせん断補強筋に用いる場合のせん断補強筋の分担力 V_{asd} は「連続繊維補強材を用いたコンクリート構造物の設計・施工指針（案）」6 章（6.3.4 式）により求めるものとし，そのヤング係数，有効ひずみを適切に評価する必要がある．

巻立て部のせん断補強筋の設計降伏強度 f_{awyd} の上限を 345 N/mm² とした．高強度鉄筋を用いる場合は実験等により確認するものとする．

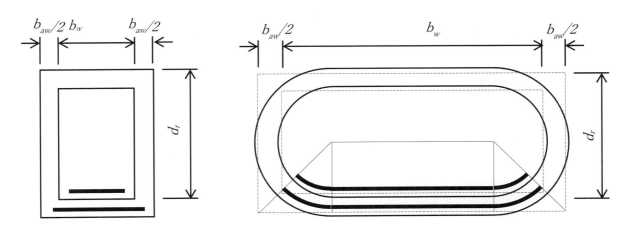

解説 図 6.4.1　巻立て工法における腹部の取り方

146　　C.L.150　セメント系材料を用いたコンクリート構造物の補修・補強指針

6.4.2.4　ねじりに対する照査

ねじりモーメントの作用が無視できない場合は，適切な方法によって安全性の検討を行うものとする．

【解　説】　ねじりモーメントの作用が大きく，構造物の安全性に対してその影響が無視できない場合は，コンクリート標準示方書［設計編：標準］3編2.4.4に準じてねじりに対する安全性の照査を行わなければならない．巻立て部のセメント系材料および補強材料の影響は，適切な解析や実験等によって確かめるのがよい．

6.5　使用性に関する照査

6.5.1　一　　般

巻立て工法により補修・補強した構造物の使用性に関する照査は，必要に応じて，外観に対する照査，振動に対する照査および変位・変形の照査を行うものとする．

6.5.2　外観に対する照査

巻立て工法により補修・補強した構造物の外観に対する照査は，共通編6.5.3によるものとする．

【解　説】　構造物が巻立て工法により補修・補強される場合，巻立て部は使用者の目に触れる度合いが多く，表面にひび割れや汚れが生じると使用者に不安感や不快感を与える場合がある．特に，巻立て部のセメント系材料は，温度ひび割れや既設構造物の拘束による収縮ひび割れが発生しやすい．ひび割れ幅やひび割れ本数が多い場合には，構造物に大きな影響を与えるとともに使用者に不安感を与える．したがって，ひび割れ幅を照査指標として，使用者の心理的な影響を考慮して外観上問題のない値になるようにする．

また，排水や糞害等による汚れも外観を損なう場合があるため，これらの要因に関しては別途適切な方法により検討するのがよい．

6.5.3　振動に対する照査

巻立て工法により補修・補強した構造物の振動に対する照査は，共通編6.5.4によるものとし，巻立て工法により補修・補強した構造物の振動により，構造物自体や周辺構造物の使用上の快適性が損なわれない事を適切な方法により確認するものとする．

【解　説】　既設構造物が巻立て工法により補修・補強される場合，構造物の剛性が増加するため，構造物の固有周期が変化する．これに伴って，変動荷重の周期と構造物の固有周期が近似する場合は，共振を起こし，使用者に不快感を抱かせる場合もある．また，こうした振動の影響が周辺の構造物，家屋におよぶ場合もある．このため，

セメント系材料を用いたコンクリート構造物の補修・補強指針　工法別編　巻立て工法　　147

巻立て工法による補修・補強によって，構造物の固有周期が大きく変化する場合には，これらの影響を適切な方法により確認しなければならない．

6.5.4　変位・変形の照査

変位・変形の照査は，巻立て工法により補修・補強した構造物に生じる変位・変形により使用上の快適性が損なわれないことを適切な方法により確認するものとする．

【解　説】　一般に巻立て工法の目的は，地震に対する耐力やじん性の向上であるため，通常の使用状態における構造物の変位・変形は小さくなる．したがって，通常の荷重作用に対する変位・変形の照査は省略してもよい．

構造物の供用期間中に発生する確率は低いが大きな強度を持つ大地震に対しては，ある程度の変位・変形は許容するが，供用期間中に発生する確率が高い中小規模の地震に対しては，大きな変位・変形が生じないことを適切な方法により確認しなければならない．

6.6　耐震性に関する照査

巻立て工法により補修・補強した部材の耐震性の照査は，あらかじめ耐震性能を設定し，その耐震性能に応じた損傷の限界値を設定して行う．

【解　説】　構造物の耐震性能の設定には，想定する地震の規模に応じた構造物の応答特性を考慮し，地震時の挙動に加え，構造物の損傷が人命や財産に与える影響と，二次災害防止活動に与える影響，震災後の地域の日常生活と経済活動に与える影響，復旧の難易度と工事費用を総合的に考慮し耐震性能1～3を設定する．ここで，耐震性能2は地震後に短時間で機能を回復でき，補強を必要とせず安全性・使用性を満足させることができる状態である．一方，耐震性能3は地震で構造物が修復不可能になったとしても，構造物全体系は崩壊しない状態であり，地震後の修復性について照査の対象としていない．

限界値は地形，地質，地盤条件，立地条件等を考慮し耐震性能に応じた値を設定する．耐震性能2の限界値は部材の降伏変位または降伏回転角を超えて終局変位または終局回転角に達するまでの間で設定する．具体的には巻立て部のかぶりコンクリートの剥落，軸方向鉄筋の座屈，帯鉄筋の変形した状態は一般の柱部材の場合，終局変位または終局回転角に近い変位で生じているため，通常の部材に関しては最大耐荷力付近を限界値にするのがよい．

6.7　構造細目

6.7.1　補強材料の配置および鉄筋のあき

補強材料の配置および鉄筋のあきは，セメント系材料と補強材との付着性，ひび割れ分散性ならびにセメント系材料の施工性を考慮して決定しなければならない．

【解　説】　鉄筋の場合，コンクリート標準示方書［設計編：標準］7編2.2鉄筋のあきを満足することにより，付着力を発揮できるとしてよい．一方で，補強材料の配置間隔を大きくすることで，セメント系材料のひび割れ分散性が低下する可能性がある．ひび割れ分散性を考慮した場合は，鉄筋径に依存するものの，補強材料の配置間隔は200mm～300mm以下にとどめるとよい．　FRPグリッドの場合200mm以下とする方がよい．

　また，セメント系材料の種類により，打込み，吹付け，左官等の施工方法，骨材寸法が異なる．施工により鉄筋の周りにジャンカ，巣穴が形成されず，所定の付着力が発揮されるように，補強材料の配置，鉄筋のあきを決定するものとする．

6.7.2　補強材料のかぶりおよび巻立て厚さ

　巻立て部の補強材料のかぶりおよび巻立て厚さは，施工性を考慮し，補修・補強した構造物の性能を確保できる寸法としなければならない．

【解　説】　コンクリート巻立て工法の場合の鉄筋のかぶりは，コンクリート標準示方書［設計編：標準］7編に準じ，付着性，耐久性を考慮したかぶりに施工誤差を加えた最小値とする．一般に，付着性を考慮した場合，巻立てコンクリート厚さは250mm以上である．しかし，耐久性の照査により決定される場合が多く，塩害環境の厳しい構造物では他の構造物に比べてかぶりが大きくなる傾向にある．かぶりを大きくした場合，鉄筋のはらみ出しが防止され，変形性能が増加する場合がある一方で，かぶりコンクリートが剥落しやすく，急激に耐力が低下する場合がある．そのため，耐震性に関しては，部材厚に対してかぶりが過大にならないようにすることが重要である．

　ポリマーセメントモルタル等のセメント系材料では，コンクリートに比べて引張強度が高く，補強材料の定着性能や継手性能を薄いかぶり厚さで発揮できるものもある．また，コンクリートと比べ水密性が高く，塩化物イオンの拡散係数が小さく中性化の進行速度も遅いなどの特性を持つものが多く，かぶりを補強材料の直径以上とする例が多い．ただし，厳しい塩害環境，耐火性が要求される箇所では注意が必要である．使用材料により特性が異なるため，種類を考慮して決定する必要がある．

　連続繊維補強材は，耐腐食性が高くかぶりを薄くすることが可能である．付着性を考慮して，実験により必要なかぶりを確認する必要がある．FRPグリッドの場合のかぶりは10mm以上，もしくはFRPグリッドの設計厚さ以上とする例がある．

6.7.3　横方向補強材の継手

（1）　横方向補強材に鉄筋を用いる場合の継手は，鉄筋を直接接合する継手を用いることとし，原則として重ね継手を用いてはならない．

（2）横方向補強材に連続繊維補強材を用いる場合の継手は，実験等の適切な方法により性能が確認された方法を用いなければならない．

【解　説】　（1）について　巻立て部のコンクリート断面の厚さを考慮するとフックをつけて定着することは難しく，継手が発生することとなる．帯鉄筋に重ね継手を設けた場合，部材の大変形時にかぶりコンクリートが剥落

して，十分な継手強度を発揮しない場合がある．そのため，帯鉄筋の継手は，直接接合する継手を用いることとする．一般的に，フレア溶接が用いられ，継手長さは鉄筋径の10倍である．

（2）について　連続繊維補強材等の継手はさまざまな検討が行われているため，実験により確認された方法を用いることとする．

連続繊維補強材としてFRPグリッドを用いて矩形断面，円形断面の橋脚を補強する場合は，事前にコの字型，半円形状のFRPグリッドを成形し，平面部で重ね継手を用いられることが多い．重ね継ぎ手を用いる場合，橋脚基部等の塑性ヒンジとなる箇所では鉄筋同様にかぶりコンクリートの剥落により，十分な継手強度を発揮しない場合がある．そのため，橋脚の基部等の塑性化が生じる範囲の継手は，実験等により性能が確認された構造，長さ配置としなければならない．

6.7.4　軸方向鉄筋のフーチングへの定着

軸方向鉄筋のフーチングへの定着に用いるあと施工アンカーは，軸方向鉄筋の降伏強度を確保できる定着方法としなければならない．

【解　説】　一般的に，アンカー中心間隔は300mmであり，250〜500mm程度を目安とし，フーチング上面の主鉄筋を避けて配置する．アンカー注入材は，エポキシ樹脂と無収縮モルタルが用いられる．最小定着長は注入材の種類により異なるため，試験により確認された値を採用する必要がある．

最小定着長の例を挙げるとエポキシ樹脂の場合，鉄筋径の20倍とされ，無収縮モルタルの場合，コンクリート標準示方書［設計編：標準］7編2.5.3　式（2.5.1）が用いられる．定着長が短くなるエポキシ樹脂を標準とする場合が多い．

$$L = \alpha \frac{f_{yd}}{4 f_{bod}} \phi \qquad\qquad (\text{解 } 6.7.1)$$

ここに，　ϕ　：鉄筋の直径

　　　　　f_{yd}　：鉄筋の設計引張降伏強度

　　　　　f_{bod}　：コンクリートの設計付着強度で，γ_c は1.3として，コンクリート標準示方書［設計編：標準］式（解5.2.2）の f_{bok} より求めてよい．ただし，$f_{bod} \leq 3.2$（N/mm²）

一般的に，削孔径は鉄筋直径に10mmを加えた値である．

6.7.5　中間貫通補強材

既設部材の辺長比を考慮して，必要に応じて中間貫通補強材を配置するものとする．

【解　説】　中間貫通補強材は，巻立てコンクリート部の拘束効果を高め，補修・補強後の部材のじん性を向上させるために配置する．一般に，躯体の断面寸法の辺長比が1:3を超える橋脚の補強については，中間貫通補強材を配置するのがよい．

コンクリート巻立て工法の中間貫通補強材の配置間隔は，水平方向には補修・補強後の橋軸方向の断面幅以内，高さ方向には300mm程度とすることが標準的である．また，中間貫通補強材に鉄筋を用いる場合はフックを設けて定着することが原則となる．また鉄筋の使用が難しい場合は，PC鋼棒と形鋼を使用しボルトで定着する構造，連続繊維補強材のアラミドFRPロッドを使用し，緊張力を導入することも考えられる．

7章 施　工

7.1 一　般

（1）巻立て工法による補修・補強の施工は，共通編7章およびこの章に従って行うことを原則とする．
（2）巻立て工法の施工に関して十分な知識および経験を有する技術者を現場に配置し，その指揮の下で施工しなければならない．

【解　説】　（1）について　巻立て工法は，コンクリート巻立て工法とモルタル巻立て工法に大別され，モルタル巻立て工法には吹付け施工と左官施工がある．また，吹付け施工には湿式工法と乾式工法とがある．巻立て工法の施工の手順の例を解説 図7.1.1に示す．ここでは，構造物に要求される性能が満足されるように適切な設計が行われていることを前提として，設計図書に示された補修・補強した構造物を巻立て工法により構築するために必要な事項を示す．巻立て工法により補修・補強を行う既設構造物の置かれている環境や損傷状況を十分に調査・把握し，設計図書に基づいて施工計画を立案し，この施工計画に従って，適切に品質を管理しながら巻立て部を構築し，補修・補強した構造物が設計図書どおり構築されていることを検査することを原則とする．また，施工後の維持管理が適切に行えるよう，施工記録を適切に保管しなければならない．

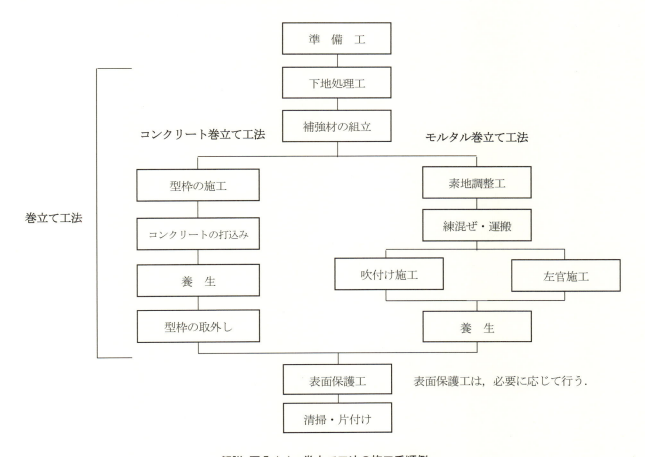

解説 図7.1.1　巻立て工法の施工手順例

（2）について　一般に，施工の良否は施工者の経験や資質等の人的要因に起因する場合がある．このため，巻立て工法の施工に関して十分な知識および経験を有する技術者の指示のもとで施工を実施するものとする．特に，巻立て工法の施工の中で，モルタルの吹付けの施工技術は，その品質確保に重要である．そのため，各関係団体等で実施されている吹付け監理技術者認定制度等による資格を有する技術者および認定を受けた吹付け技能者を配置することが望ましい．

7.2　事前調査および施工計画

（1）　施工に先立ち事前調査を行い，巻立て工法で補強を行う既設構造物の状況を把握するものとする．

（2）　設計図書に示された補修・補強した構造物を構築するために，施工条件および環境条件を考慮して適切な施工計画を立案し，施工計画書を作成しなければならない．

（3）　施工計画の立案にあたっては，具体的な作業方法とそれらを確実に実施するための管理方法を検討しなければならない．

【解　説】　（1）について　事前調査では，既設構造物の設計図書を調査し，必要に応じコンクリート強度，配筋状況等を現地において確認する．また，既設部材のひび割れ状況，遊離石灰と錆汁の有無，鉄筋の腐食状況，コンクリートの浮きや剥離等の損傷の程度を把握し，必要に応じて，巻立て工法の施工に先だってひび割れ注入や劣化部の除去および断面修復等の対策を実施しなければならない．事前調査および対策は，コンクリート標準示方書［維持管理編］によるものとする．

　（2）について　補修・補強の設計で定めた諸性能（安全性，使用性，耐震性，耐久性等）を有する補修・補強した構造物を構築するためには，適切な施工計画を立案しその施工計画に従って確実に施工を行うことが必要である．巻立て工法による補修・補強を行う場合，既設構造物の配置や利用状況等の現場条件や施工現場の環境条件が施工の確実性や安全性に大きく影響する．したがって，事前調査の結果を反映させ現場条件に応じた適切な施工計画を立案する必要がある．施工計画の立案にあたっては，事前調査の結果を反映させ，品質の確保，作業の安全性，経済性，工期ならびに環境負荷を総合的に考慮し施工計画書を作成する．

　施工計画の立案にあたっては，以下のことに配慮しなければならない．

- 作業可能な時間帯を考慮した無理のない工程計画とすること
- 十分な作業空間が確保されること
- 品質の確認された材料を必要数量確保すること
- 必要な能力と十分な経験を有する施工者を従事させること

さらに，安全に施工するため，以下のことに配慮する必要がある．

- 施工者の安全確保のための方策を示すこと
- 第三者の安全確保のための方策を示すこと
- 添加物等の関連施設の破損防止策を示すこと
- 万一事故が発生した場合，速やかに対処できる体制を確立しておくこと
- 廃棄物の処理方法を示すこと

　（3）について　巻立て工法の施工手順は以下の通りである．施工計画を立案する場合には各作業工程での具体的な作業方法と管理方法を明記しなければならない．

セメント系材料を用いたコンクリート構造物の補修・補強指針　工法別編　巻立て工法　153

【コンクリート巻立て工法の場合】

① 下地処理工

② 補強材の組立

③ 型枠の施工

④ コンクリートの打込み

⑤ 養生

⑥ 型枠の取外し

【モルタル巻立て工法の場合】

① 下地処理工

② 補強材の組立

③ 素地調整工

④ モルタル材料の貯蔵・練混ぜ・運搬

⑤ モルタルの巻立て工法（吹付け施工（湿式・乾式）・左官施工）

⑥ 養生

　また，施工現場の作業環境や作業時間等の制約を考慮して，施工項目に対応した工程と設計上の要求性能を確保するために品質管理方法を明示する必要がある．工事の途中で施工の変更が必要になった場合は，工事の要件および構造物の要求性能等を満足するように，施工計画の変更を行わなければならない．施工計画を変更した場合には，施工計画書の修正を行わなければならない．

7.3　下地処理工

　巻立て工法における下地処理は，既設コンクリートと巻立て部が一体となるよう既設部材表面の油脂等の汚れや脆弱層を取り除かなければならない．また，有害なひび割れ，浮き，剥離や漏水は適切に処理しなければならない．

【解　説】　下地処理は，ウォータージェット工法やバキュームブラスト工法，サンドブラスト工法，チッピング工法等によることを原則として実施し，油脂等の汚れや脆弱層，セメントペーストの除去を行い，健全面を露出（目荒し）させる．また，既設部材面にジャンカ等の施工不良，著しい劣化，ひび割れや漏水等がある場合には，断面修復，ひび割れ注入や漏水対策等適切な方法を用いて既設部材を補修しなければならない．

7.4　補強材料の取付け工

（1）　巻立て工法に用いる補強材料は，所定の位置に正確に配置しなければならない．

（2）　モルタル巻立て工法に用いる補強材料は，コンクリートアンカー等を用いて既設部材に確実に固定しなければならない．

（3）　補強材料の継手の位置および方法は，原則として設計図書に従わなければならない．

（4）　中間貫通補強材を用いる場合は，設計図書に従って所定の位置に既設部材中の鋼材を傷つけないように配

154 C.L.150 セメント系材料を用いたコンクリート構造物の補修・補強指針

置しなければならない.

【解 説】 （1）について 補強材料は，設計で定められた正しい寸法および形状を持つように，材質を害さない適切な方法で加工し，設計図書で示された所定の位置に正確に組み立てなければならない．また，塩害環境でエポキシ樹脂塗装鉄筋を使用する場合には，組立時にエポキシ樹脂塗装を傷めないよう十分注意しなければならない．なお，コンクリート巻立て工法の場合は，コンクリート標準示方書［施工編：施工標準］10 章に準ずるものとする．

（2）について モルタル巻立て工法に用いる補強材料の取付けは，既設部材と補強材料の間に隙間が生じないよう，各補強材料に適した固定金具等を用いて確実に固定するものとする．また，補強材料を既設部材表面に設けた溝内に埋設し接着剤を用いて固定する方法もある．

（3）について 補強材料の継手の方法は，補強材料の種類，断面寸法，応力状態，継手位置，継手に要求される性能等に応じて適切なものを選定しなければならない．このため，設計段階では，それらを十分に考慮し，設計図書に継手の位置と方法を定めている．したがって，継手の位置と方法は原則として設計図書に従わなければならない．施工段階において，設計図書に示されていない補強材料の継手を設ける必要が生じた場合には，6.7 構造細目およびコンクリート標準示方書［設計編：標準］5 編 8.5 およびコンクリート標準示方書［設計編：標準］7 編 2.6 に従うものとする．

（4）について 中間貫通鋼材は，鉄筋，PC 鋼材が一般的に使用されている．また，連続繊維補強材に緊張力を導入してコンクリートにプレストレスを導入する場合もある．中間貫通補強材を配置するためコアボーリング等により既設部材を削孔する場合は，既設鉄筋を傷めないよう事前にレーダ探査で鉄筋位置を確認して削孔しなければならない．

7.5 コンクリート巻立て工法の施工

コンクリート巻立て工法の型枠の施工・コンクリートの打込み・養生・型枠の取外しは，コンクリート標準示方書［施工編］に準じて適切な方法で施工しなければならない．

【解 説】 コンクリート巻立て工法の型枠の施工・コンクリートの打込み・養生・型枠の取外しは，通常の鉄筋コンクリート構造物の施工と同様であるため，コンクリート標準示方書［施工編］に準じて適切な方法で施工しなければならない．構造上，巻き立てられたコンクリートはひび割れが生じやすいため，適切な配合設計を検討しなければならない．また，コンクリートの打込み直前に，コンクリート中の水分の既設部材への吸収による硬化不良を防ぐため，既設部材へ十分な散水を実施しなければならない．

7.6 モルタル巻立て工法の施工

7.6.1 素地調整工

素地調整工は，使用するモルタル材料に適した接合材料を選定し，施工しなければならない．

セメント系材料を用いたコンクリート構造物の補修・補強指針　工法別編　巻立て工法　　155

【解　説】　モルタル巻立て工法に用いるモルタルは，その製品ごとに素地調整工として専用の接合材料が定められていることが多い．使用するモルタルに適した素地調整工を選択することで所定の付着強度を得ることができる．よって，製品ごとの接合材料の可使時間や打継時間に十分注意して素地調整をしなければならない．

7.6.2　モルタルの貯蔵・練混ぜ・運搬

（1）　モルタル材料の貯蔵は，コンクリート標準示方書［施工編］によるものとする．

（2）　モルタルの練混ぜは，材料ごとに定められた所定の配合を用い，定められた材料の投入順序，ミキサ能力，および練混ぜ時間で行わなければならない．

（3）　モルタルの運搬は，品質と運搬量を確保できる方法を選択しなければならない．

【解　説】　（1）について　モルタル材料は，コンクリート標準示方書［施工編：施工標準］5.2.1貯蔵設備に従って適切に貯蔵しなければならない．また，モルタルの混和剤として液体エマルションを使用する場合は，凍結しないよう貯蔵しなければならない．液体エマルションは，凍結すると材料特性が変化するので，凍結した場合にはこれを使用してはならない．

　（2）について　一般にモルタルの配合は，所定の性能に対し材料ごとに定められている．したがって，使用するモルタルごとに定められた配合を用いなければならない．モルタル巻立てに使用するモルタルは，材料投入順序，ミキサ能力，練混ぜ時間等，定められた手順と異なる方法を行うと，流動性状，吹付け性状，強度発現等に影響を及ぼす場合がある．このことからモルタルの練混ぜを行う場合，使用するモルタルごとの定められた練混ぜ方法を実施し，適切な機具を使用しなければならない．

　（3）について　モルタルの運搬にあたっては，巻立て施工の方法や選定したモルタルに適したポンプ容量，配管径，配管長および吹付け機械を選定し施工しなければならない．

7.6.3　モルタルの巻立て

（1）　モルタル巻立ての施工は，材料ごとに定められた施工方法に従って実施しなければならない．

（2）　巻立て厚さが大きい場合，巻立て厚さに応じて，適切な層数に分けて施工しなければならない．

（3）　吹付け施工の表面仕上げは，仕上げ面まで吹き付け，コテ押さえにて表面を平滑に仕上げなければならない．

（4）　夏期および冬期の施工は，コンクリート標準示方書［施工編：施工標準］に準拠して行うもとする．

【解　説】　（1）について　使用するモルタルによっては素地調整に接合材料を使用せず，モルタルから既設部材面への吸水（ドライアウト）を防止することを目的とした散水処理を行う場合がある．この場合は，既設部材表面に十分に吸水（プレウェッティング）させた後，モルタル巻立てを行わなければならない．また，モルタル巻立ての施工を湿式工法で行う場合は，モルタルを吹付け位置まで圧送し，既設部材に所定量の吹付けを行うことから，モルタルは所定の流動性を有する必要がある．そのため，吹付け前にコンシステンシー試験等を実施し，流動性を確認する必要がある．流動性を確認する試験方法として，Jロート試験，モルタルフロー試験，ミニスランプ試験，

最大せん断力試験等がある．また，使用するモルタルの性状によっては，吹付け施工が困難な場合，施工数量が少ない場合や吹付け設備の設置が困難な場合には人力による左官施工を行う場合がある．左官施工の場合は，補強材と既設部材の間にモルタルが確実に充填されるよう入念にコテ押さえしなければならない．

（2）について　吹付け工法や吹き付ける方向によって一層の施工可能な吹付け厚さが異なる．一般に横向きに吹き付ける場合の最大施工可能厚さは，湿式工法の場合50mm程度，乾式工法の場合200mm程度である．上向き施工の場合は，湿式工法では30mm程度，乾式工法では100mm程度である．よって，施工可能な厚さを超える場合は，多層に積層して施工しなければならない．一般的には，モルタルの充填性から補強材料高さまで1層にて吹き付け，1層目のモルタルの硬化後にかぶり部分を吹き付けるのがよい．層間の打継面の処理が適切に行われないと将来的に剥離の原因となることがある．したがって，モルタル片の剥落が生じないように層間の打継面の処理を適切に行わなければならない．一般的には，素地調整工で使用した接合材料を使用するが，打継面が湿潤な場合には接合材料を使用せずにそのまま打ち継ぐ場合もある．

（3）について　吹付け施工を湿式工法で行う場合の表面仕上げは，表面まで吹き付けた後，人力コテ押さえにより表面の平滑化を図る．ただし，乾式工法の場合は，モルタルの硬化が早いため仕上げ範囲の面積を調整し，速やかに仕上げなければならない．

（4）について　施工時は，施工場所に設置した温度計で温度管理を行いコンクリート標準示方書［施工編：施工標準］に準拠して，冬期は日平均気温が5℃以上であること，夏期には日平均気温が25℃以下であることを確認し施工する．これらの温度を外れる場合には，コンクリート標準示方書［施工編：施工標準］（12章　寒中コンクリート，13章　暑中コンクリート）に準拠し，施工を行うものとする．

7.6.4　養　生

巻き立てたモルタルが急激な温度変化や乾燥等の有害な作用の影響を受けないように養生を行わなければならない．

【解　説】　巻き立てたモルタルは，所定の強度が発現するまで適切に養生しなければならない．巻立て完了後の急激な温度変化や特に冬季の風の吹き込み，直射日光は表面が急激に乾燥し，プラスティックひび割れや乾燥収縮ひび割れが生じやすい．そのため，これらの施工箇所ではひび割れが発生しないよう十分注意し，必要に応じてミスト養生や被膜養生等による適切な養生を施す必要がある．

7.7　表面保護工

巻立て部の施工完了後，必要に応じて表面保護工を実施するものとする．

【解　説】　現場環境によっては，中性化・塩害対策として，また，流木等による損傷対策として表面保護工を行う場合がある．表面保護工を行う場合には，コンクリートライブラリー119「表面保護工法　設計施工指針(案)」に準じて適切に施工するのがよい．

セメント系材料を用いたコンクリート構造物の補修・補強指針　工法別編　巻立て工法　157

7.8　品質管理

　巻立て工法により補修・補強した構造物が所要の品質を有することを確認できるよう，施工の各段階で設定した項目に対して適切な方法で品質管理を行わなければならない．

【解　説】　巻立て工法の施工では，工程管理，品質管理，安全管理が重要である．これらのうち，品質管理は，目的に合致した巻立て補強を行うために，施工のあらゆる段階で行う品質確保のための行為である．品質管理は補強材の品質管理のほかに，モルタル巻立て工法では，モルタルの練混ぜ時の管理，配合管理，強度管理を実施しなければならない．また，コンクリート巻立て工法の場合のコンクリートの品質管理は，コンクリート標準示方書［施工編：施工標準］（15 章　品質管理）に準じて適切な方法で品質管理しなければならない．

① 補強材料の品質管理

　補強材料として JIS 鉄筋を用いる場合は，工場生産時の品質記録により性状を確認する．FRP グリッドは，工場生産時の品質記録により引張強度およびヤング係数を確認するものとする．

② 練混ぜ時の管理

　モルタルの練混ぜにおいては，製造期間中にミキサ，ポンプ，コンプレッサ等が正常に稼働するよう管理しなければならない．

③ 配合管理

　モルタルは，所定配合を適切な練混ぜ方法にて行うことにより，所要の流動性，ポンプ圧送性，厚付け性，および良好な強度発現が得られる．モルタルの硬化前の性状は外気温等の環境により若干変化する．このことから練混ぜを開始する時点（午前，午後）および配合変更時に配合および流動性状，練混ぜ時の温度，外気温等を確認し，硬化前の品質を管理するとよい．

④ 強度管理

　モルタル材料は搬入前に工場生産時の品質記録により品質を確認し，現場ではモルタルの圧縮強度，付着強度を適切な施工数量ごとに確認する．

7.9　検　査

　巻立て工法により施工された構造物の検査は，検査計画に基づき，構造物の発注者の責任の下に実施することを標準とする．

【解　説】　コンクリート巻立て工法の場合は，コンクリート標準示方書［施工編：検査標準］（7 章　施工の検査，8 章　コンクリート構造物の検査，9 章　検査記録）に準じて適正な方法で検査しなければならない．モルタル巻立て工法も基本的には同様であるが，巻立て厚がコンクリート巻立て工法の 5 分の 1 程度であるため巻立て厚さの検査は重要である．特に，かぶり厚が小さいため適切に確保できているか検査で確認しなければならない．

8 章 記 録

　巻立て工法による補修・補強に関する調査，設計，性能照査，施工および使用材料，品質管理等の記録は，共通編 8 章に基づき行うものとする．

【解　説】　巻立て工法による補修・補強に関する調査，設計，性能照査，施工および使用材料，品質管理等の記録は，共通編 8 章に従うことを原則とする．巻立て工法による補修・補強では地震力による損傷が生じた構造物を対象とする場合がある．このような場合には，既設構造物にせん断方向のひび割れの発生や塑性ヒンジ部のかぶりコンクリートの剥落，軸方向鉄筋の座屈等，環境劣化と比較して損傷が著しい場合もある．そのため地震力による損傷が生じた構造物の補修・補強を巻立て工法により行う場合には，補修・補強前の既設構造物の損傷状況とその処理方法についても記録を保管し維持することが重要である．

9章　維持管理

巻立て工法により補修・補強した構造物の維持管理は，共通編9章に基づき行うものとする．

【解　説】　巻立て工法により補修・補強した構造物の維持管理は，共通編9章に従って行うことを原則とする．巻立て工法により補修・補強された橋脚のような構造物は，河川内や海浜部に隣接しているように腐食環境の厳しい場所に設置されている場合がある．このような場合には，所要の耐久性を維持するためにコンクリート表面保護工等の対策が必要となることがあり，コンクリート表面保護工は定期的に塗替え等の処置が必要となることが一般的である．そのため補修・補強後の供用期間中に耐久性を維持するために必要となる処置と時期に関する基本的な方針を取り入れて維持管理計画を策定するとよい．

河川内の構造物では，洪水時に流木等が衝突し，巻き立てたコンクリートまたはモルタルのかぶり部分が損傷する場合がある．そのため洪水の後には点検を実施し，損傷がある場合には適切な処置を行うものとする．

付属資料　上面増厚工法編

付属資料　上面増厚工法編　　　　　161

1．上面増厚工法の発展

　昭和 40 年(1965 年)代前後から，道路橋 RC 床版の抜け落ちなどの損傷劣化が社会問題となった．損傷機構の解明に関する研究が進められ，輪荷重の走行による疲労が原因であることが明らかにされた[1]．この研究の進捗とともに，設計曲げモーメントの増大，床版厚の増加，鉄筋の許容応力度の引き下げ，配力鉄筋量の増加など，設計基準が見直されてきた[1]．このような設計基準の改定と並行して，上面増厚工法，下面増厚工法，鋼板接着工法など種々の床版補強工法が開発された[1]．

　ここでは上面増厚工法に注目して，工法の発展の過程を概観する．上面増厚工法に関する最初の基準類としては，平成 5 年(1993 年)に日本道路公団東京第一管理局(当時)より発刊された「床版上面増厚工法マニュアル」がある[2]．これは，昭和 63 年(1988 年)の東名高速道路集中工事の中でせん断補強効果が大きいとの判断のもとに上面増厚工法が採用され，その後の 5 年間の施工実績と今後の展望を見据えて発刊されたものであった．また，平成 5 年(1993 年)11 月に交通量の増大と車両の大型化に対応するため設計活荷重が引き上げられてからは，橋梁全体の補強を目的とした鉄筋補強上面増厚工法も開発され，実用化に至っている．このような状況を踏まえ，平成 7 年(1995 年)に高速道路調査協会より鉄筋補強上面増厚工法を追加した形で，「上面増厚工法設計施工マニュアル」が発刊された[3]．

　1992 年，松井らは輪荷重走行試験機を用いて床版上面増厚工法の有効性を明らかにしている[4]．引き続いて疲労荷重下における増厚部コンクリート(鋼繊維補強コンクリート：SFRC)の疲労データの蓄積が行われ，疲労ひび割れの進展データから使用限界疲労寿命の評価を行う研究が行われている[5][6][7]．

　上面増厚工法に用いられるセメント系材料としては，「上面増厚工法設計施工マニュアル」では超速硬セメントと鋼繊維を組み合わせた SFRC を対象としている[3]．SFRC 以外の増厚材料としては，水越らは SFRC と同等の性能を有する炭素繊維補強コンクリート(CFRC) を開発し[8]，その曲げ疲労寿命を評価した後[9]，CFRC を用いた上面増厚した床版が SFRC を用いた場合と同等の疲労抵抗性を有していることを輪荷重走行試験により確認している[10]．1999 年頃から澤田，堤下らにより，メタクリル酸メチル(MMA)樹脂コンクリートの上面増厚材料としての適用性が検討され，MMA 樹脂の大きな硬化収縮ひずみを考慮した場合，RC 床版の支間長の適用制限が必要であるが，十分補強設計が成立すると思われるとの報告がなされている[11][12]．2014 年にも大西らにより，強度や弾性係数を変化させた MMA 樹脂コンクリートを上面増厚材料に用いた場合の曲げ補強効果が検討されている[13]．また，2004 年には，鋼床版の上面増厚工法に高靭性セメント複合材料を用いた場合の補強効果の報告[14]，2007 年には都市内高速において上面増厚の厚さが 40mm 程度と薄くなるケースに対して，収縮ひび割れの抑制を目的に膨張性超速硬コンクリートを適用するための研究報告[15]がなされている．さらに 2008 年には，超速硬セメントや鋼繊維混入によるワーカビリティーの低下を改善するために，繊維無混入の超早強コンクリートで上面増厚工事の試験施工が行われている[16]．

　上面増厚工法は広く適用されてきたが，一部の道路橋 RC 床版において再劣化を生じた例も確認され始めた[17]．2007 年に稲葉らは，劣化により撤去された増厚床版の静的試験を行い，耐荷力により，その劣化原因・過程・メカニズムを評価した結果，既設床版と増厚部との付着の影響を大きく受けることを確認した[18]．2010 年に横山らは，既設床版と増厚部との界面の剥離は横せん断応力により助長され，その応力の値は防水層で設定されている規格値を超過しており，剥離の可能性を報告している[19]．2010 年に長谷らは，SFRC 上面増厚層の数年経過後の早期劣化は施工目地部を起点として発生しており，この付近ではショットブラストの投射ができずに付着の低下やバラツキが大きいことに起因しているとし，さらに既設床版に貫通ひび割れが存在する場

合に増厚界面の剥離が生じやすいことを報告している[20].

　これらの再劣化に対する対策として，2009年に木田らは，SFRCの増厚部材と既設部材との界面にエポキシ系接着剤を使用したRC床版の輪荷重走行試験を行い，耐疲労性の向上を確認している[21]. 増厚部材と既設部材との界面へのエポキシ系接着剤の使用効果については，2010年に和田ら[22]により，2011年には松本ら[23]，2012年に伊藤ら[24]よっても確認されている．また，2011年には上面増厚工法で補強した床版の小規模な再劣化対策として，樹脂注入補修を行った床版の追跡調査が行われており，樹脂注入後7年経過後も劣化の進行程度は大きくないことが報告されている[25]. これよりも大規模な再劣化対策である部分打換工法については，2013年に伊藤らにより，部分打換工法に接着剤塗布型SFRC上面増厚工法を併用することにより，耐疲労性が向上することが確認されている[26]. さらに，2014年に神田，鈴木らは，再劣化した既設床版部と上面増厚部との境界部の水平ひび割れをウォータージェットで洗浄した後，水硬化型接着剤を注入して再一体化する補修工法を開発し，振動および疲労に対する効果を確認している[27] [28].

　上面増厚工法を道路橋RC床版に適用した場合の移動荷重による押抜きせん断疲労耐力に対する照査方法に関する研究動向は以下のようである．木村らは，接着剤を使用せずに上面増厚した床版に対して梁状化した床版の静的押抜きせん断耐力式を用い，輪荷重走行試験より得られた乾燥状態および水張り状態の疲労耐力評価式[29]を用いることにより上面増厚床版の疲労耐力の推定を試みている[4]. ここでは，実験結果から最終のせん断破壊直前まで増厚部にはひび割れが発生せず，増厚部は全断面が有効であると考えている．つまり，既設部と増厚部は一体化している．また，鋼繊維がひび割れの進展を抑制するため中立軸深さを増厚深さとし，せん断力に対して抵抗する増厚部のせん断強度にはセメント系材料の材料特性を用い，ダウエル力に対して抵抗する既設部の引張強度には，既設コンクリートの材料特性を用いることにより押抜きせん断耐力を算定し，既往の無補強床版のS-N曲線式[29]にあてはめることにより，上面増厚床版の疲労寿命を推定できるようであるとしている[4].

　阿部らは，実橋の1/2モデルの昭和39年および昭和43年の道路橋示方書により設計した2種類の床版を用いて，SFRCで上面増厚した場合の再補修時期を検討している[30]. この結果，接着剤を使用したSFRC上面増厚床版では疲労抵抗性が向上することが確認されている[30]. 長谷らは，床版の上面劣化部分を既設の上段鉄筋の下側までコンクリートを除去し，PVA繊維補強コンクリートで上面増厚した床版の輪荷重走行試験により効果を確認するとともに，松井式を基本とする阿部式による寿命推定を行い押抜きせん断疲労耐力の評価は可能であるとしている[31].

　近年，道路橋床版の三次元非線形有限要素解析を用いた疲労損傷解析[32]や配力鉄筋の影響を考慮した疲労寿命予測式も検討されている[33].

【参考文献】

1)　松井繁之：道路橋床版；森北出版株式会社，2007年10月

2)　日本道路公団東京第一管理局：床版上面増厚工法マニュアル，1993年

3)　高速道路調査協会：上面増厚工法設計施工マニュアル，1995年

4)　松井繁之，木村元哉，蓑毛勉：増厚工法によるRC床版補強の耐久性評価：構造工学論文集，Vol. 38A, pp. 1085-1096, 1992年

5)　水越睦視，島内洋年，鹿熊文博，松井繁之；鋼繊維補強コンクリートの曲げ疲労特性：コンクリート工学年次論文報告集，Vol. 16, No. 1, pp. 1055-1060, 1994年

6) 水越睦視，松井繁之，東山浩士，内田美生；SFRC の曲げ疲労ひび割れ進展寿命：コンクリート工学年次論文報告集，Vol. 23，No. 3，pp. 139-134，2001 年

7) 水越睦視，東山浩士，大西弘志，松井繁之：負曲げモーメントに対する上面増厚床版の疲労耐久性照査 SFRC の曲げ疲労ひび割れ進展寿命，コンクリート工学年次論文集，Vol. 23，No. 3，pp. 139-134，2001 年

8) 水越睦視，松井繁之，東山浩士，手塚光晴，内田美生，粟田満：コンクリート短繊維 CF の開発と CFRC の基礎的性状，構造工学論文集，Vol. 44A，pp. 81-92，1998 年

9) 水越睦視，松井繁之，東山浩士，手塚光晴：CFRC の曲げ疲労寿命の評価，コンクリート工学年次論文集，Vol. 23，No. 3，pp. 139-144，2001 年

10) 水越睦視，松井繁之，手塚光晴，東山浩士，青木真材：各種コンクリートで上面増厚補強された RC 床版の疲労耐久性，土木学会第二回道路橋床版シンポジウム講演論文集，Vol. 17，No. 2，pp. 67-74，2000 年

11) 澤田友治，堤下隆司，栗田章光，徳岡文明：RC 床版の上面増厚補強に用いられる MMA 樹脂コンクリートの硬化収縮応力とクリープ係数の評価，構造工学論文集，Vol. 45A，pp. 1165-1174，1999 年

12) 堤下隆司，栗田章光，徳岡文明，岡田裕行：RC 床版の上面増厚補強に用いられる MMA 樹脂コンクリートの設計法に関する研究，構造工学論文集，Vol. 46A，pp. 1183-1193，2000 年

13) 大西弘志，宮田浩一，清水則善，小堀雅紀：樹脂コンクリートにより上面増厚された RC 部材の静的載荷試験，構造工学論文集，Vol. 60A，pp. 1114-1121，2014 年

14) 福田一郎，三田村浩，今野久志，松井繁之：FRP ジベルを配置した鋼床版の高靱性セメント複合材料による上面増厚効果，コンクリート工学年次論文集，Vol. 26，No. 2，pp. 1693-1698，2004 年

15) 番地成朋，梶尾聡，子田康弘，岩城一郎：膨張性超速硬増厚コンクリートの諸性質に関する研究，コンクリート工学年次論文集，Vol. 29，No. 2，pp. 805-810，2007 年

16) 松田哲夫，織田広治，長岡誠一，浜博和：超早強コンクリートを用いた床版上面増厚工事の試験施工結果，土木学会第 63 回年次学術講演会，6-104，pp. 207-208，2008 年

17) 長谷俊彦，和田圭仙，後藤昭彦：上面増厚床版における劣化要因の検証と耐久性向上対策の検討，コンクリート工学，Vol. 50，No. 3，pp. 245-253，2012 年

18) 稲葉尚文，本間淳史，今村壮宏，徳光卓：増厚された RC 床版の静的載荷試験による検討，コンクリート工学年次論文集，Vol. 29，No. 3，pp. 403-408，2007 年

19) 横山広，浦修造，関口幹夫，堀川都志雄：床版の劣化現象および床板補強工法に関する解析的検討，コンクリート工学年次論文集，Vol. 32，No. 2，pp. 451-455，2010 年

20) 長谷俊彦，和田圭仙，緒方辰男：上面増厚床版における施工目地部の劣化再現実験，コンクリート工学年次論文集，Vol. 32，No. 2，pp. 1345-1350，2010 年

21) 木田哲量，阿部忠，児玉孝喜，伊藤清志：増厚界面に接着剤を塗布した上面増厚 RC 床版の耐疲労性および破壊状況，セメントコンクリート論文集，No. 63，pp. 538-545，2009 年

22) 和田圭仙，長谷俊彦，緒方辰男：上面増厚床版における施工目地部の劣化対策効果確認実験，コンクリート工学年次論文集，Vol. 32，No. 2，pp. 1351-1356，2010 年

23) 松本正徳，渡邉晋也，谷倉泉：上面増厚床版の再劣化対策の研究，建設の施工企画 2 月号，pp. 54-57，2011 年

24) 伊藤清志，児玉孝喜，山下雄史，一瀬八洋，阿部忠：SFRC 上面増厚補強工法の現状と長寿命化対策，第七回床版シンポジウム講演論文集，pp. 7-12，2012 年

25) 後藤昭彦，長谷俊彦，緒方辰男，松本政徳：樹脂注入補修を行った上面増厚床版の追跡調査，コンクリート工学年次論文集，Vol. 33，No. 2，pp. 1471-1476，2011 年

26) 伊藤清志，阿部忠，菅野幹男，児玉孝喜：道路橋 RC 床版の部分打換補強法における耐疲労性の評価，構造工学論文集，Vol. 59A，pp. 1092-1100，2013 年

27) 神田利之，鈴木真，緒方辰男，松井繁之：上面増厚工法施工後に劣化した RC 床版の補修工法に関する研究，コンクリート工学年次論文集，Vol. 36，No. 2，pp. 1225-1230，2014 年

28) 鈴木真，神田利之，樅山好幸，東山浩士：上面増厚工法施工後に劣化した RC 床版の補修工法における振動および疲労に対する検証，コンクリート工学年次論文集，Vol. 36，No. 2，pp. 1231-1236，2014 年

29) 松井繁之：橋梁の寿命予測，安全工学，Vol. 30, No. 6, pp. 432-440, 1991

30) 阿部忠，高野真希子，木田哲量，児玉孝喜：SFRC 上面増厚補強 RC 床版の耐疲労性の評価および維持管理，セメントコンクリート論文集，pp. 485-492，2011

31) 長谷俊彦，田尻丈晴：ビニロン繊維補強コンクリートによる既設 RC 床版の上面打替え補強効果，構造工学論文集，Vol. 63A, pp. 1263-1272, 2017

32) 藤山千加子，GEBREYOUHANNES Esayas，千々和伸浩，前川宏一：輪荷重下の床版疲労寿命に影響を及ぼす各種要因の数値解析に基づく分析，コンクリート工学年次論文集，29(3), pp. 727-732, 2017

33) 竹田京子，濱田那津子，佐藤靖彦：輪荷重走行試験における RC 床版の疲労寿命予測に関する一検討，プレストレストコンクリート工学会第 26 回シンポジウム論文集，pp. 129-134, 2017

付属資料　上面増厚工法編　　165

２．上面増厚工法の事例

セメント系材料を用いたコンクリート構造物の補修・補強指針
上面増厚工法施工事例

物件名、発注者	川口跨線橋橋梁補修工事、茨城県土浦土木事務所
構造物の種別	鉄筋コンクリート床版
構造物管理者	茨城県土浦土木事務所
竣工年	昭和 42 年
設置された住所	茨城県土浦市内、JR 常磐線の跨線橋
設置された路線	一般県道 土浦港線　（土浦市川口）
補強目的と時期	跨線橋におけるコンクリート床版の長寿命補修・補強、平成 21 年 1 月
補強構成	高耐久型エポキシ接着剤：全面塗布、塗布量 1.4kg/㎡ 増厚コンクリート：鋼繊維補強超速硬コンクリート(SFRC) 面積：426 ㎡　　　　増厚コンクリートの厚さ：60mm
施工方法	下地処理　　ショットブラスト工法、150kg/㎡ 接着剤塗布　1.4kg/㎡（高耐久型エポキシ接着剤） 締固め　　　増厚用コンクリートフイニッシャ
施工図面・施工状況	図1　施工断面図 図2　工程

施工図面・施工状況	\n\n写真1 接着剤塗布\n\n\n\n写真2 コンクリートフイニッシャ\n\n\n\n写真3 シート防水上へのアスファルト舗装の施工
参考文献	

付属資料　上面増厚工法編

セメント系材料を用いたコンクリート構造物の補修・補強指針
上面増厚工法施工事例

物件名、発注者	名神高速道路　春日井～関ヶ原間舗装補修工事、中日本高速道路(株)
構造物の種別	鉄筋コンクリート床版
構造物管理者	中日本高速道路(株)　名古屋支社
竣工年	－
設置された住所	愛知県小牧市、小牧IC上りONランプ本線合流部（村中東高架橋）
設置された路線	名神高速道路
補強目的と時期	床版の補修・補強、平成22年5月
補強構成	打設端部50cm幅額縁状：高耐久エポキシ接着剤（塗布量：1.4kg/㎡） FRP格子筋（高強度カーボン繊維）：格子角100mm×100mm、厚さ5mm、引張強度1,400N/mm²、引張弾性率100,000N/mm² 増厚コンクリート：鋼繊維補強超速硬コンクリート(SFRC) 面積：220㎡　　厚さ：50mm
施工方法	下地処理　　ショットブラスト工法（スチールショット：投射密度150kg/㎡） 上面増厚　　SFRC（スランプ：5.0±1.5cm） 表面仕上げ　金鏝仕上げ
施工図面・施工状況	

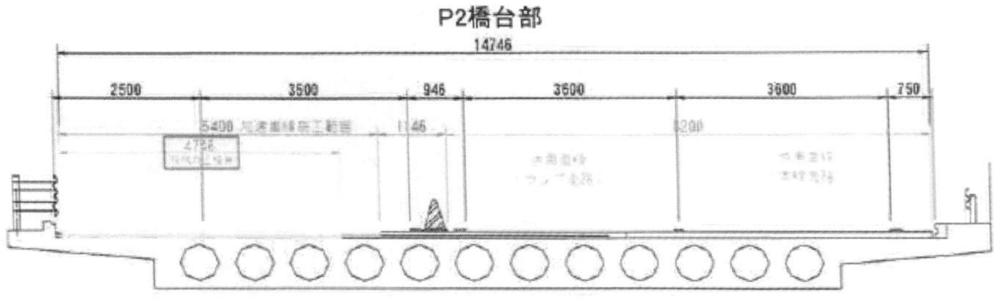

図1　断面図

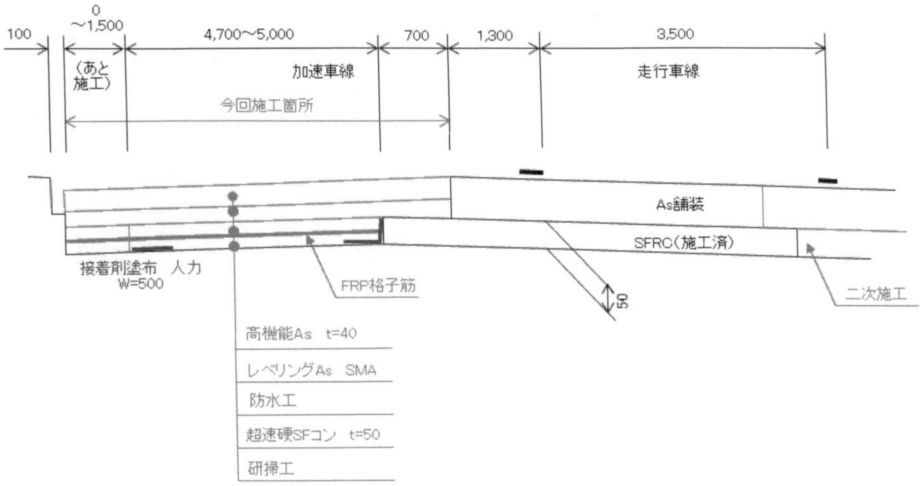

図2　詳細図

施工図面・施工状況	 写真1　接着剤塗布  写真2　タイヤショベルによる運搬  写真3　表面仕上げ状況
参考文献	

付属資料　上面増厚工法編　　　　169

セメント系材料を用いたコンクリート構造物の補修・補強指針
上面増厚工法施工事例

物件名、発注者	国道 501 号（金比羅橋）橋梁補修工事
構造物の種別	鉄筋コンクリート床版
構造物管理者	熊本県　玉名地域振興局
竣工年	昭和 42 年 3 月竣工
設置された住所	熊本県玉名市天水町地内
設置された路線	国道 501 号線
補強目的と時期	床版の補修・補強、平成 22 年 11 月
補強構成	打設端部 50cm 幅額縁状：高耐久エポキシ接着剤 増厚コンクリート：鋼繊維補強超速硬コンクリート(SFRC) 面積：235.6 ㎡　　厚さ：61mm
施工方法	下地処理　　ショットブラスト工法（スチールショット：投射密度 150kg/㎡） 上面増厚　　SFRC（スランプ：5.0±1.5cm） 表面仕上げ　ほうき目仕上げ
施工図面・施工状況	図1　断面図 図2　詳細図

施工図面・施工状況	

写真1　施工前（床版損傷状況）

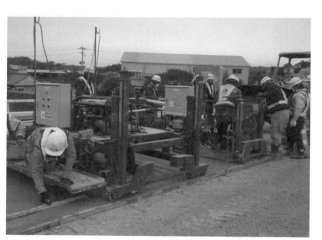

写真2　施工状況

写真3　施工完了（6ヶ月後） |
| 参考文献 | |

3．上面増厚工法の設計例

3.1 概要

　本設計例では，対象構造物として昭和 48 年の鋼道路橋設計示方書により設計された道路橋鉄筋コンクリート床版（以下，床版）を選定した[1]．対象構造物の主な基本構造は以下のとおりで，床版の諸元を表 3.2.1 に，床版断面の概略図を図 3.2.1 に示す．この補修・補強設計例は，本補強指針に基づき試設計を行なったもので実在の構造物を対象にしたものではない．

　対象橋梁は，供用開始から補強検討時まで約 20 年が経過しており，床版下面に疲労損傷と考えられる二方向のひび割れが生じていることが点検により確認された．また，当該橋梁の交通量は年々増加の一途を辿っており，設計活荷重も TL20 荷重から B 活荷重に変更された．このため既存の損傷および設計活荷重の増加に対して既設床版の性能の照査を行い，補修・補強の必要性を検討した．既設床版の性能照査では安全性に関しては押抜きせん断疲労破壊に対して，使用性に関しては応力度およびひび割れ幅を照査した．その結果に基づき，補修・補強工法として上面増厚工法を選定し，補修・補強した構造物の性能は要求性能を満足していることを確認した．ここでは，床版の押抜きせん断疲労による損傷が比較的多くみられる正曲げ範囲の鋼橋 RC 床版（連続版）の中間支間に対する試設計について示す．

3.2 設計条件

3.2.1 一般条件

　既設床版の諸元と照査の条件を表 3.2.1 に，舗装を除いた床版の断面図を図 3.2.1 に示す．

表 3.2.1　既設床版の諸元

		既設のRC床版（補強前）
床版支間(m)		3
床版厚(mm)		200
主鉄筋断面 (mm)	上側主鉄筋	D19@250
	下側主鉄筋	D19@125
	有効高さ	160
	圧縮側[　]	[40]
配力鉄筋断面 (mm)	上側主鉄筋	D16@200
	下側主鉄筋	D16@100
	有効高さ	142.5
	圧縮側[　]	[57.5]
疲労照査の変動荷重 （基本荷重 P_0=150kN）		等価繰り返し回数 N_{eq}=365,873(回/年)[2] （耐用年数：既設橋の供用開始から 50 年）
使用性照査の活荷重		B 活荷重[3]
計画大型交通量		大型車両 1 日 1 方向 1000 台以上
舗装		アスファルト舗装，厚さ75mm

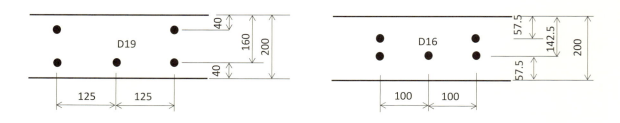

主鉄筋断面（橋軸直角方向）　　　　配力鉄筋断面（橋軸方向）

図3.2.1　対象とした既設床版の断面図（舗装75mm）

3.2.2　材料の特性値

既設部コンクリート：f'_{ck}=33.0 N/mm² （普通コンクリート）

E_c=28.9 kN/mm²

鉄筋（SD295）　　　：f_{sy}=295 N/mm²

E_s=200 kN/mm²

3.2.3　安全係数

既設構造物の設計時に用いられた各安全係数および荷重係数を**表3.2.2**に示す．

表3.2.2　安全係数および荷重修正係数

		材料係数		部材係数	構造解析係数	構造物係数	荷重係数	荷重修正係数
		コンクリート	鋼材					
		γ_c	γ_s	γ_b	γ_a	γ_i	γ_f	ρ_f
安全性	死荷重	1.3	1.0	1.3	1.0	1.05	1.0	1.0
	主たる変動荷重						1.0	1.0
使用性		1.0	1.0	1.0	1.0	1.0	1.0	1.0

3.3.　既設コンクリート構造物の性能照査

3.3.1　既設構造物に要求される性能

今回の補修・補強の検討は，交通量の増大に伴う繰返し輪荷重および設計活荷重の変更（TL-20からB活荷重）に対する予防保全の観点から実施するものである．ここでは安全性および使用性を要求性能として規定するが，安全性については押抜きせん断疲労耐力を，使用性に関しては応力度およびひび割れ幅を照査した．安全性の照査における疲労照査の変動荷重としては東名高速道路で測定された軸重データより求めた基本輪荷重 P_0=150kN の等価繰り返し回数 N_{eq}=365,873(回/年)[2] を用いた．使用性の照査における荷重としては，舗装と床版による死荷重とB活荷重（輪荷重 P=100kN）[3]を用いた．

安全性，使用性に対する作用の組合せを**表3.3.1**に示す．

付属資料　上面増厚工法編　173

表 3.3.1 要求性能と作用の組合せ

照査する要求性能	照査の指標 （要求性能の値）	荷重・環境作用
安　全　性	押抜きせん断疲労耐力 （既設橋梁の供用開始からの耐用年数 50 年）	交通実態調査・解析より求めた繰返し荷重 [2]
使　用　性	応力度，曲げひび割れ幅 （設定した許容値以下）	B活荷重 [3]

3.3.2　点検

(1) 机上における点検

設計計算書を調査した結果，対象橋梁が TL-20 荷重で設計されていること，供用開始から年々大型車の交通量が増加していることを確認した．また設計図面を調査し，断面寸法および鉄筋の配置状況など，照査に必要な基本データを収集した．

(2) 現地における点検

床版上面は，目視およびハンマー打音検査により舗装の浮きについて調査したが確認されず，土砂化等の床版上面の劣化はないと判断された．床版下面については，目視調査の結果，床版下面には直交する二方向のひび割れが発生していた．ひび割れ幅は 0.1〜0.2mm 程度であり，輪荷重の繰返しによる疲労損傷と思われる格子状のひび割れが確認された．しかしながら，かぶりコンクリートの剥落や鉄筋の露出および漏水や錆汁は確認されなかった．これより既設鉄筋の腐食による損傷は無いものとして以下の照査を行なった．また，表面硬度法（シュミットハンマー）による非破壊試験とコア採取による圧縮強度試験を行った結果，コンクリートの圧縮強度は，設計で規定された圧縮強度の特性値 33.0N/mm² 以上であり，コアの圧縮強度は 34.8 N/mm² あることが明らかになった．したがって，既設部コンクリートの特性値は設計時と同じ f'_{ck}=33.0 N/mm² とし，以下の既設床版の照査を実施した．

3.3.3　既設床版の性能照査

(1) 安全性の照査

照査は，床版の疲労損傷がみられる正曲げ範囲に対して，床版の押抜きせん断疲労耐力を指標とし，既設床版の押抜きせん断疲労破壊に対する安全性を照査する．既設床版の断面配筋は表 3.2.1，図 3.2.1 のとおりである．ここでは，対象床版の押抜きせん断疲労耐力(R_r=P_{sxd}=P_{sx}/γ_b)を，本補強指針上面増厚工法編式(解 6.4.4)，式(解 6.4.5)より求め，耐用年数に相当する繰返し活荷重が作用したときの押抜きせん断疲労耐力(S_r=P_{sx0})と比較し，安全性の照査を行う．なお，点検結果に基づき，各安全係数は，新設設計時と同じ値，すなわち表 3.2.2 を用いる．

・押抜きせん断疲労耐力(R_r=P_{sxd})

設計押抜きせん断疲労耐力 P_{sxd} は，式（解 6.4.4），式（解 6.4.5）より，以下のように算定される．

$$P_{sxd} = P_{sx}/\gamma_b \qquad\qquad (解 6.4.4)$$
$$P_{sx} = 2B\left(f_v x_m + f_t C_m\right) \qquad\qquad (解 6.4.5)$$

ここに，　P_{sxd}　：　梁状化した床版の設計押抜きせん断耐力(N)

　　　　　P_{sx}　：　梁状化した床版の押抜きせん断耐力(N)

　　　　　B　：　梁状化の梁幅($=b+2d_d$)

　　　　　b　：　載荷板の橋軸方向の辺長(mm)

　　　　　x_m　：　主鉄筋断面の中立軸深さ(mm)

　　　　　d_d　：　配力鉄筋の有効高さ(mm)

　　　　　C_m　：　引張側主鉄筋のかぶり深さ(mm)

　　　　　f_v　：　コンクリートのせん断強度(N/mm²)，　$f_v = 0.656 f'^{0.606}_{cd}$

　　　　　f_t　：　コンクリートの引張強度(N/mm²)，　$f_t = 0.269 f'^{0.667}_{cd}$

これより，コンクリートの設計圧縮強度 $f'_{cd} = f'_{ck}/\gamma_c$

$$=33.0/1.3$$
$$=25.4 \ (\text{N/mm}^2)$$

$$B=200+2\times142.5=485 \ (\text{mm})$$
$$X_m=55.4 \ (\text{mm}), \quad C_m=40 \ (\text{mm})$$
$$f_v=0.656f'^{0.606}_{cd}$$
$$=0.656\times25.4^{0.606}$$
$$=4.66 \ (\text{ N/mm}^2)$$
$$f_t=0.269\times f'^{0.667}_{cd}$$
$$=0.269\times(25.4)^{0.667}$$
$$=2.32 \ (\text{ N/mm}^2)$$

部材係数 $\gamma_b=1.3$ より，梁状化した床版の設計押抜きせん断耐力 P_{sxd} は，

$$P_{sxd}= P_{sx}/\gamma_b \tag{解 6.4.4}$$
$$=2\times485(4.66\times55.4＋2.32\times40)/1.3$$
$$=261873 \quad (\text{N})$$
$$=261.9 \quad (\text{kN})$$

となる．

・耐用年数中に受ける作用荷重に対する押抜きせん断疲労耐力($S_r=P_{sx}$)

　表 3.2.1 の RC 床版に作用する基本荷重($P_0=150$ kN) の繰返し回数 $N_{eq}=365,873$(回/年)[2]に対して，耐用年数を 50 年とした場合の設計上必要となる押抜きせん断疲労耐力($S_r= P_{sx}$)は以下のように算出される．

　RC 床版の押抜きせん断疲労に関する S－N 曲線は，P_{sxd} の算定に用いた式（解 6.4.5）との関連も含めて，本指針上面増厚工法編に示される式（解 6.4.2），式（解 6.4.3）によるものとし，$P_{sxd}=P_{sx}$ として用いる．

乾燥状態　　　$\log\left(\dfrac{P}{P_{sxd}}\right) = -0.07835\log N + \log 1.52$ 　　　　　（解 6.4.2）

水張り状態　　$\log\left(\dfrac{P}{P_{sxd}}\right) = -0.07835\log N + \log 1.23$ 　　　　　（解 6.4.3）

$P=P_0=150$ (kN)，　$N=365,873\times50=18,293,650$ (回) を式（解 6.4.2），（解 6.4.3）に代入すると，

$$P_{sx} = 365.8 \text{ (kN)} \qquad \text{（乾燥状態）}$$

$$P_{sx} = 452.1 \text{ (kN)} \qquad \text{（水張り状態）}$$

となる.

・押抜きせん断疲労破壊に対する安全性の照査

式（解 6.4.2）において，乾燥状態では橋面の防水や排水は完全であり降雨などの水が RC 床版に及ぼす影響は考えていない．一方，式（解 6.4.3）の水張り状態は常に RC 床版上面に水が滞留している状態であり，RC 床版の最小疲労寿命を算定するものと考えられる．ここでは，乾燥状態，水張り状態，各々について照査し，総合的に疲労抵抗性を判断することとした．

照査は，$(\gamma_i S_r/R_d)$ の値が 1.0 以下であること確かめることにより行った．

ここで，γ_i=1.05 であることから，

当該の床版は乾燥状態であると仮定すると，

$$1.05 \times 365.8/261.9 = 1.47 > 1.0$$

当該の RC 床版は水張り状態（常時床版上面に水分が供給されている）と仮定すると，

$$1.05 \times 452.1/261.9 = 1.81 > 1.0$$

以上より，$\gamma_i S_r/R_d > 1.0$ となり，既設床版は床版への水の供給がない乾燥状態でも押抜きせん断疲労破壊に対する要求性能を満足していない．

(2) 使用性の照査

安全性の照査と同じ部材について，床版支間中央断面の「応力度」および「ひび割れ幅」を指標とし，RC 床版の使用性を照査する．なお，点検結果に基づき，各安全係数は，新設設計時と同じ値，すなわち**表 3.2.2** を用いる．

(i)応力度

・応力度の制限値

コンクリートの圧縮応力度，鉄筋の引張応力度の制限値は道路橋示方書[3]より，以下の値とする．

コンクリートの圧縮応力度の制限値　　σ'_{ca}=10.4 N/mm²

鉄筋の引張応力度の制限値　　　　　　σ_{sa}=120 N/mm²

・作用荷重による応力度の算定

設計曲げモーメントは，道路橋示方書に示される B 活荷重の後輪荷重相当（100kN）を載荷するものとして道路橋示方書を参考に算出した[3]．なお，モーメントの算定は，床版単位幅について行なった．

死荷重による曲げモーメント M_p は，床版自重と舗装自重を 6.6kN・m/m として算出し，

$$M_p=6.6 \times 3^2/14=4.2 \text{ kN·m/m}$$

活荷重によるモーメントは

【橋軸直角方向】（主鉄筋断面）

$$M_{r1}=(0.12L+0.07) \times 1.04 \times P$$

$$=(0.12 \times 3.0+0.07) \times 1.04 \times 100 \times 0.80(単純版の 80\%)$$

$$=35.8 \text{ kN·m/m}$$

【橋軸方向】（配力鉄筋断面）

$$M_{r2}=(0.10L+0.04) \times 1.04 \times P$$

$$=(0.10\times3.0+0.04)\times1.04\times100\times0.80(単純版の80\%)$$

$$=28.3 \text{ kN·m/m}$$

使用時の設計曲げモーメントは，次式により算定する．

【橋軸直角方向】（主鉄筋断面）

$$M_{d1}=\gamma_{fp}\times（\rho_{fp}\cdot M_p）+\gamma_{fr}\times（\rho_{fr}\cdot M_{r1}）$$

$$=1.0\times（1.0\cdot4.2）+1.0\times(1.0\cdot35.8)$$

$$=40.0 \text{ kN·m/m}$$

【橋軸方向】（配力鉄筋断面）

$$M_{d2}=\gamma_{fr}\times（\rho_{fr}\cdot M_{r2}）$$

$$=1.0\times(1.0\cdot28.3)$$

$$=28.3 \text{ kN·m/m}$$

コンクリート標準示方書［設計編：標準］に従い，作用曲げモーメントにより発生する応力度を算定する．

【橋軸直角方向】（主鉄筋断面）

$\quad\quad$ コンクリートの圧縮応力度 $\quad\sigma'_c=9.5\quad$ N/mm^2

$\quad\quad$ 鉄筋の引張応力度 $\quad\quad\quad\sigma_s=124.7\quad$ N/mm^2

【橋軸方向】（配力鉄筋断面）

$\quad\quad$ コンクリートの圧縮応力度 $\quad\sigma'_c=9.0\quad$ N/mm^2

$\quad\quad$ 鉄筋の引張応力度 $\quad\quad\quad\sigma_s=112.3\quad$ N/mm^2

・応力度の照査

【橋軸直角方向】（主鉄筋断面）

$$\gamma_i\cdot\sigma'_c/\sigma_{ca}=1.0\times9.5/10.4=0.91<1.0$$

$$\gamma_i\cdot\sigma_s/\sigma_{sa}=1.0\times124.7/120=1.04>1.0$$

【橋軸方向】（配力鉄筋断面）

$$\gamma_i\cdot\sigma'_c/\sigma_{ca}=1.0\times9.0/10.4=0.87<1.0$$

$$\gamma_i\cdot\sigma_s/\sigma_{sa}=1.0\times112.3/120=0.94<1.0$$

となり，コンクリートの圧縮応力度は橋軸直角方向，橋軸方向ともに要求性能を満足しているが，鉄筋の引張応力度は橋軸直角方向で応力度の制限値を超過し，要求性能を満足していない．

(ii)ひび割れ幅

・ひび割れ幅の限界値の算定

ひび割れ幅の限界値は，コンクリート標準示方書［設計編：標準］の鋼材の腐食に対するひび割れ幅の限界値 $0.005c$（c はかぶり）より決定した．

【橋軸直角方向】（主鉄筋断面）

$$w_a=0.005c$$

$$=0.005\times(40-18/2)=0.005\times30.5=0.15\text{mm}$$

【橋軸方向】（配力鉄筋断面）

$$w_a=0.005c$$

$$=0.005\times(57.5-16/2)=0.005\times49.5=0.25\text{mm}$$

・作用荷重による曲げひび割れ幅の算定

付属資料　上面増厚工法編　　　177

　曲げひび割れ幅の算定はコンクリート標準示方書［設計編：標準］により行った．ここで用いる鉄筋の引張応力度は，橋軸直角方向では死荷重および活荷重が作用した場合の値とし，橋軸方向では活荷重が作用した場合の値とし，応力度の照査時に算出した値を用いた．

　【橋軸直角方向】（主鉄筋断面）

　　曲げひび割れ幅 $w_d = 1.1 k_1\, k_2\, k_3\, [4c + 0.7(c_s - \varphi)](\sigma_{se}/E_s + \varepsilon'_{csd})$

$$= 1.1 \times 1.0 \times 1.03 \times 1.0[4 \times 30.5 + 0.7(125 - 19)](124.7/200000 + 150 \times 10^{-6})$$

$$= 0.17\text{mm}$$

　【橋軸方向】（配力鉄筋断面）

　　曲げひび割れ幅 $w_d = 1.1 k_1\, k_2\, k_3 [4c + 0.7(c_s - \varphi)](\sigma_{se}/E_s + \varepsilon'_{csd})$

$$= 1.1 \times 1.0 \times 1.03 \times 1.0[4 \times 49.5 + 0.7(100 - 16)](112.3/200000 + 150 \times 10^{-6})$$

$$= 0.21\text{mm}$$

・曲げひび割れ幅の照査

　【橋軸直角方向】（主鉄筋断面）

　　$\gamma_i \cdot w_d/w_a = 1.0 \times 0.17/0.15 = 1.13 > 1.0$

　【橋軸方向】（配力鉄筋断面）

　　$\gamma_i \cdot w_d/w_a = 1.0 \times 0.21/0.25 = 0.84 < 1.0$

となり，橋軸直角方向の作用荷重による曲げひび割れ幅は，ひび割れ幅の限界値を超過し，要求性能を満足しない．

3.4　補修・補強したコンクリート構造物の性能照査

3.4.1　補強工法の選定

　既設構造物の性能の照査結果をまとめると以下の通りである．

・安全性の指標としての押抜きせん断疲労耐力が要求性能を満足しない．

・使用性の指標として応力度，曲げひび割れ幅が要求性能を満足しない．

　適用部位は道路橋 RC 床版であり，押抜きせん断疲労耐力の向上，鉄筋の引張応力度および曲げひび割れ幅の抑制に対する補強が可能な工法としては上面増厚工法，下面増厚工法などがある．当該橋梁では，路面の車線規制が可能で，特に押抜きせん断耐力を向上させる必要があることから，上面増厚工法の採用が有力であると考えられた．そこで，上面増厚工法により補強工事を行う際の検討事項を事前に調査した結果，床版の自重により死荷重の増加は橋梁に対して問題がないこと，車線の一部を規制し，供用しながらの工事が可能であることが確認された．よって，上面増厚工法を選定して補修・補強の検討を行う．

3.4.2　上面増厚工法により補修・補強した構造物の性能照査

(1)設計諸元の設定および増厚部コンクリートの特性値

　既設床版の上面を 10mm 切削し，ショットブラストで下地処理後，接着剤を塗布しながら専用のコンクリートフィニシャにより上面増厚コンクリートを 60mm，施工した．表 3.4.1，図 3.4.1 に示すように床版は既設の 200mm から 250mm まで増し厚された．また，橋面からの雨水の浸透は，床版コンクリートの劣化を促進させるので橋面防水を行なってから再舗装を行った．図 3.4.1 では省略されているが，アスファルト舗装の厚さは 50mm とした．なお，増厚コンクリートは鋼繊維補強コンクリートとし，配合は下記に示す増厚部コンクリ

ートの特性値を満足するよう，材料を選定し，試験練りを行い決定した．ここで，増厚部コンクリートの特性値は，既設の特性値と同じとした．

・増厚部コンクリートの材料特性

増厚部コンクリート：f'_{ck}=33.0 N/mm²

E_c=28.9kN/mm²

表3.4.1 補強後のRC床版の諸元

		増厚床版（補強後）
床版支間(m)		3
床版厚(cm)		250
主鉄筋(mm)	上側主鉄筋	D19@250
	下側主鉄筋	D19@125
	有効高さ	210
	圧縮側[ ]	[90]
配力鉄筋(mm)	上側主鉄筋	D16@200
	下側主鉄筋	D16@100
	有効高さ	192.5
	圧縮側[ ]	[107.5]
疲労照査の変動荷重（基本荷重 P_0=150kN）		等価繰り返し回数 N_{eq}=365,873(回/年)[2]（耐用年数：既設橋の供用開始から50年
使用性照査の活荷重		B活荷重[3]
計画大型交通量		大型車両1日1方向1000台以上
舗装		アスファルト舗装，厚さ50mm

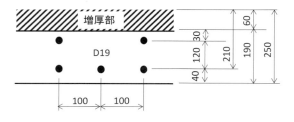

主鉄筋断面（橋軸直角方向）

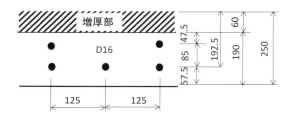

配力鉄筋断面（橋軸方向）

図3.4.1 対象とした補修・補強したRC床版（舗装50mm）

(2)安全性の照査

・補修・補強後の押抜きせん断疲労耐力の算定

補修・補強後の押抜きせん断疲労耐力の算定は，既設部と増厚部が完全に一体化しているもとして，既設部の照査と同様の方法で行った．なお，各安全係数は，既設構造物の新設設計時と同じ値，すなわち**表3.2.2**を用いる．

付属資料　上面増厚工法編　　179

・押抜きせん断疲労耐力(R_r=P_{sxd})

設計押抜きせん断疲労耐力P_{sxd}は，式（解6.4.4），式（解6.4.5）より，以下のように算定される．

$$P_{sxd} = P_{sx}/\gamma_b \qquad \text{（解6.4.4）}$$

$$P_{sx} = 2B\left(f_v x_m + f_t C_m\right) \qquad \text{（解6.4.5）}$$

ここに，　P_{sxd}　：　梁状化した床版の設計押抜きせん断耐力(N)

　　　　　P_{sx}　：　梁状化した床版の押抜きせん断耐力(N)

　　　　　B　：　梁状化の梁幅($=b+2d_d$)

　　　　　b　：　載荷板の橋軸方向の辺長(mm)

　　　　　x_m　：　主鉄筋断面の中立軸深さ(mm)

　　　　　d_d　：　配力鉄筋の有効高さ(mm)

　　　　　C_m　：　引張側主鉄筋のかぶり深さ(mm)

　　　　　f_v　：　コンクリートのせん断強度(N/mm²)，　$f_v = 0.656 f_{cd}'^{0.606}$

　　　　　f_t　：　コンクリートの引張強度(N/mm²)，　$f_t = 0.269 f_{cd}'^{0.667}$

　　　　　f'_{cd}　：　コンクリートの設計圧縮強度　(N/mm²)

これより，コンクリートの設計圧縮強度$f'_{cd}=f'_{ck}/\gamma_c$

$$=33.0/1.3$$
$$=25.4 \text{ (N/mm}^2)$$

　　　　B=200+2×192.5=585 (mm)

　　　　X_m=69.2 (mm)，　C_m=40 (mm)

　　　　　f_v=0.656$f'_{cd}^{0.606}$

　　　　　　=0.656×25.4$^{0.606}$

　　　　　　=4.66 (N/mm²)

　　　　　f_t=0.269×$f'_{cd}^{0.667}$

　　　　　　=0.269×(25.4)$^{0.667}$

　　　　　=2.32 (N/mm²)

　　部材係数γ_b=1.3 より，梁状化した床版の設計押抜きせん断耐力P_{sxd}は，

　　　$P_{sxd}= P_{sx}/\gamma_b$ 　　　　　　　　　　　　　　　　　　　　（解6.4.4）

　　　　　=2×585(4.66×69.2＋2.32×40)/1.3

　　　　　=373745　 (N)

　　　　　=373.7 (kN)

となる．

・耐用年数中に受ける作用荷重に対する押抜きせん断疲労耐力(S_r=P_{sx})

　表3.2.1 の RC 床版に作用する基本荷重(P_0=150 kN）の繰返し回数 N_{eq}=365,873(回/年)[2]に対して，既に供用されてから 20 年が経過していることから，残存耐用年数を新設時の 50 年から 20 年を差し引いた 30 年とすると，設計上必要となる押抜きせん断疲労耐力(S_r=P_{sx})は以下のように算出される．

RC床版の押抜きせん断疲労に関するS－N曲線は，P_{sxd}の算定に用いた式（解6.4.5）との関連も含めて，本指針上面増厚工法編に示される式（解6.4.2），式（解6.4.3）によるものとし，$P_{sxd}=P_{sx}$として用いる．

$$乾燥状態 \qquad \log\left(\frac{P}{P_{sxd}}\right) = -0.07835\log N + \log 1.52 \qquad （解6.4.2）$$

$$水張り状態 \qquad \log\left(\frac{P}{P_{sxd}}\right) = -0.07835\log N + \log 1.23 \qquad （解6.4.3）$$

$P=P_0=150$ (kN)，$N=365,873×30=10,976,190$ (回)　を式（解6.4.2），（解6.4.3）に代入すると，

$\qquad P_{sx} = 351.5$ (kN)　　（乾燥状態）

$\qquad P_{sx} = 434.3$ (kN)　　　（水張り状態）

となる．

・押抜きせん断疲労破壊に対する安全性の照査

式（解6.4.2）において，乾燥状態では橋面の防水や排水は完全であり降雨などの水がRC床版に及ぼす影響は考えていない．一方，式（解6.4.3）の水張り状態は常にRC床版上面に水が滞留している状態であり，RC床版の最小疲労寿命を算定するものと考えられる．ここでは，乾燥状態，水張り状態，各々について照査し，総合的に疲労抵抗性を判断することとした．

照査は，$(\gamma_i S_r/R_d)$の値が1.0以下であること確かめることにより行った．

ここで，$\gamma_i=1.05$であることから，

当該の床版は乾燥状態であると仮定すると，

$\qquad 1.05×351.5/373.7=0.99<1.0$

当該のRC床版は水張り状態（常時床版上面に水分が供給されている）と仮定すると，

$\qquad 1.05×434.3/373.7=1.22 >1.0$

以上より，乾燥状態では$\gamma_i S_r/R_d<1.0$となり，押抜きせん断疲労破壊に対する要求性能を満足している．一方，水張り状態では，$\gamma_i S_r/R_d>1.0$となり，押抜きせん断疲労破壊に対する要求性能を満足していない．

したがって，上面増厚工法で補修・補強する際には，増厚部上面の防水工を確実に施工することで，補修・補強後の残存耐用年数となる30年の間，十分な押抜きせん断疲労破壊に対する抵抗性を有していると判断できる．また，防水効果が不完全となり，床版に常時水分が供給されるような状態になると，耐用年数の間，要求性能を満足することができなくなるので注意が必要である．

(3)使用性の照査

安全性の照査と同じ部材について，床版支間中央断面の「応力度」および「ひび割れ幅」を指標とし，RC床版の使用性を照査する．なお，点検結果に基づき，各安全係数は，新設設計時と同じ値，すなわち**表3.2.2**を用いる．また，補修・補強後の応力度，曲げひび割れ幅の算定は，既設部と増厚部が完全に一体化しているもとして，既設部の照査と同様の方法で行った．

(i)応力度

・応力度の制限値

コンクリートの圧縮応力度，鉄筋の引張応力度の制限値は以下の通りとする．

コンクリートの圧縮応力度の制限値 　σ'_{ca}=10.4 N/mm^2

鉄筋の引張応力度の制限値 　　　　σ_{sa}=120 N/mm^2

・作用荷重による応力度の算定

　設計曲げモーメントは，補修・補強により，死荷重による曲げモーメントが変更となった．

　死荷重による曲げモーメント M_p は，床版自重と舗装自重を 7.3kN・m/m として算出し，

　　M_p=7.3×3^2/14=4.7 kN・m/m

　活荷重によるモーメントは

　　【橋軸直角方向】（主鉄筋断面）

　　M_{r1}=(0.12L+0.07)×1.04× P

　　　　=(0.12×3.0+0.07)×1.04×100×0.80(単純版の 80%)

　　　　=35.8 kN・m/m

　　【橋軸方向】（配力鉄筋断面）

　　M_{r2}=(0.10L+0.04)×1.04× P

　　　　=(0.10×3.0+0.04)×1.04×100×0.80(単純版の 80%)

　　　　=28.3 kN・m/m

　使用時の設計曲げモーメントは，次式により算定する．

　　【橋軸直角方向】（主鉄筋断面）

　　M_{d1}=γ_{fp}×（ρ_{fp}・M_p）+γ_{fr}×（ρ_{fr}・M_{r1}）

　　　　=1.0×（1.0・4.7）+1.0×(1.0・35.8)

　　　　=40.5 kN・m/m

　　【橋軸方向】（配力鉄筋断面）

　　M_{d2}=γ_{fr}×（ρ_{fr}・M_{r2}）

　　　　=1.0×(1.0・28.3)

　　　　=28.3 kN・m/m

コンクリート標準示方書［設計編：標準］に従い，作用曲げモーメントにより発生する応力度を算定する．

　　【橋軸直角方向】（主鉄筋断面）

　　　　コンクリートの圧縮応力度　　σ'_c=6.5　　N/mm^2

　　　　鉄筋の引張応力度　　　　　σ_s=92.1　　N/mm^2

　　【橋軸方向】（配力鉄筋断面）

　　　　コンクリートの圧縮応力度　　σ'_c=5.6　　N/mm^2

　　　　鉄筋の引張応力度　　　　　σ_s=76.8　　N/mm^2

・応力度の照査

　　【橋軸直角方向】（主鉄筋断面）

　　　　$\gamma_i \cdot \sigma'_c/\sigma_{ca}$ = 1.0×6.5/10.4=0.63<1.0

　　　　$\gamma_i \cdot \sigma_s/\sigma_{sa}$=1.0×92.1/120=0.77<1.0

　　【橋軸方向】（配力鉄筋断面）

　　　　$\gamma_i \cdot \sigma'_c/\sigma_{ca}$ = 1.0×5.6/10.4=0.54<1.0

　　　　$\gamma_i \cdot \sigma_s/\sigma_{sa}$=1.0×76.8/120=0.64<1.0

となり，橋軸直角方向，橋軸方向ともに，コンクリートの圧縮応力度，鉄筋の引張応力度は要求性能を満足している.

(ii)ひび割れ幅

・ひび割れ幅の限界値の算定

　補修・補強後の RC 床版のひび割れ幅の限界値は，既設部の RC 床版と同一とする.

　【橋軸直角方向】（主鉄筋断面）

$$w_a=0.005c$$

$$=0.005×(40-18/2)=0.005×30.5=0.15mm$$

　【橋軸方向】（配力鉄筋断面）

$$w_a=0.005c$$

$$=0.005×(57.5-16/2)=0.005×49.5=0.25mm$$

・作用荷重による曲げひび割れ幅の算定

　応力度の算定で求めた鉄筋の引張応力度 σs を用い，コンクリート標準示方書［設計編：標準］に従い曲げひび割れ幅を算定する.

　【橋軸直角方向】（主鉄筋断面）

　　曲げひび割れ幅 $w_d=1.1k_1 k_2 k_3[4c+0.7(c_s-\varphi)](\sigma_{se}/E_s+\varepsilon'_{csd})$

$$=1.1×1.0×1.03×1.0〔4×30.5+0.7(125-19)〕(92.1/200000+150×10^{-6})$$

$$= 0.14 mm$$

　【橋軸方向】（配力鉄筋断面）

　　曲げひび割れ幅 $w_d=1.1k_1 k_2 k_3[4c+0.7(c_s-\varphi)](\sigma_{se}/E_s+\varepsilon'_{csd})$

$$=1.1×1.0×1.03×1.0〔4×49.5+0.7(100-16)〕(76.8/200000+150×10^{-6})$$

$$= 0.16 mm$$

・曲げひび割れ幅の照査

　【橋軸直角方向】（主鉄筋断面）

　$\gamma_i \cdot w_d/w_a=1.0×0.14/0.15=0.93<1.0$

　【橋軸方向】（配力鉄筋断面）

　$\gamma_i \cdot w_d/w_a =1.0×0.16/0.25=0.64<1.0$

となり，橋軸直角方向，橋軸方向ともに，曲げひび割れ幅は，ひび割れ幅の限界値より小さく要求性能を満足している.

　以上より，鋼道路橋 RC 床版の床版上面に鋼繊維補強コンクリートを増厚補強することにより要求される安全性，使用性を満足することとなった.

【参考文献】

1) 内田賢一，西川和廣：既設道路橋床版の疲労耐久性に関する研究，第一回鋼橋床版シンポジウム講演論文集，pp.77-82, 1998

2) 安松敏雄，長谷俊彦，篠原修二，長瀬嘉理：交通荷重実態を考慮した鋼橋床版の疲労設計に関する検討，第一回鋼橋床版シンポジウム講演論文集，pp.77-82, 1998

3) 日本道路協会：道路橋示方書・同解説（Ⅰ共通編，Ⅱ鋼橋・鋼部材編），2017

付属資料　下面増厚工法編

付属資料　下面増厚工法編　　　　183

1.　下面増厚工法の発展

　1970年代になると，道路橋RC床版の損傷事例が急増した．破壊まで至った損傷した事例の調査結果によると，ほとんどが陥没または抜け落ちであり，押抜きせん断破壊の性状を呈していた．RC床版の損傷に対する調査研究において，松井は床版の疲労劣化は輪荷重の走行による荷重の移動繰り返しによって生じる鉛直方向の交番せん断力や床版内面のねじりモーメントによる疲労機構と推定し，輪荷重走行試験機を考案し，損傷過程を明らかにした．1980年台前半に，梁状化したRC床版の押抜きせん断耐力が，異なる断面性能を有するRC床版のS-N曲線の説明変数になることを明らかにした[1]．この研究成果を受けて，RC床版の補強工法が各種開発されだし，主な工法としては，鋼板接着工法[2]，上面増厚工法[3]，下面増厚工法，さらに，連続繊維シート接着工法[4]などである．

　本論では下面増厚工法に注目して，工法の発展の過程を概観する．

　1995年頃，床版下面補強工法の検討が集中的に行われている．佐藤は道示39年に基づく構造の床版供試体を床版下面増厚工法により補強し疲労載荷点を順次移動する載荷方法で[5]，松井は輪荷重走行試験機を用いて[6][7]，補強効果を検証し疲労耐久性が向上し補強の有効性を明らかにしている．同時期に，日本道路公団や国土交通省で実橋床版における試験施工が行われている．石井は，日本道路公団の橋長79mの3径間連続の鋼鈑桁橋における亀甲状のひび割れを有する床版の一部を下面増厚し，無補強の部分と比較して補強1年後までの補強効果を評価している．走行荷重によって生じる鉄筋の応力度とたわみ量は6割程度に低減され，過大な応力度の発生頻度が少なくなったことから疲労耐久性が向上したと報告している[8]．また，建設省は，松井と共に，国道9号線の橋長47.2mの3径間単純活荷重合成鈑桁橋における疲労損傷ランクⅡの床版に対して，下面増厚工法を適用している．この橋梁に関しては，補強前後，5年後，10年後，さらに，20年後の補強工法の健全度が評価されている[10][11][12][13]．結果は，補強効果が解析どおりの曲げ剛性の向上が図られ，経年劣化も認められないとしている．

　これらの成果を踏まえて，土木研究所は「道路橋床版の輪荷重走行試験における疲労耐久性の評価手法の開発に関する共同研究」を行い，2001年に報告書を発行している[14]．3種類の下面増厚工法の評価を行い，曲げ剛性と疲労耐久性の向上を認めている．

　一連の床版下面増厚工法に対する輪荷重走行試験の結果を受けて，東山は下面増厚工法で補強された床版の押抜きせん断耐力の評価を行い，補強された床版の疲労寿命の推定に道筋を与えている[15]．

　輪荷重走行試験では試験体が押抜きせん断破壊で終局を迎えるが，静的な梁の載荷試験などでは各種の破壊形式で終局を迎えることが理解され出してきた[16][17][18][19][20]．佐藤は，下面増厚を行った梁の静的載荷試験で「破壊形態は曲げ・せん断・中央剥離・端部剥離破壊に大別できることが分かった」[20]としている．特に，PCMと既設コンクリート部材の界面で生じるせん断付着破壊の評価方法が提案され始めた[18][19]．さらに表面処理の方法や界面の疲労の影響を考慮するなど緻密化が進んでいる[21][22]．また，Dawei Zhangは，増厚層のはく離破壊と類似しているかぶりコンクリートの割裂破壊について耐力を推定するための定量的なモデル[23]，および，下面増厚工法で補強した梁の平均ひび割れ間隔の算定方法を[24]，提案している．

　下面増厚補強された梁としてのせん断耐力の評価についても研究され出した．横山は，下面増厚された梁のせん断耐力は向上しないとしている[25]．一方，西原は，下面増厚部分の断面を考慮することにより，相当のせん断耐力の向上を確認し，実験式を提案している[26]．

　新しい補強材として炭素繊維FRPグリッドを用いる研究が2003年頃から進められている[27]．辻は，梁の曲げ補強でFRPグリッドに重ね継手がある場合，無い場合に比較して曲げ耐力が30%程度低下するとしてお

り，その対策が必要であることを示している[28]．一方，小森は，継手の無いFRPグリッドを引張補強材として下面増厚工法で補強した床版に対して輪荷重走行試験を行い，同等の引張剛性を有するメッシュ鉄筋で下面増厚された試験体に比較して同等以上の補強効果があるとしている[29]．

増厚材料に高靭性モルタルを用いる研究も散見される[30][31][32]．栗原は，「上下面増厚補強に使用することにより，最大荷重や最大荷重時変位に著しい改善が見られ，特に，圧縮部に使用した場合にその効果が最も大きかった」としている．

下面増厚工法の健全度の調査は，大垣橋以外にも[13]，北海道で施工された下面増厚工法に対して，衝撃弾性波を用いて調査されている．補強後15年を経過しても剥離などは生じずに健全な状態を維持していると述べている[33]．一方で，超早硬セメント系乾式吹付工法で230mm厚さの下面増厚した事例で，施工後8年で下面増厚部が剥落した事故が生じている．原因は、材料・部材強度の不均等性および荷重作用の不均一性，温度応力や乾燥収縮などに起因する応力作用が局所破壊を発生させ，これが経年的に進行して落下に至ったとしている[34]．

【参考文献】

1) 松井繁之：道路橋床版；森北出版株式会社，2007年10月

2) 松井繁之，中井博，栗田章光，黒山康弘：鋼板接着工法により補強したRC床版の疲労性状；土木学会合成構造の活用に関するシンポジウム講演論文集,pp247-254，1986年

3) 水越睦視，島内洋年，鹿熊文博，松井繁之：鋼繊維補強コンクリートの曲げ疲労特性；コンクリート工学年次論文報告集，Vol.16,No.1，1994年

4) 森成道，若下藤紀，松井繁之，西川和廣：炭素繊維シートによる床版下面補強効果に関する研究；橋梁と基礎，Vol.29,No.3,pp25-32，建設図書，1995年

5) 佐藤貢一，小玉克己：下面増厚したRC床版の疲労に関する研究；コンクリート工学年次論文報告集，Vol.17,No.2，1995年

6) 渡辺裕一，佐藤貢一，松井繁之：下面増厚補強（PSR工法）床版の輪荷重疲労試験；日本道路会議論文集，Vol.21-2，1995年

7) 松井繁之，高井剣：下面増厚工法によるRC床版補強の耐久性；橋梁と基礎，Vol.30,No.10，1996年

8) 石孝男，渡辺裕一，佐藤貢一，川合初雄：実橋床版の下面増厚による補強確認試験；コンクリート工学年次論文報告集，Vol.16,No.1，1994年

9) 佐古康廣，宮武敏行，竹下正博：9号大垣橋下面増厚工法による床版補強効果について；日本道路会議論文集，Vol.21-2，1995年

10) 軽尾助夫，末田彰助，松井繁之：PPモルタルを用いた下面増厚工法の床版補強効果確認実験；橋梁と基礎，Vol.31,No.5，1997年

11) 伊藤利和，松井繁之，牧添幸徳，財津公明：下面増厚工法によって補強されたRC床版の経年調査結果；床版シンポジウム講演論文集，第2回，2000年

12) 海洋架橋・橋梁調査会：平成17年度9号大垣床版補強効果事後調査業務

13) 財津公明，細井正也，松井繁之，三ツ井達也：下面増厚工法によって補強されたRC床版の20年経過後の補強効果について；コンクリート工学講演会論文集；Vol.38，平成28年7月

14) 土木研究所ほか：道路橋床版の輪荷重走行試験における疲労耐久性の評価手法の開発に関する共同研究報告書(その5)，2001年

15) 東山浩，松井繁之，伊藤定之，松本弘：ポリマーセメントモルタルにより下面増厚補強した RC 床版の押抜きせん断耐力；道路橋床版シンポジウム，第 3 回，2003 年

16) 佐藤貢一，小玉克己，加納鴨彦，前田哲哉：下面増厚した RC 梁の補強筋剛性と破壊形態に関する研究；コンクリート工学年次論文報告集，Vol.20,No.1，1998 年

17) 古内仁，恒岡聡，角田興史雄，吉住彰：吹付けモルタルで下面増厚補強した RC 部材の耐荷性状について；コンクリート工学年次論文報告集，Vol.24,No.1，2000 年

18) 恒岡聡，古内仁，角田興史雄，吉住彰：吹付けモルタルを用いた下面増厚補強ＲＣ部材におけるモルタルの剥離挙動について；コンクリート工学年次論文報告集，Vol.24,No.1，2002 年

19) 佐藤貢一，小玉克己：ポリマーセメントモルタル増厚補強部材の付着界面せん断剥離性状に関する研究；土木学会論文集，732 巻　V-59，2003 年

20) 佐藤貢一，小玉克己：下面増厚したＲＣ梁のせん断補強効果に関する実験的研究；土木学会論文集，746 巻　V-61，2003 年

21) 古内仁，川崎裕史，上田多門：疲労荷重下におけるポリマーセメントモルタルの付着強度について；コンクリート工学年次論文報告集，Vol.29,No.2，2007 年

22) Dawei Zhang, Tamon Ueda, Hitoshi Furuuchi：Fracture Mechanisms of Polymer Cement Mortar Concrete Interfaces；JOURNAL OF ENGINEERING MECHANICS © ASCE，139:167-176，2013 年

23) Dawei Zhang, Tamon Ueda, Hitoshi Furuuchi：A General Design Proposal for Concrete Cover Separation in Beams Strengthened by Various Externally Bonded Tension Reinforcements, Journal of Advanced Concrete Technology, Vol.10, No.9, pp.285-300, 2012

24) Dawei Zhang,Tamon Ueda, and Hitoshi Furuuchi：Average Crack Spacing of Overlay-Strengthened RC Beams; JOURNAL OF MATERIALS IN CIVIL ENGINEERING © ASCE / OCTOBER 2011

25) 横山和昭，鹿野善則，紫桃孝一郎：下面増厚したＲＣ梁のせん断補強効果に関する実験的研究；コンクリート工学年次論文報告集；Vol.25,No.2，2003 年

26) 西原知彦，中井裕司，水越睦視，東山浩士：PAE 系ポリマーセメントモルタルを用いた補強はりのせん断耐力；コンクリート工学年次論文報告集 Vol.33,No.2，2011 年

27) 辻幸和，小田切芳春，岡村雄樹，佐藤貢一：継手部を有する連続繊維補強材を用いた RC はりの下面増厚補強効果　；土木学会論文集，788 巻 V-67，2005 年

28) 岡村雄樹，山中辰則，辻幸和，佐藤 貢一：RC はりの下面増厚補強における格子状 CFRP 継手部の力学的性状；コンクリート工学年次論文報告集；Vol.33,No.2，2011 年

29) 小森篤也，阿部忠：CFRP 格子筋および格子組み鉄筋 を用いた床版下面補強法における疲労耐久性の研究；複合・合成構造の活用に関するシンポジウム講演集，10 巻，2013 年

30) 栗原哲彦，野田誠，小玉克己：上・下面増厚工法における高じん性セメント複合材料の補修・補強効果；コンクリート工学年次論文報告集，Vol.25,No.1，2003 年

31) 水田武利，稲熊唯史，林承燐，六郷恵哲：HPFRCC により下面増厚した RC 部材の曲げ性状に関する研究；コンクリート工学年次論文報告集，Vol.30,No.1，2008 年

32) 水越睦視，榊原弘幸，東山浩士，松井繁之：高靭性 PCM 吹付け下面増厚補強はりの破壊形態に及ぼす増厚材料の種類と補強鉄筋量の影響；コンクリート工学年次論文報

33) 岩野聡史，内田明，多田大史，岡田慎哉：衝撃弾性波を用いた接着工法における接合面の剥離判定方法への一考察；コンクリート工学年次論文報告集，Vol.33,No.2，2013 年

34) 鋼少数主桁橋の床版下面吹付コンクリートはく離・落下事象調査検討委員会　報告書：
https://www.c-nexco.co.jp/corporate/pressroom/survey/pdf/finalreport.pdf

2. 下面増厚工法の施工事例

施工事例(1)

物件名	大垣橋（おおかいはし）
構造物の種別	鋼単純合成版鈑桁橋（4主桁）
構造物管理者	国土交通省　近畿地方整備局　豊川河川国道事務所
構造物の竣工年	1960年
設置された住所	兵庫県朝来市山東町大垣地先
設置された路線	一般国道9号
補修補強された部位	床版
既設部材のグレード	昭和31年示方書，一等橋
損傷の原因	疲労劣化
補強工事実施年	1994年
補強材のグレード	主鉄筋 D10CTC=90mm，配力筋 D6CTC=50mm
材料 施工 増厚厚さ	湿式PCM　左官施工　t=22mm
現況の状況	写真2.1.1 橋梁全景写真 写真2.1.2 補強前　　写真2.1.3 補強後
参考文献	下面増厚工法によって補強された大垣橋RC床版の20年経過後の補強効果について：財津公明，細井正也，松井繁之，三ツ井達也；コンクリート工学年次論文集,Vol38,No.2, pp1465-1470, 2016

施工事例(2)

物件名	南沢橋（A 橋），足寄橋（B 橋）
構造物の種別	鋼単純合成版鈑桁橋（4 主桁）
構造物管理者	国土交通省　北海道開発局　釧路開発建設部
構造物の竣工年	1964 年（A 橋），1972 年（B 橋）
設置された住所	北海道釧路市付近
設置された路線	国道 44 号（A 橋），国道 242 号（B 橋）
補修補強された部位	床版
既設部材のグレード	昭和 31 年示方書一等橋（A 橋），昭和 39 年示方書一等橋（B 橋）
損傷の原因	疲労劣化
補強工事実施年	1995 年
補強材のグレード	主鉄筋，配力筋共に D6mm と思われる
材料 施工 増厚厚さ	湿式 PCM　左官施工　t≒20mm
現況の状況	    写真 2.2.1 A 橋の現況　　写真 2.2.2 B 橋の現況
参考文献	衝撃弾性波を用いた接着工法における接合面の剥離判定方法への一考察：岩野聡史，内田明，多田大史，岡田慎哉；コンクリート工学年次論文集,Vol35,No.1, pp1747-1752, 2013

下面増厚事例(3)

物件名	中央道　仙川高架橋床版補強工事
構造物の種別	鋼単純非合成版鈑桁橋（4主桁）
構造物管理者	中日本高速道路株式会社　八王子支社　八王子管理事務所
構造物の竣工年	1974年
設置された住所	東京都調布市仙川町
設置された路線	中央自動車道
補修補強された部位	床版
既設部材のグレード	昭和45年示方書，一等橋
損傷の原因	疲労劣化
補強工事実施年	2005年
補強材のグレード	CFRPグリッド主筋方向@100mm(A=26.4mm2)，配力筋方向@100mm(A=26.4mm2)
材料 施工 増厚厚さ	湿式PCM　吹付施工 t=30mm，乾式モルタル　吹付施工 t=30mm
現況の状況	 　　写真2.3.1 補強前　　　　　　　　　写真2.3.2 補強後
参考文献	中央道　仙川高架橋のCFRPグリッドを用いたRC床版下面増厚補強:横山和昭，森北一光，古中仁，佐藤貢一,コンクリート工学,Vol.44,No.4,2006.4

下面増厚事例(4)

物件名	油戸橋（あぶらとばし）
構造物の種別	単純鋼合成鈑桁橋（3主桁）
構造物管理者	長野県道路公社 三才山トンネル管理事務所
構造物の竣工年	1976年
設置された住所	長野県松本市三才山 地内
設置された路線	三才山トンネル有料道路(国道254号)
補修補強された部位	床版
既設部材のグレード	昭和47年示方書，一等橋
損傷の原因	疲労劣化
補強工事実施年	2012年
補強材のグレード	主鉄筋 D6 CTC=50mm，配力筋 D6 CTC=50mm
材料 施工 増厚厚さ	湿式PCM　吹付施工　t=18mm
現況の状況	 写真2.4.1　橋梁全景 　 写真2.4.2 補強前　　　　写真2.4.3 補強の五年後
参考文献	床版の上・下面増厚工法による橋梁長寿命化対策（三才山トンネル有料道路 油戸橋床版修繕工事報告）：宗 栄一，手塚 敏徳，久保田 努，新井 千景：土木学会第68回年次学術講演会（平成25年9月），VI-442,p883-884

付属資料　下面増厚工法編　　191

3. 下面増厚工法の再劣化事例

3.1 構造物管理者

近畿地方整備局　滋賀国道事務所

3.2 物件名

国道8号線　小塚橋（国道8号線の近江鉄道に対する跨線橋）

3.3 構造概要

竣工	1957年12月
橋の等級	建示(1955)一等橋
橋長，支間長	14.906m，14.000m
交差条件	狭軌一線（民間鉄道）

補修・補強歴

不明	増桁補強工事
1992年	拡幅工事
1996年	下面増厚工事
1997年	再塗装工事
不明	沓座交換および落橋防止工事
2018年	鋼部材　補修，入替えおよび再塗装工事
	橋面防水工，伸縮装置の入替え工事
	下面増厚工の撤去とアラミド繊維シートによる床版補強工事

3.4 再劣化事象

本橋は，一桁国道の鉄道跨線橋（鋼橋）で，1957年に竣工した一等橋である．交通荷重の増大，社会的要請および適用示方書の改定などにより，補修・補強・改良がおこなわれてきた．しかし，橋梁は，伸縮装置や橋面から漏水などにより，鋼部材の著しい腐食，下面増厚部材の鉄筋の錆や増厚材料のうきが生じており，現在補修工事が進行中である．本橋梁における再劣化の原因は，鉄道軌道内における時間的制約下における施工で橋面からの漏水に対する水仕舞が十分でないこと，橋面の橋梁下面に対する防水・排水が不全であることおよび融雪剤の使用が考えられる．

写真 3.1 現場状況

写真 3.2 床版下面の損傷状況

写真 3.3 小間の損傷状況

4. 安全性の照査方法について

4.1 設計せん断耐力式の検討

下面増厚補強工法は，主として曲げ補強のために実施されることが多い．そのため，補強後の部材が曲げ破壊先行からせん断破壊先行に移行するケースが生じる場合がある．そこで，本指針では下面増厚補強された部材のせん断耐力について検討を行った．検討に用いたデータは西原ら[1]および水越ら[2]の実験供試体で，せん断補強されていないＲＣ梁部材である（**表4.1**参照）．

表4.1 検討対象とした実験データ

文献	供試体名	断面高さ×幅 (mm)	せん断スパン (mm)	既設部 引張主鉄筋	既設部 有効高 (mm)	増厚部 引張補強筋	増厚部 有効高 (mm)	圧縮強度(N/mm²) コンクリート	圧縮強度(N/mm²) 増厚材
西原ら[1]	A-1	300×300	1000	4-D22	250	5-D13	306	36.2	35.3
〃	A-2	300×300	1000	4-D22	250	6-D6	303	36.2	35.3
〃	B-1	300×300	1000	4-D22	250	5-D13	306	35.4	36.3
〃	B-2	300×300	1000	4-D22	250	6-D6	303	35.4	36.3
〃	C-1	300×300	600	3-D19	200	6-D10	305	34.4	38.3
〃	C-2	300×300	600	3-D19	200	6-D6	303	34.4	38.3
〃	D-1	300×300	800	4-D19	200	6-D10	305	33.2	41.8
〃	D-2	300×300	800	4-D19	200	6-D6	303	33.2	41.8
水越ら[2]	S-3.5-120-D16-D6	140×150	420	2-D16	120	2-D6	143	35.0	63.0
〃	S-3.5-150-D16-D6	170×150	525	2-D16	150	2-D6	173	34.6	60.0
〃	S-3.5-180-D16-D6	200×150	630	2-D16	180	2-D6	203	33.4	60.9
〃	S-3.5-180-D16-D10	200×150	630	2-D16	180	2-D10	205	32.2	64.3
〃	Sh-3.5-180-D16-D6	200×150	630	2-D16	180	2-D6	203	34.3	60.3
〃	S-2.6-180-D16-D6	200×150	468	2-D16	180	2-D6	203	37.7	62.6
〃	S-3.0-180-D16-D6	200×150	540	2-D16	180	2-D6	203	40.7	62.1
〃	S-3.5-180-D13-D6	200×150	630	2-D13	180	2-D6	203	37.6	62.6

これらの供試体の典型的な破壊性状を**図4.1**に示す．左図の供試体は，増厚端部あるいは端部の外側から発生した斜めひび割れが載荷点と支点方向に発達するタイプである．右図の供試体は，せん断スパン内の増厚部に発生した曲げせん断ひび割れが腹部まで進展した後，支点方向に増厚部界面もしくは既設部主鉄筋に沿って発生した水平ひび割れを伴って破壊するタイプである．斜めひび割れの形成には，せん断スパン比と増厚部の補強筋量が関係すると考えられる．

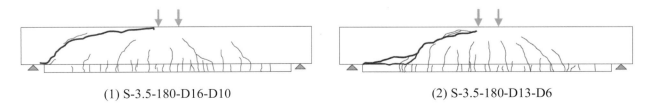

(1) S-3.5-180-D16-D10　　　　(2) S-3.5-180-D13-D6

図4.1 下面増厚補強されたＲＣ梁の破壊性状

下面増厚補強されたせん断耐力の評価方法の検討を行う．せん断耐力の算定には，コンクリート示方書の原式である二羽らのせん断耐力式[3]を用いることとし，増厚部の補強筋を既設部の鉄筋に換算する方法を用いた．以下に算定式を示す．

$$V_c = \beta_{dr} \cdot \beta_{pr} \cdot f_{vcd} \cdot \left(0.75 + \frac{1.4}{a/d_r}\right) b_w \cdot d \tag{4.1}$$

ここに，$f_{vcd} = 0.20\sqrt[3]{f'_{cd}}$ (N/mm²)　ただし，$f_{vcd} \leq 0.72$ (N/mm²)

$\beta_{dr} = \sqrt[4]{1000/d_r}$　　　　ただし，$\beta_{dr} > 1.5$ となる場合は 1.5 とする．

$\beta_{pr} = \sqrt[3]{100 p_{wr}}$　　　　ただし，$\beta_{pr} > 1.5$ となる場合は 1.5 とする．

$d_r = \dfrac{E_{s1}A_{s1}d_1 + E_{s2}A_{s2}d_2}{E_{s1}A_{s1} + E_{s2}A_{s2}}$　：換算有効高さ

$p_{wr} = \dfrac{A_{s1} + (E_{s2}/E_{s1})A_{s2}}{b_w \cdot d}$　：換算鉄筋比

A_{s1}　：既設梁の引張補強筋量(mm²)
A_{s2}　：増厚部の引張補強筋量(mm²)
d_1　：上縁から既設梁の引張補強筋中心までの距離(mm)
d_2　：上縁から増厚部の引張補強筋中心までの距離(mm)
E_{s1}　：既設梁の引張補強筋の弾性係数(N/mm²)
E_{s2}　：増厚部の引張補強筋の弾性係数(N/mm²)
b_w　：腹部の幅(mm)

せん断耐力の実験値と計算値の比較を図 4.2 に示す．なお，換算鉄筋比を用いることで，β_{dr} が 1.5 を超えるケースが現れるが本検討では β_{dr} の制限値を無視した．この結果，実験値／計算値の比の平均値は 1.08（$r^2 = 0.91$）であり，概ね妥当な評価ができることが示された．

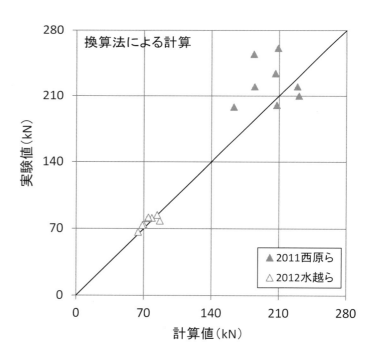

図 4.2　実験値と計算値の比較

4.2 増厚端部剥離破壊に対する安全性の照査方法について

佐藤ら[4]は，せん断補強されたRC部材に下面増厚補強を行った場合，斜めひび割れ発生後にせん断破壊に至る前に増厚端部の剥離破壊が生じることを実験的に見いだし，図4.3に示す耐荷モデルを提案している．増厚端部における剥離の原因は，界面の引張付着応力度とせん断付着応力度の相互作用によるものである．

上記モデルによれば，各付着応力度の算定式は以下のとおりである．

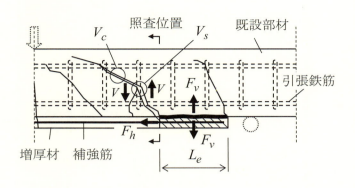

図4.3　照査位置

$$\sigma_m = \frac{F_v}{B \cdot L_e} \tag{4.2}$$

ここに，σ_m ：増厚界面の引張付着応力(N/mm²)

$F_v = V_d - k(V_d - V_c)$ (N)

V_d ：活荷重作用時の作用せん断力(N)

V_c ：増厚補強効果を考慮した部材の斜めひび割れ発生せん断力(N)

$k = 0.8$ ：斜めひび割れ発生後のせん断補強筋とそれ以外のせん断力負担比

V_s ：既設部のせん断補強筋が受け持つせん断力(N)

B ：部材の有効幅(mm)（単位幅または梁状化した床版の主方向の梁幅）

L_e ：有効付着長(mm)でひび割れ間隔としてよい．ただし，ひび割れ間隔が150mmを超える場合は150mmとしてよい．

$$\tau_m = \frac{F_h}{B \cdot L_e} \tag{4.3}$$

ここに，τ_m ：増厚界面のせん断付着応力(N/mm²)

$F_h = n \cdot A_r \cdot \sigma_r + B \cdot t \cdot \sigma_p$

n ：補強筋本数

A_r ：補強筋断面積(mm²)

σ_r, σ_p ：モーメントシフトを考慮した照査位置の補強筋および増厚材の引張応力度(N/mm²)

t ：増厚材の厚さ(mm)

σ_{mu} ：引張付着強度(N/mm²)

τ_{mu} ：せん断付着強度(N/mm²)

$\gamma_i = 1.0$ ：部材係数

以下では，表4.2に示す実験データを用いて上記モデルの適用性について検討を行った．

表 4.2 増厚端部剥離破壊の検討に用いた実験データ

	供試体名	断面	せん断スパン	既設梁 主鉄筋	既設梁 せん断補強筋	増厚部 補強筋	増厚材付着強度 引張 (N/mm²)	増厚材付着強度 せん断 (N/mm²)
佐藤ら[4]	R3.5-D6-3	H150×B200	400	2-D10 d_1=115	D10@75	3-D6 d_2=153	3.25	2.00
〃	R4-D10-3	H150×B200	400	2-D10 d_1=115	D10@75	3-D10 d_2=153	3.25	2.00
〃	R6-D10-3	H150×B200	690	2-D10 d_1=115	D10@75	3-D10 d_2=153	3.25	2.00
恒岡ら[5]	供試体S	H200×B150	600	3-D13 d_1=175	D6@100	3-D6 d_2=214	(1.83)	(4.75)
水越ら[6]	HP1-2.6-D16-D10-ac	H170×B150	390	2-D16 d_1=150	D6@78	2-D10 d_2=175	2.65	(6.89)
〃	HP2-2.6-D16-D10-ac	H170×B150	390	2-D16 d_1=150	D6@78	2-D10 d_2=175	2.66	(6.92)
〃	SP1-2.6-D16-D10-ac	H170×B150	390	2-D16 d_1=150	D6@78	2-D10 d_2=175	3.17	(8.24)
〃	HP1-2.6-D16-D10-no	H170×B150	390	2-D16 d_1=150	D6@78	2-D10 d_2=175	2.12	(5.51)
〃	HP1-2.6-D16-D10-ep	H170×B150	390	2-D16 d_1=150	D6@78	2-D10 d_2=175	2.32	(6.03)
〃	PO-2.6-D16-D10-ac	H170×B150	390	2-D16 d_1=150	D6@78	2-D10 d_2=175	2.98	(7.75)

( ) 内の数値は仮定した値

　佐藤ら[4]および恒岡ら[5]の実験供試体は，図 4.4(a)に示すような曲げ降伏後の破壊であった．一方，水越ら[6]の実験ではせん断破壊先行型の梁であり，図 4.4(b)に示すように終局時には増厚端部の剥離を伴った斜めひび割れの発達で破壊したものである．両者の荷重－変位曲線を模式的に表すと，前者は図 4.5(a)で，後者は図 4.5(b)のように描ける．

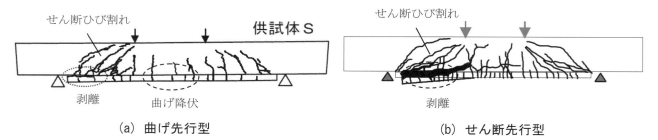

(a) 曲げ先行型　　　　　　　　　　　　(b) せん断先行型

図 4.4　下面増厚補強梁の破壊性状

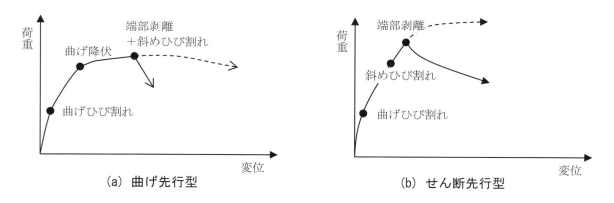

(a) 曲げ先行型　　　　　　　　　　　　(b) せん断先行型

図 4.5　荷重－変位曲線（模式図）

付属資料　下面増厚工法編

検討対象とした梁について，曲げ耐力，せん断耐力および増厚界面の付着応力度を求めた．実験結果とあわせて計算結果を表4.3に示す．せん断耐力は増厚部補強筋を考慮して「換算方式」により求め，曲げ耐力およびτ_mはファイバーモデルにより求めた．

表4.3　実験結果および計算値

供試体名	実験値 破壊荷重 (kN)	破壊形式	計算値 曲げ破壊荷重 (kN)	せん断破壊荷重 (kN)	σ_m (N/mm²)	τ_m (N/mm²)
R3.5-D6-3	74.0	曲げ＋端部剥離	58.3	192.5	0.85	1.14
R4-D10-3	67.7	曲げ＋端部剥離	62.7	190.4	0.81	1.68
R6-D10-3	46.8	曲げ＋端部剥離	41.8	185.8	0.67	1.10
供試体S	127.6	曲げ＋端部剥離	95.9	142.8	1.62	1.01
HP1-2.6-D16-D10-ac	134.0	せん断＋端部剥離	146.9	144.5	1.77	2.91
HP2-2.6-D16-D10-ac	127.5	せん断＋端部剥離	156.4	144.5	1.74	3.16
SP1-2.6-D16-D10-ac	130.0	せん断＋端部剥離	136.0	144.5	1.75	2.59
HP1-2.6-D16-D10-no	135.0	せん断＋端部剥離	146.9	144.5	1.78	2.92
HP1-2.6-D16-D10-ep	128.0	せん断＋端部剥離	146.9	144.5	1.74	2.81
PO-2.6-D16-D10-ac	128.0	せん断＋端部剥離	147.9	144.5	1.74	2.89

補強後の曲げ破壊荷重とせん断破壊荷重の計算値の比較を見ると，佐藤らおよび恒岡らは曲げ破壊荷重がせん断破壊荷重を下回り，水越らのほとんどの梁はせん断破壊荷重が曲げ破壊荷重を下回ることとなった．図4.6はそれぞれの実験値を計算値で除した値を示したものであるが，恒岡らおよび佐藤らの曲げ破壊先行型の梁ではいずれも実験値／計算値は1.0を下回っており，対象とした梁では曲げ耐力を用いた方法で安全側に評価できる．せん断破壊先行型となった水越らの梁では，計算上の補強後せん断耐力に到達する前に端部剥離が起点となって耐力を低下させている可能性があることが示された．

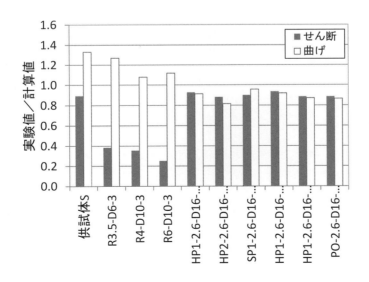

図4.6　計算値と実験値の耐力比

次に剥離破壊に対する照査の方法について検討を行った．図 4.7 は，最大荷重時に作用している増厚端部の界面応力を佐藤らの提案モデルによる方法で算定して付着強度との比で表したものである．図中には，破壊基準として楕円近似による式(4.4)と線形近似による式(4.5)の値を破線で示した．

$$\left(\frac{\sigma_m}{\sigma_{mu}}\right)^2 + \left(\frac{\tau_m}{\tau_{mu}}\right)^2 \leq 1 \tag{4.4}$$

$$\left(\frac{\sigma_m}{\sigma_{mu}}\right) + \left(\frac{\tau_m}{\tau_{mu}}\right) \leq 1 \tag{4.5}$$

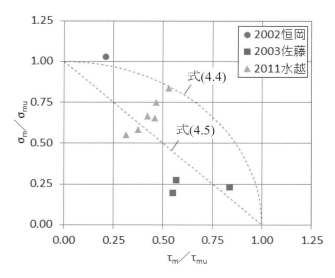

図 4.7　端部剥離の破壊基準

この結果から，現在のところは，破壊基準として式(4.5)を用いる方が適切であると考えられる．

4.3 増厚界面の付着強度について

増厚材料は多岐に渡るため，既設部材との界面の付着強度は原則として試験によらなければならない．本節では，参考として比較的使用例の多いポリマーセメントモルタルの付着特性の実験的検討例[7)8)]を示す．付着試験では，図 4.8 に示すように要素試験体を用いている．

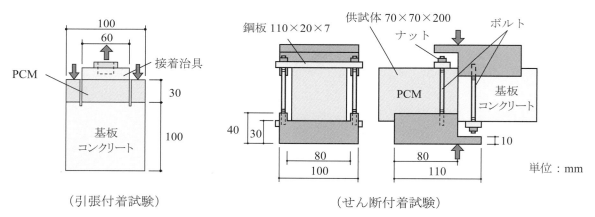

（引張付着試験）　　　　　　　　　　（せん断付着試験）

図 4.8　要素試験体を用いた付着強度試験

実験変数は，基板コンクリート面の処理方法および表面処理深さである．表面処理方法には，ウォータージェット工法（以下，WJ 工法）とショットブラスト工法（以下，SB 工法）が用いられている．図 4.9 は，表面処理深さと表面粗さの関係を示したものである．粗さパラメータは，算術平均粗さを例として示した．表面処理深さは，処理前と処理後に測定された平均高さの差である．図中の曲線は，参考値としてそれぞれの工法に対して双曲線を当てはめた近似値を示している．この結果より，SB 工法と WJ 工法によって，粗さの特性が異なることが示されており，同じ表面処理深さに対して WJ 工法は SB 工法の 2 倍程度以上の粗度が得られている．

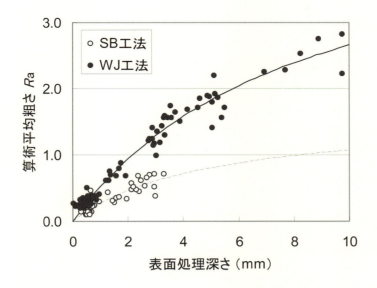

図4.9 表面処理深さと粗さの関係

表面粗さと付着強度の関係を見ると，図4.10に示すような結果が得られている．引張付着強度については，粗さの増加に伴って増加するが中間の粗さでピークを迎え，それ以降では強度の低下が見られる．これは，表面積が増加することで見かけ上の付着強度が増加するが，一方で，表面処理深さが大きくなるにつれて露出した粗骨材が抜けやすくなるためであると考えられている．これらの関係は，以下の式によって表されている．図中の実線が近似によって得られた式で，$R_a = 1.2$mm付近で引張付着強度が最も大きくなる．

$$(\sigma_{bu}/f_t) = \Omega_1 \times \Omega_2 \times (\sigma_{bo}/f_{to}) \tag{4.6}$$

ここに，σ_{bu} ：引張付着強度(N/mm^2)
f_t ：基盤コンクリートの引張強度(N/mm^2)
σ_{b0} ：表面未処理のときの接着強度(N/mm^2)
f_{to} ：表面未処理供試体の基盤コンクリート引張強度(N/mm^2)
$\sigma_{b0}/f_t = 0.709$
$\Omega_1 = 1 + 0.703\ R_a$ ：表面積の増加による強度増加率
$\Omega_2 = 1 - 0.273\ R_a$ ：骨材のゆるみによる有効な抵抗領域の減少率
R_a ：算術平均粗さ(mm)

せん断付着強度については，粗さが増加するにつれて単調に増加する傾向が得られており，以下のように線形関係で近似されている．

$$(\tau_{bu}/f_t) = (1 + 0.0764 R_a)(\tau_{bo}/f_{to}) \tag{4.7}$$

ここに，τ_{bu} ：せん断付着強度(N/mm^2)
τ_{bo} ：表面未処理のせん断付着強度(N/mm^2)
$\tau_{bo}/f_{to} = 2.011$

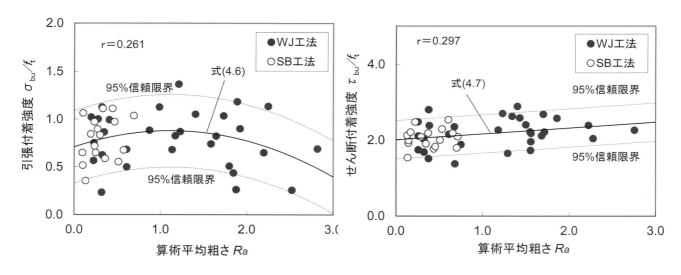

図4.10　表面粗さと付着強度の関係

上記のように，引張方向とせん断方向で付着特性が異なるが，式(4.6)と式(4.7)を用いてτ_{bu}とσ_{bu}の関係を導くと以下のように表すことができる．

$$\frac{\tau_{bu}}{\sigma_{bu}} = \frac{2.836(1+0.0764R_a)}{(1+0.703R_a)(1-0.273R_a)} \tag{4.8}$$

式(4.8)の値を図示すると**図4.11**のようになるが，R_aが2.0mm以下の範囲についてはτ_{bu}/σ_{bu}は概ね一定値をとると見なすことができる．この区間において，平均値を求めると2.6程度となる．したがって，R_aが2.0mm以下（表面処理深さがWJ工法で5mm程度，SB工法で3mm程度）では，せん断付着強度は次式に示すように引張付着強度の2.6倍としてよいと考えられる．

$$\tau_{bu} \fallingdotseq 2.6\,\sigma_{bu} \quad (R_a \leqq 2.0\text{mm のとき}) \tag{4.9}$$

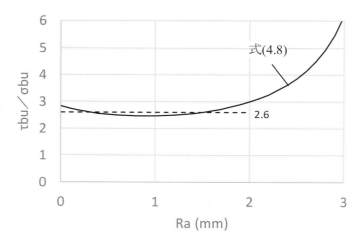

図4.11　引張付着強度とせん断付着強度の関係

静的荷重下で行われた付着試験と同様に，疲労荷重下における付着強度試験が行われている．図4.12は，疲労寿命と作用応力の関係を示したものである．縦軸は応力レベル（静的強度に対する最大応力の比）を表しており，横軸の疲労寿命は対数で示されている．なお，200万回載荷で破壊しなかった供試体は，記号に矢印が付されている．

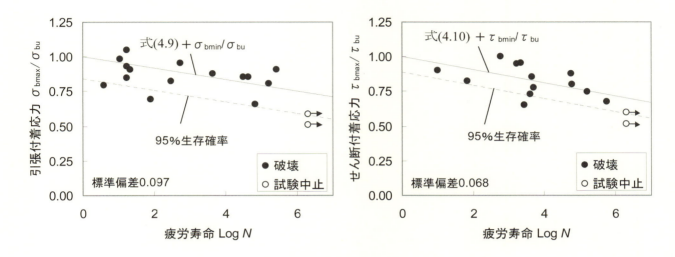

図 4.12　疲労付着強度

上記のデータに基づいて，疲労強度式は最小応力と応力変動幅で関係付けられる Goodman 型として提案されている．

$$\frac{\sigma_{br}}{\sigma_{bu}} = \left(1 - \frac{\log N}{21.0}\right)\left(1 - \frac{\sigma_{b\min}}{\sigma_{bu}}\right) \tag{4.9}$$

$$\frac{\tau_{br}}{\tau_{bu}} = \left(1 - \frac{\log N}{20.4}\right)\left(1 - \frac{\tau_{b\min}}{\tau_{bu}}\right) \tag{4.10}$$

ここに，　σ_{br} 　：引張付着応力の変動幅(N/mm^2)

　　　　$\sigma_{b\min}$ ：最小引張付着応力(N/mm^2)

　　　　τ_{br} 　：せん断付着応力の変動幅(N/mm^2)

　　　　$\tau_{b\min}$ ：最小せん断付着応力(N/mm^2)

　　　　N 　：疲労寿命

[参考文献]

1) 西原知彦，中井裕司，水越睦視，東山浩士：4PAE系ポリマーセメントモルタルを用いた補強はりのせん断耐力，コンクリート工学年次論文集，Vol.33，No.2，pp.1375-1380，2011

2) 水越睦視，山本　光，東山浩士：高靭性PCM吹付け下面増厚補強RCはりのせん断耐力，Cement Science and Concrete Technology, Vol.66, pp.584-591, 2012

3) 二羽淳一郎，山田一宇，横沢和夫，岡村甫：せん断補強鉄筋を用いないRCはりのせん断強度式の再評価，

土木学会論文集，第 372 号／V-5，pp.167-176，1986

4) 佐藤貢一，小玉克己：ポリマーセメントモルタル増厚補強した RC はりの剥離破壊性状に関する基礎的研究，土木学会論文集，No.746／V-61，pp.115-128，2003

5) 恒岡 聡，古内 仁，角田與史雄，吉住彰：吹付けモルタルを用いた下面増厚補強ＲＣ部材におけるモルタルの剥離挙動について，コンクリート工学年次論文集，Vol.24，No.2，pp.1573-1578，2002

6) 水越睦視，榊原弘幸，東山浩士，松井繁之：高靱性 PCM 吹付け下面増厚補強はりの破壊形態に及ぼす増厚材料の種類と補強鉄筋量の影響，コンクリート工学年次論文集，Vol.33，No.2，pp.1327-1332，2011

7) 古内 仁，酒井 亮，上田多門：ポリマーセメントモルタルの付着特性に与える界面粗度および粗骨材寸法の影響，コンクリート工学年次論文集，Vol.28，No.2，pp.1567- 1572，2006

8) 古内 仁，川崎裕史，上田多門：疲労荷重下におけるポリマーセメントモルタルの付着強度について，コンクリート工学年次論文集，Vol.29，No.2，pp.841- 846，2007

5. 下面増厚工法の試設計例

5.1 はじめに

本項では，床版中間部の照査の例を示す．ここに示した方法は１つの例であり，必ずしもこの方法によらなければならないということではない．例えば，限界状態を考えるときのモデル化の方法（検討する領域の取り方，境界条件，考慮する設計作用の種類や大きさ等）は検討内容に応じて設定する必要があるが，本例ではできるだけで簡易で安全側に近似できる方法を示した．

5.2 既設床版中間部の性能照査

(1) 断面諸元および設計条件

検討に用いた既設床版の諸元を**表 5.1**に示す．中間部の断面および配筋を**図 5.1**および**図 5.2**に示す．

表 5.1 既設床版の諸元

		既設のRC床版（補強前）
床版支間(m)		2.0
床版厚(mm)		180
主鉄筋断面 (mm)	上側鉄筋	φ16@200
	下側鉄筋	φ16@100
	有効高さ	150
	上側[ ]	[30]
配力鉄筋断面 (mm)	上側鉄筋	φ13@200
	下側鉄筋	φ13@200
	有効高さ	135
	上側[ ]	[45]
疲労照査の変動荷重 （基本荷重 P=100kN）		等価繰り返し回数 Neq=336,895(回/年) （耐用年数：既設橋の供用開始から 55 年）
主たる変動荷重		B 活荷重
計画大型交通量		大型車両 1 日 1 方向 1000 台
舗装		アスファルト舗装，厚さ 75mm

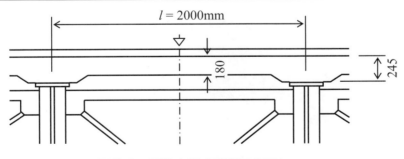

図 5.1 既設床版中間部の断面

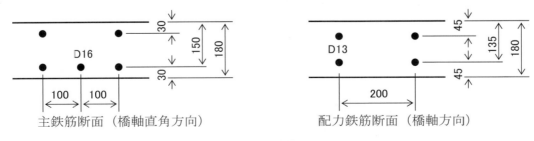

図 5.2 既設床版の配筋

204　　　C.L.150　セメント系材料を用いたコンクリート構造物の補修・補強指針

(2) 材料の特性値

既設部コンクリート　　　：$f'_{ck} = 24.0 \text{ N/mm}^2$（圧縮強度の特性値）

$E_c = 25.0 \text{ kN/mm}^2$（ヤング係数）

鉄筋（SR235）　　　　：$f_{syk} = 235 \text{ N/mm}^2$（降伏強度の特性値）

$E_s = 200 \text{ kN/mm}^2$（ヤング係数）

(3) 安全係数および修正係数

照査に用いられた各安全係数および荷重係数を**表5.2**に示す.

表5.2　安全係数および修正係数

			安全性に対する検討			使用性に対する検討
			曲げと軸力 （断面破壊）	曲げと軸力 （疲労破壊）	せん断力 （断面破壊）	ひび割れ幅 （美観等）
安全 係数	コンクリート	γ_c	1.3	1.3	1.3	1.0
	鋼材	γ_s	1.0	1.05	1.0	1.0
	増厚材	γ_m	1.3	1.3	1.3	1.0
	部材係数	γ_b	1.15	1.0	1.3 または 1.5	1.0
	構造解析係数	γ_a	1.0	1.0	1.1	1.0
	荷重係数	γ_f	1.2	1.0	1.2	1.0
	構造物係数	γ_i	1.1	1.1	1.1	1.0
荷重 修正	死荷重	ρ_D	1.0	1.0	1.0	1.0
	T荷重	ρ_T	1.65	1.0	(1.65)	1.0

(4) 安全性の照査

①部材破壊に対する検討

ⅰ）曲げモーメントに対する照査

既設床版の主方向の単位幅（1m）ついて，曲げモーメントに対する安全性の照査を行う.

・設計曲げモーメント

道路橋示方書に準じて，設計曲げモーメントを算定する.

死荷重による曲げモーメント

$$M_d = w_d\,l^2 / 10 = 6.1 \times 2.0^2 / 10 = 2.44 \text{ kN·m}$$

　　ここに，　$w_d = 6.1 \text{ kN/m}$（死荷重による分布荷重）

　　　　　　$l = 2.0 \text{ m}$〔床版支間〕

活荷重による曲げモーメント

$$M_l = 1.0 \times 0.8\,(0.12\,l + 0.07)\,P = 1.0 \times 0.8 \times (0.12 \times 2.0 + 0.07) \times 100 = 24.8 \text{ kN·m}$$

　　ここに，　$P = 100 \text{ kN}$（T荷重による1輪あたりの荷重）

安全性の照査に用いる設計曲げモーメント

$$M_{sd} = \gamma_f \cdot \rho_D \cdot M_d + \gamma_f \cdot \rho_T \cdot M_l = 1.2 \times 1.0 \times 2.44 + 1.2 \times 1.65 \times 24.8 = 52.03 \text{ kN·m}$$

　　ここに，　$\gamma_f = 1.2$　（荷重係数）

　　　　　　$\rho_D = 1.0$　（荷重修正係数）

　　　　　　$\rho_T = 1.65$　（荷重修正係数）

・設計曲げ耐力

等価応力ブロックを用いて曲げ耐力を算定する.

$$M_{ud} = A_s f_{yd}\, d\left(1-0.588\times\frac{p\cdot f_{yd}}{f'_{cd}}\right)\Big/\gamma_b$$

$$= 1986\times235\times150\times\left(1-0.588\times\frac{0.01324\times235}{18.4}\right)\Big/1.15\ \times10^{-6} = 54.84\ \text{kN}\cdot\text{m}$$

ここに， $A_s = 1986\ \text{mm}^2$ （単位幅あたりの鉄筋量）

$d = 150\ \text{mm}$ （主鉄筋の有効高さ）

$p = 0.01324$ （鉄筋比）

$f_{yd} = f_{syk}/\gamma_s = 235/1.0 = 235\ \text{N/mm}^2$ （鉄筋の設計降伏強度）

$f'_{cd} = f'_{ck}/\gamma_c = 24.0/1.3 = 18.4\ \text{N/mm}^2$ （コンクリートの設計圧縮強度）

$\gamma_b = 1.15$ （部材係数）

・曲げ破壊に対する安全性の照査

$$\gamma_i\,\frac{M_{sd}}{M_{ud}} = 1.1\times\frac{52.03}{54.84} = 1.04 > 1.0 \quad 既設床版は，曲げモーメントに対する安全性を満足していない.$$

ここに， $\gamma_i = 1.1$ （構造物係数）

ⅱ）せん断力に対する照査

移動荷重の影響が大きいので，静的な作用によるせん断力に対する照査は省略する.

ⅲ）ねじりモーメントに対する照査

ねじりモーメントが卓越するような作用は生じないと考えられるので，照査を省略する.

②疲労破壊に対する検討

既設床版について，移動荷重による押抜きせん断疲労破壊に対する安全性の照査を行う.

・設計押抜きせん断力

T荷重による押抜きせん断力

$$P_d = \gamma_f\cdot\rho_T\cdot P = 1.0\times1.0\times100 = 100\ \text{kN}$$

ここに， $P = 100\ \text{kN}$ （T荷重による1輪あたりの荷重）

$\gamma_f = 1.0$ （荷重係数）

$\rho_T = 1.0$ （荷重修正係数）

・設計押抜きせん断耐力

$$P_{sx} = 2B\,(f_{cvd}\cdot x_m + f_{ctd}\cdot C_m) = 2\times470\times(3.84\times58.60+1.88\times30)/1000 = 264.5\ \text{kN}$$

$$P_{sxd} = P_{sx}/\gamma_b = 264.5/1.0 = 264.5\ \text{kN}$$

ここに， $b = 200\ \text{mm}$ （集中荷重面の配力鉄筋方向の辺長）

$d_d = 135\ \text{mm}$ （配力鉄筋の有効高さ）

$B = b + 2d_d = 200 + 2\times135 = 470\ \text{mm}$ （梁状化の有効幅）

$x_m = 58.60\ \text{mm}$ （中立軸深さ）

$C_m = 30\ \text{mm}$ （主鉄筋の中心かぶり厚）

$$f_{cvd} = 0.656 f_{cd}'^{0.606} = 0.656 \times 18.4^{0.606} = 3.84 \, \text{N/mm}^2$$

$$f_{ctd} = 0.269 f_{cd}'^{0.667} = 0.269 \times 18.4^{0.667} = 1.88 \, \text{N/mm}^2$$

$$\gamma_b = 1.0 \quad (部材係数)$$

・押抜きせん断疲労耐力

1965 年竣工（TL20）および大型車 923 台／日とし，設計耐用期間を 2045 年までと仮定する.

$$P_0 = \frac{C \cdot P_{sxd}}{N^k} = \frac{1.52 \times 264.5}{26{,}951{,}600^{0.07835}} = 105.2 \, \text{kN}$$

ここに，　$N = 923 \times 365 \times 80 = 26{,}951{,}600$ （P_d に対する等価繰り返し回数）

$k = 0.07835$

$C = 1.52$ （乾燥状態を仮定）

・押抜きせん断疲労破壊に対する安全性の照査

$$\gamma_i \frac{P_d}{P_0} = 1.1 \times \frac{100}{105.2} = 1.05 > 1.0 \quad 既設床版は，押抜きせん断疲労に対する安全性を満足していない.$$

5.3　下面増厚工法により補修・補強した床版中間部の性能照査

(1) 断面諸元および設計条件

下面増厚により補修・補強した床版の諸元を表 5.3 に，配筋を図 5.3 に示す.

表 5.3　下面増厚により補修・補強した床版の諸元

		補強後のRC床版
床版支間(m)		2.0
床版厚(mm)		180
増厚部の厚さ(mm)		30
主鉄筋断面 (mm)	上側鉄筋	φ16@200
	下側鉄筋	φ16@100
	有効高さ	150
	上側[　]	[30]
配力鉄筋断面 (mm)	上側鉄筋	φ13@200
	下側鉄筋	φ13@200
	有効高さ	105
	上側[　]	[45]
補強鉄筋 (mm)	主鉄筋	D10@100
	配力鉄筋	D10@100
	有効高さ	195
	配力方向[　]	[185]
疲労照査の変動荷重 （基本荷重 P=100kN）		等価繰り返し回数 Neq=336,895(回/年) （耐用年数：既設橋の供用開始から 55 年）
主たる変動荷重		B 活荷重
計画大型交通量		大型車両 1 日 1 方向 1000 台
舗装		アスファルト舗装，厚さ 75mm

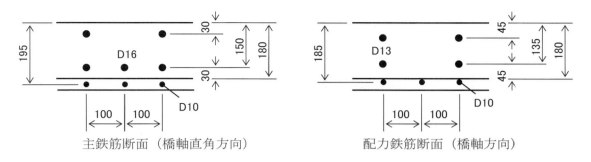

図5.3 下面増厚により補修・補強した床版の配筋

(2) 材料の特性値

増厚部モルタル(PCM)： $f'_{mk} = 40.0$ N/mm² （圧縮強度の特性値）

$f_{mck} = 2.0$ N/mm² （付着強度の特性値）

$E_c = 15.0$ kN/mm² （ヤング係数）

補強鉄筋（SD345）： $f_{syk} = 345$ N/mm² （降伏強度の特性値）

$E_s = 200$ kN/mm² （ヤング係数）

(3) 安全係数および修正係数

補強前の照査と同じ値を用いる．

(4) 安全性の照査

①部材破壊に対する検討

ⅰ) 曲げモーメントに対する照査

下面増厚により補修・修強した床版の主方向の単位幅（1m）について，曲げモーメントに対する安全性の照査を行う．

・設計曲げモーメント

安全性の照査に用いる設計曲げモーメント

$M_d = w_d \, l^2 / 10 = 6.84 \times 2.0^2 / 10 = 2.74$ kN・m

　　ここに， $w_d = 6.84$ kN/m （増厚部を加算）

　　　　　$l = 2.0$ m （床版支間）

$M_l = 24.8$ kN・m （補強前の床版と同じ）

$M_{sd} = \gamma_f \cdot \rho_D \cdot M_d + \gamma_f \cdot \rho_T \cdot M_l = 1.2 \times 1.0 \times 2.74 + 1.2 \times 1.65 \times 24.8 = 52.39$ kN・m

・設計曲げ耐力

既設床版の死荷重による残留応力を考慮して，ファイバーモデル（図5.4参照）を用いて曲げ耐力を算定する．コンクリートおよび鉄筋の応力－ひずみ関係は，コンクリート標準示方書のモデルを用いる．

$M_u = 115.5$ kN・m （ファイバーモデルによる計算値）

$M_{ud} = M_u / \gamma_b = 115.5 / 1.15 = 100.4$ kN・m

・曲げ破壊に対する安全性の照査

$\gamma_i \dfrac{M_{sd}}{M_{ud}} = 1.1 \times \dfrac{52.39}{100.4} = 0.57 < 1.0$　　補強された床版は，曲げモーメントに対する安全性を満足している．

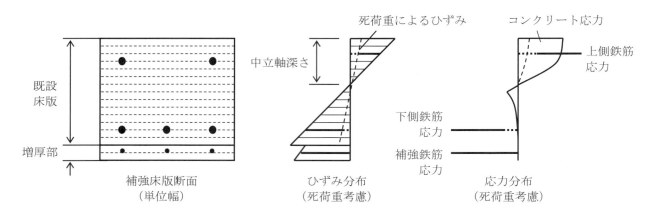

図5.4 下面増厚により補修・補強した床版のファイバーモデル概念図

ⅱ）支間中央部の増厚部の剥離に対する照査

最大曲げモーメント位置からひび割れ間隔L_eの区間（図5.5参照）について，増厚材の剥離破壊の検討を行う．A－A断面およびB－B断面の曲げモーメントは，図に示す状態を仮定した．

・検討断面の曲げモーメント

活荷重による曲げモーメントを用いる．

$M_l = 24.8$ kN・m

$\gamma_f = 1.2$ （荷重係数）

$\rho_T = 1.65$ （荷重修正係数）

$M_{sd} = \gamma_f \cdot \rho_T \cdot M_l = 1.2 \times 1.65 \times 24.8 = 49.10$ kN・m

（A-A断面）

$M_0 = M_{sd} = 49.10$ kN・m

（B-B断面）

$M_e = M_0 \cdot \left(1 - \dfrac{2L_e}{l}\right) = 49.10 \times \left(1 - \dfrac{2 \times 150}{2000}\right) = 41.73$ kN・m

ここに，$L_e = 150$ mm（有効付着長）

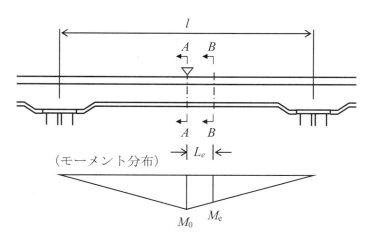

図5.5 床版支間中央部の増厚材の剥離破壊の検討区間

・増厚界面の設計せん断付着応力度

$$\bar{\tau}_m = \frac{F_{h0} - F_{he}}{B \cdot L_e} = \frac{111558 - 91791}{1000 \times 150} = 0.13 \, \text{N/mm}^2$$

ここに，$B = 1000$ mm（床版の単位幅）

（A-A 断面）

$\sigma_{r0} = 155.2$ N/mm^2（ファイバーモデルにより計算）

$F_{h0} = n \cdot A_r \cdot \sigma_{r0} = 10 \times 71.33 \times 155.2 = 111558$ N

$n = 10$ （単位幅あたりの補強筋の本数）

$A_r = 71.33$ mm^2（補強筋 1 本あたりの断面積）

（B-B 断面）

$\sigma_{re} = 127.7$ N/mm^2（ファイバーモデルにより計算）

$F_{he} = n \cdot A_r \cdot \sigma_{re} = 10 \times 71.33 \times 127.7 = 91791$ N

・増厚界面の設計せん断付着強度

$\tau_{mud} = 2.6 \, \sigma_{mud} = 2.6 \times 1.54 = 4.00$ N/mm^2

ここに，$\sigma_{mud} = f_{mck}/\gamma_m = 2.0/1.3 = 1.54$ N/mm^2（設計引張付着強度）

・増厚部（中間部）の剥離破壊に対する安全性の照査

$$\gamma_i \frac{\bar{\tau}_m}{\tau_{mud}} = 1.1 \times \frac{0.13}{4.00} = 0.036 \leq 1.0$$

ここに，$\gamma_i = 1.1$ （構造物係数）

補強された床版は，床版支間中部における増厚部の剥離破壊に対する安全性を満足している．

ⅲ）せん断力に対する照査

　下面増厚により補修・補強された部材では，荷重作用位置によっては部材端部の増厚材の剥離や既設部のかぶり割裂破壊を伴うせん断破壊が生じる場合がある．本例では，**図 5.6** に示すように床版の単位幅の部材についてせん断力に対する検討を行う．考慮する荷重は T 荷重とし，照査断面においてせん断力が最大となる荷重状態を想定する．

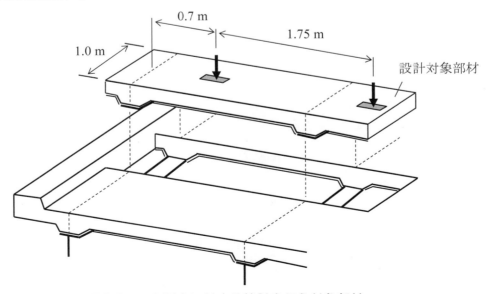

図 5.6　せん断力に対する検討を行う対象部材

・設計せん断力

検討断面は，図 5.7 に示すように主桁中心から 0.66m（ハンチ終点までの距離＋2.0d）離れた位置とした．死荷重と活荷重による検討断面の設計せん断力は以下のとおりである．

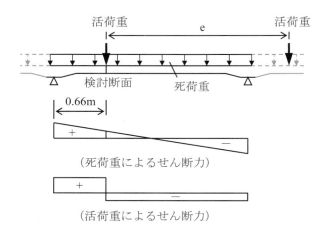

図 5.7　せん断力分布

死荷重によるせん断力

$$V_d = \frac{w_d(l-2x)}{2} = \frac{6.84 \times (2.0 - 2 \times 0.66)}{2} = 4.65 \text{ kN}$$

ここに，　$w_d = 6.84$ kN/m

　　　　　$l = 2.0$ m（支間長）

　　　　　$x = 0.66$ m（荷重点の位置）

活荷重によるせん断力

$$V_l = \frac{P(2l - 2x - e)}{l}$$

$$= \frac{100 \times (2 \times 2.0 - 2 \times 0.66 - 1.75)}{2.0} = 46.5 \text{ kN}$$

ここに，　$P = 100$ kN

　　　　　$e = 1.75$ m

安全性の照査に用いる設計せん断力

$$V_{sd} = \gamma_f \cdot \rho_D \cdot V_d + \gamma_f \cdot \rho_T \cdot V_l = 1.2 \times 1.0 \times 4.65 + 1.2 \times 1.65 \times 46.5 = 97.65 \text{ kN}$$

ここに，　$\gamma_f = 1.2$（荷重係数）

　　　　　$\rho_D = 1.0$（荷重修正係数）

　　　　　$\rho_T = 1.65$（荷重修正係数）

・設計せん断耐力

$$V_{cd} = \beta_{dr} \cdot \beta_{pr} \cdot \beta_n \cdot f_{vcd} \cdot b_w \cdot d_r / \gamma_b = 1.5 \times 1.186 \times 1.0 \times 0.529 \times 1000 \times 161.9 / 1.3 / 1000 = 117.1 \text{ kN}$$

ここに，　$f_{vcd} = 0.20 \sqrt[3]{f'_{cd}} = 0.20 \times \sqrt[3]{18.5} = 0.529$ N/mm^2

　　　　　$A_{s1} = 1986$ mm^2

　　　　　$A_{s2} = 713.3$ mm^2

$d_1 = 150 \text{ mm}$

$d_2 = 195 \text{ mm}$

$b_w = 1000 \text{ mm}$

$d_r = \dfrac{E_{s1} A_{s1} d_1 + E_{s2} A_{s2} d_2}{E_{s1} A_{s1} + E_{s2} A_{s2}} = \dfrac{200000 \times 1986 \times 150 + 200000 \times 713.3 \times 195}{200000 \times 1986 + 200000 \times 713.3} = 161.9 \text{ mm}$

$p_{wr} = \dfrac{A_{s1} + (E_{s2}/E_{s1}) A_{s2}}{b_w \cdot d_r} = \dfrac{1986 + (200000/200000) \times 713.3}{1000 \times 161.9} = 0.0167$

$\beta_{dr} = \sqrt[4]{1000/d_r} = \sqrt[4]{1000/162.0} = 1.576 \quad \rightarrow \quad \beta_{dr} = 1.5$

$\beta_{pr} = \sqrt[3]{100\, p_{wr}} = \sqrt[3]{100 \times 0.0167} = 1.186$

$\beta_n = 1.0$

$\gamma_b = 1.3$

・せん断破壊に対する安全性の照査

$\gamma_i \dfrac{V_{sd}}{V_{ud}} = 1.1 \times \dfrac{97.65}{117.1} = 0.92 < 1.0$　　補強された床版は，せん断力に対する安全性を満足している．

ⅲ）支間端部の増厚部の剥離破壊に対する照査

　本照査例では，既設部材にせん断補強筋が配置されていないので，せん断ひび割れの発生の有無を確認する（せん断力に対する照査）ことにより，増厚端部の剥離破壊に対する照査は省略できる．

ⅳ）かぶりコンクリート割裂破壊に対する照査

　上記同様に，既設部材にせん断補強筋が配置されていない場合は，せん断ひび割れの発生の有無を確認するだけでよく，かぶり割裂破壊の照査を行う必要はない．ここでは，参考として照査の例（**図5.8参照**）を示す．

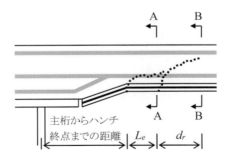

図5.8　かぶり割裂破壊の検討断面

・設計局部曲げモーメント

　$M_{rs} = F_h \cdot z = 142.7 \times 0.045 = 6.423 \text{ kN·m}$

　　ここに，　$F_h = n \cdot A_r \cdot \sigma_h = 10 \times 71.33 \times 200.1 / 1000 = 142.7 \text{ kN}$

　　　$n = 10$　（補強材料本数）

212 C.L.150 セメント系材料を用いたコンクリート構造物の補修・補強指針

$A_r = 71.33 \text{ mm}^2$（補強筋の断面積）

$\sigma_h = 200.1 \text{ N/mm}^2$（検討断面 A-A における補強材料の引張応力度）

※モーメントシフトを考慮し，B-B 断面の曲げモーメントを用いてファイバーモデルによって算定する．

$z = d_r - d = 195 - 150 = 45$　mm（既設部引張鉄筋と補強筋の高さ方向の距離）

・設計局部曲げ耐力（割裂ひび割れ発生設計モーメント）

$$M_{rud} = \frac{1}{6} f_{ct} (B - n_s \varphi_s) L_e^2 \Big/ \gamma_b = \frac{1}{6} \times 1.61 \times (1000 - 10 \times 16) \times 150^2 / 10^6 / 1.3 = 3.893$$

ここに，　$f_{ct} = 1.61 \text{ N/mm}^2$（既設部コンクリートの引張強度）

$B = 1000 \text{ mm}$（単位幅）

$n_s = 10$（既設部引張鉄筋の本数）

$\varphi_s = 16 \text{ mm}$（既設部引張鉄筋の直径）

$L_e = 150 \text{ mm}$（有効付着長）

$\gamma_b = 1.3$

・かぶり割裂破壊に対する安全性の照査

$$\gamma_i \frac{M_{rs}}{M_{rud}} = 1.1 \times \frac{6.423}{3.893} = 1.81 > 1.0$$　かぶり割裂破壊に対する安全性を満足していない．

ここに，　$\gamma_i = 1.1$（構造物係数）

※本来は，せん断補強された部材が斜めひび割れ発生後の耐力上昇中にかぶりが割裂破壊する可能性について照査するものであり，本例のようにせん断補強されていない場合はこの照査は不要である．

v）ねじりモーメントに対する照査

補強前と同様に，ねじりモーメントが卓越するような作用は生じないと考えられるので照査を省略する．

②疲労破壊に対する検討

i）押抜きせん断疲労破壊に対する照査

下面増厚により補修・補強した床版について，移動荷重による押抜きせん断疲労破壊に対する安全性の照査を行う．

・設計押抜きせん断力

補強前の床版と同じ値を用いる．

T 荷重によるせん断力

$P_d = 100 \text{ kN}$

・補強前の設計押抜きせん断耐力

$P_{sxd} = 264.5 \text{ kN}$

・補強後の設計押抜きせん断耐力

$$P_{sxd} = 2B (f_{cvd} \cdot x_m + f_{ctd} \cdot C_m + f_{mcd} \cdot t_m) / \gamma_b = 2 \times 470 \times (3.84 \times 68.98 + 1.88 \times 30 + 2.31 \times 30) / 1.0 = 367.1 \text{ kN}$$

ここに，　$B = 470 \text{ mm}$（梁状化の有効幅）

$f_{cvd} = 3.84 \text{ N/mm}^2$

$$f_{ctd} = 1.88\,\text{N/mm}^2$$

$$f_{mcd} = f_{mck}/1.3 = 3.0/1.3 = 2.31\,\text{N/mm}^2\;(\text{PCM 増厚部界面における設計付着強度})$$

$$x_m = 68.98\,\text{mm}\;(\text{中立軸深さ})$$

$$C_m = 30\,\text{mm}\;(\text{既設床版主鉄筋の中心かぶり厚})$$

$$t_m = 30\,\text{mm}\;(\text{PCM 増厚部の厚さ})$$

$$\gamma_b = 1.0$$

・押抜きせん断疲労破壊の疲労寿命

1965 年竣工（TL20）および大型車 923 台／日とし，設計耐用期間を 2035 年までと仮定する．

補強前の供用期間を 55 年，補強後の供用期間を 25 年と仮定し，それぞれの期間の疲労寿命を計算する．

補強前　　$n_1 = 923 \times 365 \times 55 = 18{,}529{,}225$

$$N_1 = \left(\frac{C \cdot P_{sxd}}{P_d}\right)^{1/k} = \left(\frac{1.52 \times 264.5}{100}\right)^{1/0.07835} = 51{,}651{,}102$$

補強後　　$n_2 = 923 \times 365 \times 25 = 8{,}422{,}375$

$$N_2 = \left(\frac{C \cdot P_{sxd}}{P_d}\right)^{1/k} = \left(\frac{1.52 \times 367.1}{100}\right)^{1/0.07835} = 3{,}378{,}724{,}623$$

マイナー則を適用して，以下の照査を行う．

$$\gamma_i\left(\frac{n_1}{N_1} + \frac{n_2}{N_2}\right) = 1.1 \times \left(\frac{18{,}529{,}225}{51{,}651{,}102} + \frac{8{,}422{,}375}{3{,}378{,}724{,}623}\right) = 0.40 < 1.0$$

補強された床版は，押抜きせん断疲労破壊に対する安全性を満足している．

ii）増厚材の疲労剥離破壊に対する照査

支間中央部の増厚界面について，繰り返し作用下の疲労剥離破壊について照査する．

・増厚界面の設計せん断付着応力度

$$\overline{\tau}_m = 0.13\,\text{N/mm}^2$$

・増厚界面の設計疲労せん断付着強度

$$\tau_{brd} = \tau_{mud}(1 - \tau_{b\min}/\tau_{mud})\left(1 - \frac{\log N}{20.4}\right)\Big/\gamma_m = 4.00 \times (1 - 0/4.00) \times \left(1 - \frac{\log 8{,}422{,}375}{20.4}\right)\Big/1.3 = 2.03\,\text{N/mm}^2$$

ここに，　$\tau_{b\min} = 0\,\text{N/mm}^2$（永久荷重作用時の増厚界面のせん断付着応力）

　　　　　$\tau_{mud} = 4.00\,\text{N/mm}^2$（増厚材料の設計せん断付着強度）

　　　　　$N = 923 \times 365 \times 25 = 8{,}422{,}375$（補強後の繰り返し回数）

　　　　　$\gamma_b = 1.3$

・増厚材の疲労剥離破壊に対する安全性の照査

$$\gamma_i\,\frac{\overline{\tau}_m}{\tau_{brd}} = 1.1 \times \frac{0.13}{2.03} = 0.071 > 1.0\quad\text{増厚材の疲労剥離破壊に対する安全性を満足している．}$$

6. 非線形有限要素解析を用いた検討例

6.1 既設床版中間部

(1) 断面諸元および設計条件

検討に用いた既設床版の諸元は，5節と同様である．ハンチ高は70mm，ハンチ幅は210mmとした．

解析モデルの概要を図6.1に示す．橋軸直角方向の連続性を考慮しない支間2.0mの単純版とした．一方，輪荷重による橋軸方向の曲げモーメント発生状況も検討するため，橋軸方向は連続性を考慮し，かつ橋軸方向の対称性を考慮したハーフモデルとした．横桁等の支持は設けていない．

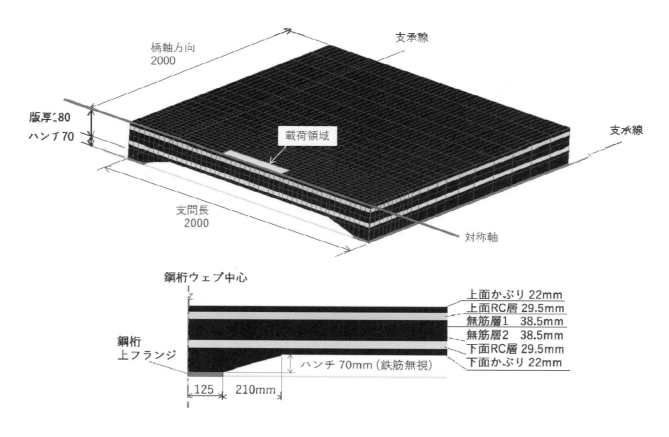

図6.1 既設床版の解析モデル概要

載荷領域が200×500mmと比較的大きいため，荷重制御と変位制御で異なる結果が得られることが想定される．そこで本節では，曲げが卓越すると考えられる荷重制御解析（載荷領域内に1ステップ4.4kN，全100ステップの単調増加荷重を与える）と，押抜きせん断が卓越すると考えられる変位制御（載荷領域内の版上面の節点をすべて1ステップあたり0.1mmずつ鉛直下向きに強制変位させる）と，2つの方法で実施した．

(2) 材料の特性値

検討に用いた材料特性値は，5節を基本とし，示されていなかった数値は以下のように決定した．

既設部コンクリート：f_{tk} =1.85 N/mm² （引張強度の特性値での圧縮強度約1/13）

その他： コンクリートの単位体積重量 d_c = 23.0 kN/m³

RC 要素の単位体積重量　　　　d_{RC} = 24.5 kN/m³

なお，解析モデルでは鉄筋コンクリートを鉄筋とコンクリートを一体化した RC 要素（埋込要素）で再現する．その際，既設部では丸鋼を用いていることから鉄筋とコンクリートとの付着が異形鉄筋を用いた場合よりも小さいことを想定し，コンクリートの引張軟化係数を無筋コンクリートと同等とした．

(3) 荷重制御解析における破壊性状

荷重制御解析で得られた荷重－版中央たわみ関係および断面変形図（倍率 30 倍），主ひずみコンター図を図 6.2 に示す．荷重－たわみ曲線にゆるやかな変曲点は認められるものの，明確な耐力の低下は認められなかった．版中央下面のひずみが最大となる曲げ変形が卓越しており，押抜きせん断破壊が生じないためと考えられる．

次に，支間中央（載荷直下）での下面鉄筋位置での鋼材負担応力と，上面コンクリート応力の推移を図 6.3 および図 6.4 に示す．応力は 1 要素（8 ガウス点を平均）あたりの値を示している．本解析では，版中央に載荷した際の下面の橋軸方向（配力鉄筋）降伏時荷重が 182kN，橋軸直角方向（主鉄筋）降伏時荷重は 240kN であった（図 6.3）．小さいほうの 182kN を設計降伏耐力とするとすれば，荷重修正係数等で割り増した設計荷重値 198kN を下回ることなる．なお，配力鉄筋降伏時の版上面コンクリートは最大でも設計圧縮強度の 1/10 程度であった．図 6.4 において，荷重が 300kN を超えたあたりで上面コンクリートの応力が急激に減少しているが，その原因は特定できていない．

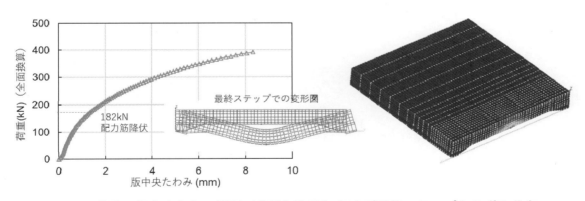

図 6.2　荷重―版中央たわみ関係（荷重制御法）および最終ステップ主ひずみ分布

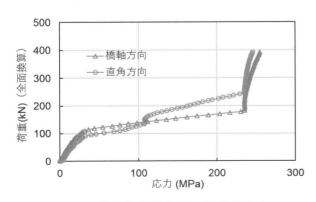

図 6.3　荷重と支間中央下面鉄筋応力の関係（荷重制御法）

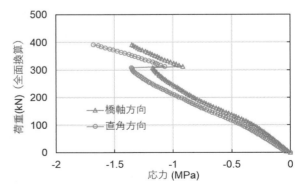

図 6.4　荷重と支間中央上面コンクリート応力の関係（荷重制御法）

(4) 変位制御解析における破壊性状

変位制御解析で得られた荷重－版中央たわみ関係および断面変形図（倍率30倍），主ひずみコンター図を図6.5に示す．載荷位置端部より斜め下方向に鮮明な高ひずみ領域がみられ，押抜きせん断破壊を呈していると判断できる．荷重－版中央たわみ関係で得られた荷重のピークは423kN，そのときのたわみは8.47 mmであった．

次に，支間中央（載荷直下）での下面鉄筋位置での鋼材負担応力と，上面コンクリート応力の推移を図6.6および図6.7に示す．応力は1要素（8ガウス点を平均）あたりの値を示している．変位制御法による解析では，版中央に載荷した際の下面の橋軸方向（配力鉄筋）降伏時荷重が231kN，橋軸直角方向（主鉄筋）降伏時荷重は284kNであった（図6.6）．曲げ変形が卓越する荷重制御法のときよりも鉄筋降伏のタイミングは遅いが，図6.5で得られる最大耐力よりも低い荷重で鉄筋が降伏していることを確認した．また，版上面コンクリートは，変位制御法でも設計圧縮強度の1/10程度以下であった．以上のことから，配力鉄筋の降伏時の荷重をピークと定義すれば，設計荷重を30%ほど上回るという結果が得られた．

なお，荷重制御に比較して変位制御の荷重のピークが増加し破壊モードが異なる結果となったのは，載荷領域が平面を保ったまま下方向へ変位させるためであり，言い換えれば剛体を押しつけていると考えることができる．したがって，作用荷重の状態を適切に考慮することに留意する必要がある．

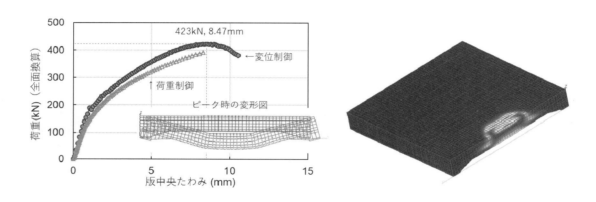

図6.5 荷重―版中央たわみ関係（変位制御法）およびピーク時主ひずみ分布

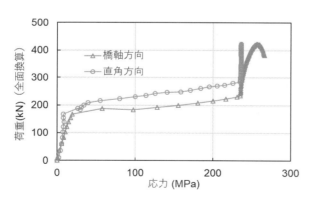 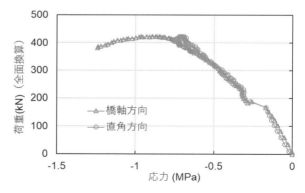

図6.6 荷重と支間中央下面鉄筋応力の関係（変位制御法）　　図6.7 荷重と支間中央上面コンクリート応力の関係（変位制御法）

6.2 下面増厚工法により補修・補強した床版中間部

(1) 断面諸元および設計条件

下面増厚の諸元は，5節と同様である．解析モデルの概要を図6.8に示す．

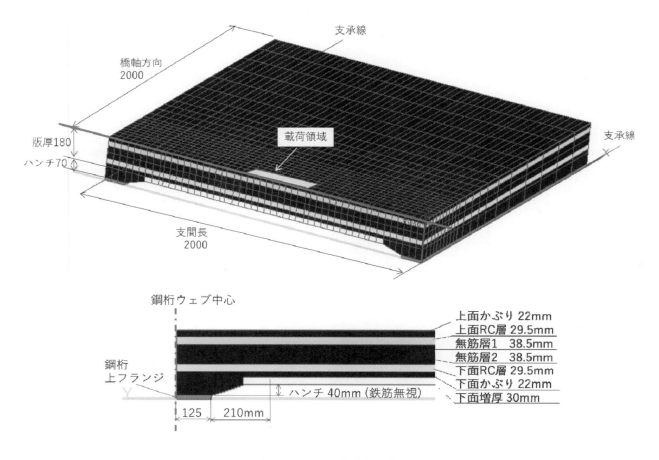

図6.8 補強後床版の解析モデル概要

(2) 材料の特性値

検討に用いた材料特性値は，既設部については6.1節で示したとおりである．増厚部の材料特性も5節を基本とし，示されていなかった数値は以下のように決定した．なお，既設部コンクリートと増厚部モルタルは完全接着しているものと仮定し，増厚部のはく離が発生しないものとした．

増厚部モルタル（PCM）： f_{tk}=3.08 N/mm² （引張強度の特性値で圧縮強度の約1/13）

その他：鉄筋を含む増厚部モルタルの単位体積重量 d_c = 24.5 kN/m³

(3) 荷重制御解析における破壊性状

6.1節と同じ手法で検討を行う．荷重制御解析で得られた荷重－版中央たわみ関係および断面変形図（変位50倍），主ひずみコンター図を図6.8に示す．荷重－たわみ曲線にゆるやかな変曲点は認められるものの，明確な耐力の低下は認められなかった．補強前と同様に，版中央下面のひずみが最大となる曲げ変形が卓越しており，押抜きせん断破壊が生じないためと考えられる．次に，支間中央（載荷直下）での増厚部下鉄筋位置での鋼材負担応力，既設部下面鉄筋位置での鋼材負担応力，さらに上面コンクリート応力の推移を

図 6.10〜図 6.12 に示す．応力は 1 要素（8 ガウス点を平均）あたりの値を示している．本解析では，補強前に比べて増厚によって剛性が大幅に増加しており，既設部も増厚部も鉄筋は降伏には至らなかった．ただし，既設部直角方向鉄筋の応力は最終ステップで 210MPa と設計降伏荷重の 90%に達していたことから，本解析の最終ステップ荷重 436kN を 0.9 で除した 484kN を降伏耐力と見なすことができる．なお，版上面コンクリートは最大でも設計圧縮強度の 1/10 程度であった．

荷重制御による解析においては，既設鉄筋の降伏に基づいて定義したピーク荷重は，補強後は補強前と比較して 2 倍以上増加するという結果となった．

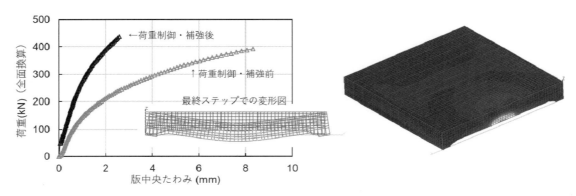

図 6.9　荷重—版中央たわみ関係（荷重制御法）および主ひずみ分布

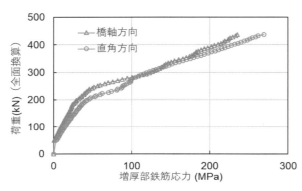

図 6.10　荷重と支間中央増厚部下面鉄筋応力の関係（荷重制御法）

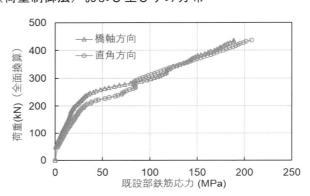

図 6.11　荷重と支間中央既設部下面鉄筋応力の関係（荷重制御法）

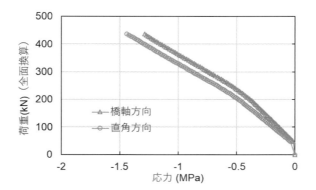

図 6.12　荷重と支間中央上面コンクリート応力の関係（荷重制御法）

(4) 変位制御解析における破壊性状

変位制御解析で得られた荷重－版中央たわみ関係を図6.13に示す．解析で得られた荷重のピークは615 kNであり，補強前に比べ45%耐力が増加した．また，そのときのたわみは1.36mmであった．

次に，支間中央（載荷直下）での増厚部下面鉄筋位置での鋼材負担応力，既設部下面鉄筋の鋼材負担応力，また上面コンクリート応力の推移を図6.14〜図6.16に示す．応力は1要素（8ガウス点を平均）あたりの値を示している．変位制御法による解析では，増厚部直角方向（主鉄筋）が518kNで（図6.14），また既設部鉄筋は直角方向（主鉄筋）が490kNで（図6.15）降伏した．

変位制御の場合は，補強前でも押抜きせん断破壊に対してはピーク荷重に余裕があったが，補強後では剛性とともにピーク荷重が大きく増加し，さらに大きな安全余裕度が得られる結果となった．

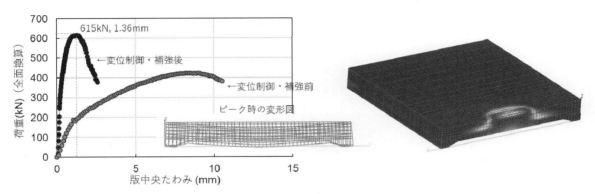

図6.13　荷重—版中央たわみ関係（変位制御法）およびピーク時主ひずみ分布

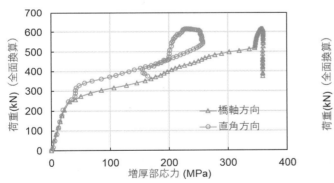

図6.14　荷重と支間中央増厚部下面鉄筋応力の関係（変位制御法）

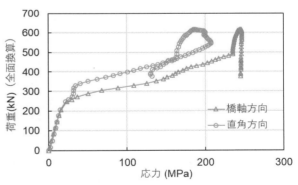

図6.15　荷重と支間中央既設部下面鉄筋応力の関係（変位制御法）

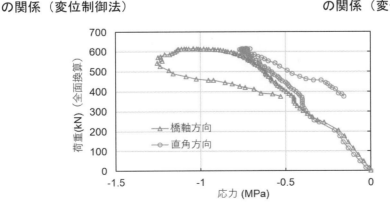

図6.16　荷重と支間中央上面コンクリート応力の関係（変位制御法）

6.3 下面増厚工法により補修・補強した床版の解析における課題

　本節では，下面増厚によって補修・補強した床版について，補強後の剛性や耐荷力の増加がどの程度となるかを解析によって検討したものである．解析対象の部材の諸元や支持条件は，3.1 節の設計例で用いたものと同じであるが，制御のみ荷重と変位の両方を実施してみた．ただし，本解析では増厚部の既設部が一体となる仮定をしており，増厚部の剥離破壊やかぶり割裂破壊は表現できないものである．実現象として，道路橋床版のように移動荷重が作用する場合には，繰り返し作用による押抜きせん断破壊や剥離破壊が生じる可能性もあると考えられる．近年，鉄筋コンクリート部材の解析においては，繰返し作用を受ける場合についても高い精度の評価が可能となっており，下面増厚補強された部材への拡張が望まれる．

付属資料　巻立て工法編

付属資料　巻立て工法編

1. セメント系材料を使用した巻立て工法の発展

大正 12 年の関東大震災による構造物の壊滅的な被害以降，各種構造物の規準が改訂され，耐震設計が見直されてきた．昭和 53 年の宮城県沖地震以降では鉄筋コンクリート橋脚の変形性能の照査法が加えられ，橋脚の軸方向鉄筋段落し部のせん断耐力が見直された．関東大震災以来の甚大な被害をもたらした平成 7 年の兵庫県南部地震以降は橋梁全体系として変形性能を向上させ耐震性を高める設計の考え方が導入された．橋脚に関しては，主に軸方向鉄筋の段落し部を補強し，橋脚の変形性能を向上させる鉄筋コンクリート巻立て工法，鋼板巻立て工法，連続繊維巻立て工法などが事例集，設計施工要領などにまとめられ適用されてきた [1], [2].

鉄筋コンクリート巻立て工法は，既設橋脚の外周に鉄筋コンクリートを巻き立てて断面を増加させ，せん断耐力，じん性や曲げ耐力を向上させる工法である．この工法では，既設橋脚のコンクリート面をブラストなど適切な下地処理を行った後にコンクリートを巻立て，新旧コンクリートの付着を確保し既設部と巻立て部が一体となって機能するようにする必要がある．既設橋脚の外周に横方向鉄筋を配置してコンクリートを巻き立てることによりせん断耐力が向上し，橋脚基部のじん性の向上も可能である．壁式橋脚のじん性を向上させる場合には，横方向鉄筋に加えて中間貫通鋼材を配置することが必要となる．段落し部の外周に軸方向鉄筋を配置してコンクリートを巻立て段落し部の曲げ耐力およびせん断耐力を向上させることが可能であり，さらにフーチングに軸方向鉄筋を定着して橋脚基部の曲げ耐力を増加させることも可能である．軸方向鉄筋をフーチングに定着しない場合にはせん断耐力やじん性が向上するが，橋脚基部の曲げ耐力の増加は少なく，想定以上の地震が生じた場合でも基礎への負担が少ないメリットがある．じん性の改善だけでは所要の耐震性能が確保できない場合には，軸方向鉄筋をフーチングに定着して曲げ耐力の向上を図る方法が採られる．曲げ耐力を大幅に増加させる必要があり過大な基礎の補強が必要となる場合には，免震構造化および地震時水平力分散構造化などを検討することが望ましいとされている [2]．これらの有効性を有する鉄筋コンクリート巻立て工法は，1980 年ごろから被災した橋脚の補修方法として検討されており [3], [4]，兵庫県南部地震以降は，現在の耐震設計法の確立とともに事前の耐震補強法として適用されてきた [2], [5], [6], [7]．維持管理が容易で，経済性に優れ広く用いられてきたが，容積が増加するため，自重の増加，建築制限，河積阻害率など制約がある構造物では注意が必要である [1].

前述の容積・重量の増加を抑制する工法として，ポリアクリル酸エステル系（以下 PAE と称す）ポリマーセメントモルタルによる耐震補強工法 [8]，特殊ポリマーセメントモルタル吹付けによる既設 RC 橋脚の耐震補強工法 [9] などが確立されている．

PAE 系ポリマーセメントモルタルによる橋脚の巻立て工法（PP 工法と称す）は，コンクリートや鉄筋との付着力が大きくかつ中性化速度が小さいため鉄筋のかぶりを小さくすることができること，さらに，左官や吹付工法で施工できることから型枠作業を必要としないなど，RC 巻立て工法の難点を解決する工法として，兵庫県南部沖地震を契機に注目が集まった．そこで，耐震補強用工法としての適用性を調べる目的で，種々の構造実験 [10], [11] が行われ，後施工鉄筋を併用する PP 工法は，耐力の増加やじん性増加を目的とした補強に適した工法であることが実証された．その結果，PP 工法は柱の断面積に制限を受ける場合の有効な工法として，活用されるようになった．この工法は，既設コンクリート構造物の表面に適切なケレンを施し下地処理を行った後に，構造物に密着させて補強鉄筋を配置し PAE 系ポリマーセメントモルタルを左官工法及び吹付工法により所定の厚みに巻きたてる工法である．RC 工法に比べ断面が小さくなるだけでなく，手間とスペースを必要する型枠作業が不要なるなど，工期も大幅に短縮される．2012 年には，コンクリート標準示方書

に準じた補強設計と施工・管理についてとりまとめたマニュアル[8]が制定された．その後もマニュアルの見直しは続いており，2016年には第2版2冊が発刊されている．これらは，これまでに存在していたポリマーセメントモルタルによる補修マニュアルを見直したものもので，その主なものは以下のとおりである．①PAEの材料特性の再検討を行い，規格値を新たに定めた．②PAE の促進中性化試験を実施し，初期養生が耐久性指標に与える影響が大きいことを検証すると同時に，中性化速度は W/C＝６０％の普通モルタルのそれに対して１／５程度と小さいことを確認した．③PAE で補強した棒部材のせん断耐力の算定方法を定式化し，使用状態の曲げひび割れ幅の推定方法を定性的に提案した．④吹付工法の適用性を拡大した．⑤補強鉄筋の重ね継手の要素試験およびはりの曲げ試験を実施し，継ぎ手の設計方法を取り入れるなど，設計から施工・管理に至る考え方を統一することでマニュアルとしての理解と便宜を図った．

　特殊ポリマーセメントモルタル吹付けによる既設RC橋脚の耐震補強工法は既設橋脚のコンクリート面をブラストもしくはウォータージェット工法などで適切に下地処理を行った後に，橋脚に軸方向鉄筋を接触配置し帯鉄筋で拘束してポリマーセメントモルタルを湿式吹き付け工法により巻き立てる工法である．また補強筋として鉄筋の他FRPグリッドを使用することも可能である．2000年以前は断面修復工法や下面増厚工法はポリマーセメントモルタルをコテ塗りにより増厚施工する工法が主であったが，施工の効率化を目的に2001年に湿式による吹付け施工方法の材料と施工の開発が行われた．その結果，大規模施工の断面修復工法や下面増厚工法の場合は吹付けによる施工が行われるようになった．2007年に中村，日野らはポリマーセメントモルタルの耐久性と靭性能が高いことと，吹付けによる合理化施工に着目し，ポリマーセメントモルタル吹付けによる既設RC橋脚の耐震性能実験を行った[12]．実験では補強筋として鉄筋を使用した場合と腐食に強いFRPグリッド[13]を使用した場合，吹付け用ポリマーセメントモルタルは高強度タイプと低弾性タイプの材料を使用し耐震性能を確認している．実験の結果，レベル1，2の地震力に対し補強として鉄筋を使用した場合とFRPグリッドを使用した場合，高強度タイプのポリマーセメントモルタルと低弾性タイプの材料を使用した場合のすべての組み合わせで要求される耐震性能が発揮される事を示した．また，中村，日野らは2008年に補強筋と吹付け用ポリマーセメントモルタルを用いた巻立て工法により補強した橋脚の段落とし部の耐震性能試験を実施した[14]．実験の結果，段落し部に補強筋と吹付け用ポリマーセメントモルタルを巻き立てることにより，段落とし部の曲げ耐力が向上することを示した．さらに，基部に塑性ヒンジが形成され，破壊位置が段落し部から橋脚基部の曲げ破壊に移行することを確認し，段落し部の補強効果を示した．

　軸方向鉄筋埋設方式ポリマーセメントモルタル巻き立て工法は，既設橋脚表面鉛直方向に溝を切削して軸方向補強鉄筋を埋め込み，エポキシ樹脂で定着することで補強断面厚を大幅に削減させることを目的に開発された．2003年に正負交番載荷試験を実施した結果，軸方向鉄筋を既設躯体外に配置するポリマーセメントモルタル巻立て工法と同等の耐力向上の効果を有することと，溝内に充填されたエポキシ樹脂により基部における軸方向補強鉄筋の座屈はらみ出しが抑制され，ひび割れが軸方向に分散し，じん性が向上することが確認された[15],[16]．軸方向補強鉄筋は既設橋脚内に埋設されるため，補強断面厚は補強鉄筋径の影響を受けないことが大きな特徴で，施工条件によって左官工法，吹付工法を選択できるように施工方法が確立されている[17]．

　これらの実験結果を基にポリマーセメントモルタルを用いた巻き立て工法は補強鉄筋を既設構造物の躯体に配置することで，容積の増加を抑制することが可能であり，RC 巻き立て工法の標準的な巻き立て厚さ250mm に対して 1/5 以下に巻きたて厚さを低減しても耐震性能を有することが示されている．そのため，RC巻き立て工法の標準的な巻き立て厚さ 250mm が河積阻害率，建築限界などの限界値を超える橋脚の耐震補強工法としてポリマーセメントモルタルを用いた巻き立て工法は国土交通省，地方自治体，高速道路各社で採

用されてきている．そのうちポリマーセメントモルタル吹付けによる巻立て工法は2007年より実橋で採用されてきている [18]．

参考文献

1) 既設橋梁の耐震補強工法事例集，財団法人海洋架橋・橋梁調査会，2005.4

2) 設計要領第二集 橋梁保全編，東日本高速道路株式会社，中日本高速道路株式会社，西日本高速道路株式会社，2015.7

3) 橋脚の耐震補修，補強に関する実験的研究，石橋忠良，古谷時春，コンクリート工学年次講演論文集 Vol.5，1983

4) 震災を受けた橋脚の RC 巻立て補修の効果，森濱和正，小林茂敏，高橋正志，コンクリート工学年次講演会論文集 Vol.7，pp.577-580，1985

5) 既設道路橋の耐震補強に関する参考資料，社団法人日本道路協会，1997.8

6) 構造物施工管理要領，東日本高速道路株式会社，中日本高速道路株式会社，西日本高速道路株式会社，2015.7

7) 既存鉄道コンクリート高架橋柱などの耐震補強設計・施工指針-スパイラル筋巻立工法-，財団法人，鉄道総合技術研究所，1996

8) PAE 系ポリマーセメントモルタルを用いたコンクリート構造物の補修・補強に関する設計・施工マニュアル（案），一般社団法人 PCM 工法協会，2014 .12

9) SRShotcrete 工法 特殊ポリマーセメントモルタル吹付けによる既設 RC 橋脚の耐震補強工法 設計・施工マニュアル（案），ＲＣ構造物のポリマーセメントモルタル吹付け補修・補強工法協会（吹付け協会），2015.9

10) マグネラインによる RC 橋脚の耐震補強模型実験 報告書，鹿島技術研究所，マグネ化学（株）．1996.12

11) PP マグネラインで補強した橋脚の正負交番載荷試験 報告書，ハザマ技術研究所，マグネ化学（株），1998.3

12) PCM 吹付け工法による既設 RC 橋脚の耐震補強に関する実験的研究，中村智，日野伸一，山口浩平，佐藤貢一，コンクリート工学年次論文集，Vol. 29，No. 3，2007

13) FRP グリッド増厚・巻立て工法によるコンクリート構造物の補修・補強 設計・施工マニュアル（案），FRP グリッド工法研究会，2007.7

14) PCM 吹付け工法による既設RC 橋脚の段落とし部の耐震補強に関する実験的研究，中村智，日野伸一，山口浩平，佐藤貢一コンクリート工学年次論文集，Vol.30，No.3，2008

15) 既設ＲＣ橋脚の鉄筋埋設方式ＰＭＭ巻立て工法に関する実験的研究，日野伸一，小沼恵太郎，山口浩平，榎本碧，西村健志，彌永敏明，構造工学論文集，Vol.51A，2005

16) 既設ＲＣ橋脚の鉄筋埋設方式ＰＭＭ巻立て工法に関する実験的研究，小沼恵太郎，日野伸一，彌永敏明，山口浩平，榎本碧，第59回年次学術講演会論文，2004

17) ＡＴ－Ｐ工法 設計・施工指針 AT工法研究会 2007. 10

18) 番匠大橋耐震補強工事における橋脚耐震補強方法について，児玉敏幸，佐藤晴章，原薗良和，北平京治，国土交通省九州技報，2007. 4

2. 巻立て工法の事例

セメント系材料を用いたコンクリート構造物の補修・補強指針
巻立て工法施工事例

物件名、発注者	平成 20 年度杉谷川第 1・第 2 水管橋補強工事
構造物の種別	鉄筋コンクリート橋脚
構造物管理者	独立行政法人水資源機構 三重用水管理所
竣工年	昭和 56 年竣工
設置された住所	三重県三重郡菰野町大字杉谷地内
設置された路線	三重用水地区幹線水路 宮川調整池～菰野調整池間
巻立て目的と時期	平成 14 年道示対応の耐震性能確保 平成 22 年 3 月
巻立て構成	軸方向鉄筋：D22 @ 154.84 帯鉄筋：D22 @ 150 巻立て材料：24-8-20(25)普通　　厚さ：250mm
施工方法	下地処理：ウォータージェット工法 巻立て工法：コンクリート巻立て工法
施工図面・施工状況	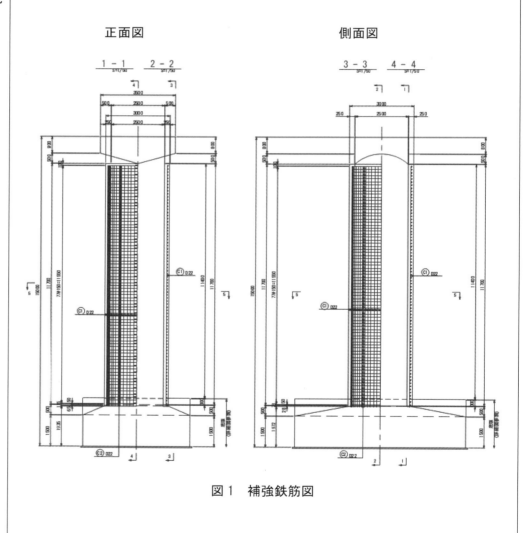<div align="center">図 1　補強鉄筋図</div>

| 施工図面・施工状況 |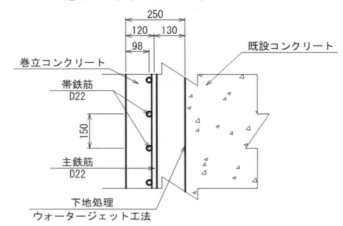

図2　補強鉄筋断面図

写真1　鉄筋組立て状況

写真2　巻立て完了 |
| 参考文献 | |

セメント系材料を用いたコンクリート構造物の補修・補強指針
巻立て工法施工事例

物件名、発注者	福田大橋外橋梁補修工事
構造物の種別	鉄筋コンクリート橋脚
構造物管理者	国土交通省　東北地方整備局　仙台河川事務所
竣工年	昭和32年3月竣工（上り）、昭和49年3月竣工（下り）
設置された住所	宮城県仙台市宮城野区福室
設置された路線	一般国道４５号
巻立て目的と時期	平成14年道示対応の耐震性能確保、平成24年3月
巻立て構成	軸方向鉄筋：D32 @ 250　　　帯鉄筋 D25 @ 150 中間貫通筋：無し 巻立て材料：ポリマーセメントモルタル　厚さ85mm
施工方法	下地処理：　バキュームブラスト工法 巻立て工法：ポリマーセメントモルタル吹付け工法 表面仕上げ：なし
施工図面・施工状況	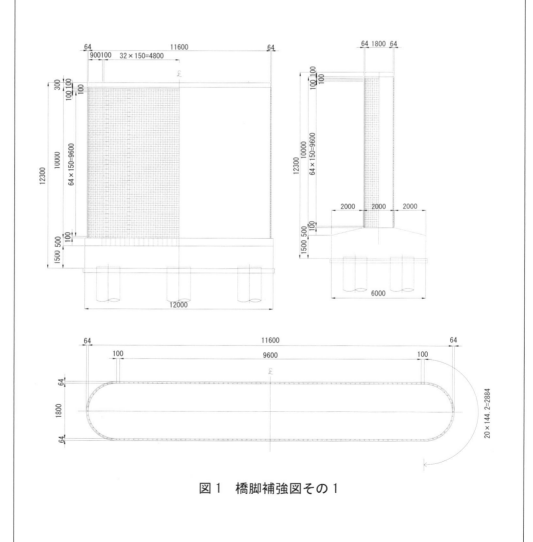 図１　橋脚補強図その１

施工図面・施工状況	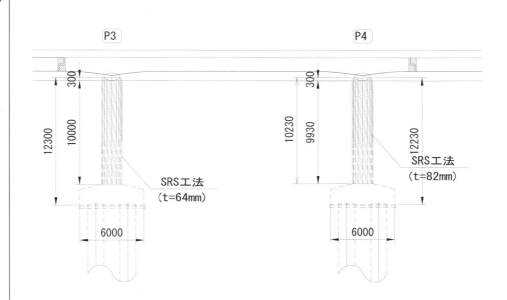 図2 橋脚補強図その2  写真1 吹付け施工状況  写真2 巻立て完了[1]
参考文献	1)特殊ポリマーセメントモルタル吹付けによる既設RC橋脚の耐震補強工事（SRS工法） －一般国道４５号福田大橋の耐震補強工事－、岩淵賢一、吉田千里、土木施工 2014.8, p83-84

228   C.L.150　セメント系材料を用いたコンクリート構造物の補修・補強指針

セメント系材料を用いたコンクリート構造物の補修・補強指針
巻立て工法施工事例

物件名、発注者	平成 18 年度　22 号一宮地区橋梁補強工事
構造物の種別	鉄筋コンクリート橋脚
構造物管理者	国土交通省　中部地方整備局　名古屋国道事務所
竣工年	昭和 38 年竣工，昭和 31 年道示
設置された住所	愛知県一宮市丹陽町伝法寺（伝法寺橋）
設置された路線	国道 22 号線（一級河川　五条川）
巻立て目的と時期	平成 14 年道示対応の耐震性能及び河積阻害率の確保，平成 19 年 3 月
巻立て構成	外柱＝軸方向鉄筋：橋軸方向 D35 @ 125，橋軸直角方向 D35@150，帯鉄筋：D22@ 100 内柱＝軸方向鉄筋：橋軸方向 D29 @ 125，橋軸直角方向 D29@150，帯鉄筋：D22@ 100 巻立て材料：ポリマーセメントモルタル，厚さ：外柱 80mm，内柱 73mm 河川内橋脚の補強で，基部定着あり
施工方法	下地処理：バキュームブラスト工法 巻立て工法：ポリマーセメントモルタル左官工法 表面仕上塗装：ポリウレタン樹脂塗料
施工図面・施工状況	 図 1　橋脚巻立て補強図（全体） 図 2　補強鉄筋正面図（上り線）

施工図面・施工状況	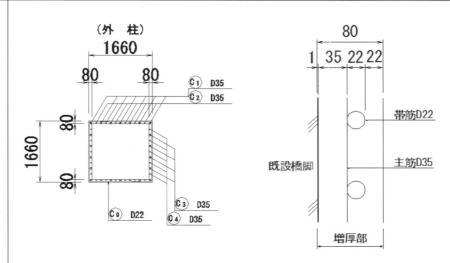

図3　補強鉄筋平面図　　　図4　補強鉄筋断面図

写真1　左官施工状況

写真2　巻立て完了 |
| 参考文献 | |

セメント系材料を用いたコンクリート構造物の補修・補強指針
巻立て工法施工事例

物件名、発注者	平成24年度　42号新船木橋耐震補強工事
構造物の種別	鉄筋コンクリート橋脚
構造物管理者	国土交通省　中部地方整備局　紀勢国道事務所
竣工年	昭和42年竣工，昭和39年道示
設置された住所	三重県多気郡大台町地内（新船木橋）
設置された路線	国道42号線（一級河川　宮川）
巻立て目的と時期	平成14年3月道示対応の耐震性能及び河積阻害率の確保，平成26年3月
巻立て構成	軸方向鉄筋：橋軸方向 D51@250，帯鉄筋：D25@ 150 中間貫通筋：なし 巻立て材料：ポリマーセメントモルタル，厚さ：101mm 河川内橋脚で，基部定着あり
施工方法	下地処理：バキュームブラスト工法 巻立て工法：ポリマーセメントモルタル吹付工法 表面仕上塗装：柔軟型ポリウレタン樹脂塗料
施工図面・施工状況	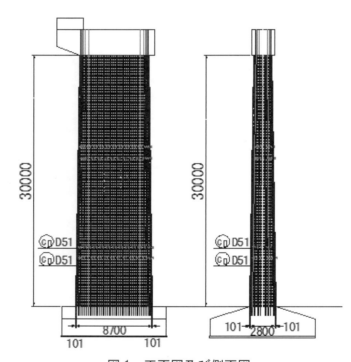 図1　正面図及び側面図 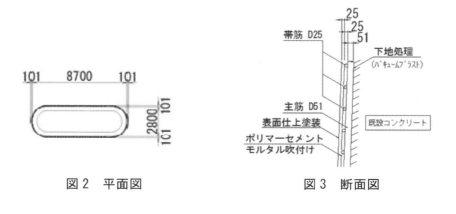 図2　平面図　　　　　図3　断面図

施工図面・施工状況	

写真1 鉄筋組立状況

写真2 吹付け施工状況

写真3 巻立て完了 |
| 参考文献 | |
| 施工図面・施工状況 | |

セメント系材料を用いたコンクリート構造物の補修・補強指針
巻立て工法施工事例

物件名、発注者	雨河内橋外橋梁補修工事
構造物の種別	鉄筋コンクリート橋脚
構造物管理者	山梨県峡南建設事務所
竣工年	平成3年5月竣工、昭和55年道示
設置された住所	山梨県南巨摩郡身延町下部地内
設置された路線	県道415号線
巻立て目的と時期	平成21年道示対応の耐震性能確保、河積阻害率低減のため鉄筋埋設型ポリマーセメントモルタル巻立て工法を採用、平成24年12月
巻立て構成	軸方向鉄筋：D38 @ 130　　　帯鉄筋 D22 @ 100 鉄筋定着材料：エポキシ樹脂 巻立て材料：ポリマーセメントモルタル　厚さ41mm
施工方法	下地処理　　バキュームブラスト工法 鉄筋埋設定着　埋設溝切削、鉄筋立込み、エポキシ樹脂充填 巻立て　　　ポリマーセメントモルタル左官工法 表面仕上げ　水系ウレタン弾性仕上げ材塗布
施工図面・施工状況	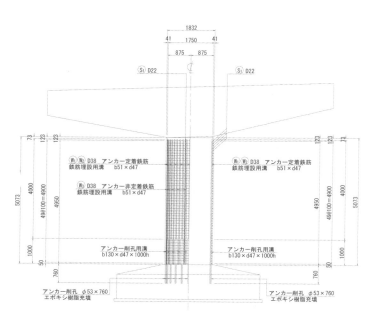 図1　橋脚補強正面図 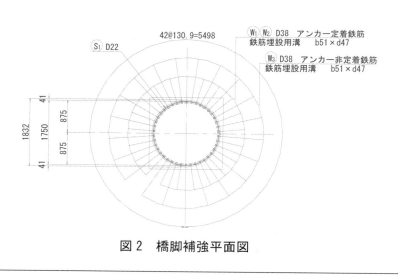 図2　橋脚補強平面図

施工図面・施工状況	
	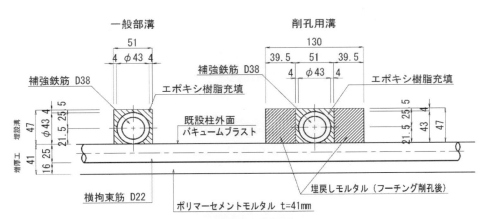
図3 埋設溝・被覆厚詳細図

写真1 鉄筋立込み状況

写真2 巻立て完了 |
| 参考文献 | |

3. 巻立て工法の設計例

3.1 概要

この補修・補強設計例は，本補強指針のせん断耐力の算定方法を示すことを目的に作成しており，実在の構造物を対象にしたものではない．対象構造物として，昭和55年制定の道路橋示方書により設計された矩形の単柱式鉄筋コンクリート橋脚を選定した．対象構造物の概要を3.2，使用材料を3.3に示す．

対象部材は，供用から20年経過するも目立った損傷，劣化はないものとし，耐震基準の変更によりせん断耐力が不足するため，巻立て工法による補強が必要であるとした．

3.2 対象構造物

形式	：RC矩形断面柱橋脚
基礎形式	：直接基礎
重要度の区分	：B種の橋
設計水平震度	：A1地域
地盤種別	：I種地盤
地震動	：レベル2地震動（タイプII）

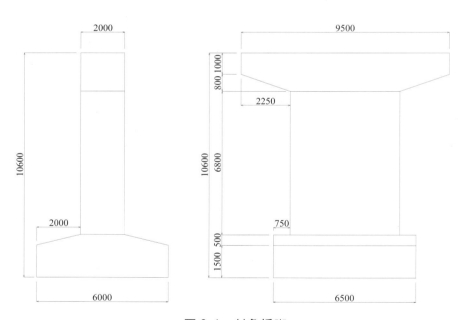

図3.1　対象橋脚

3.3 既設部使用材料

コンクリートの設計基準強度	σ_{ck}	：21.0N/mm^2
軸方向鉄筋材質		：SD295
		（橋軸方向，D32ctc100mm，A_h=38915.8mm^2）
		（橋軸直角方向，D32ctc100mm，A_h=15089.8mm^2）
帯鉄筋材質		：SD295（D16ctc300mm，A_w=198.6mm^2）

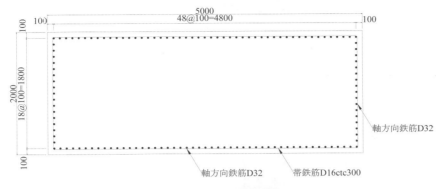

図 3.2 既設橋脚断面図

3.4 照査方針

破壊・崩壊に対する安全性に関する要求性能は，「道路橋示方書・V 耐震設計編」で定める地震動に対して，橋脚が鉄筋コンクリート部材として保有している

　　① 部材のせん断耐力
　　② 設計耐用期間中の鋼材腐食に対する耐久性

に関する性能照査により評価するものとした．なお，本照査例では補強後のせん断耐力算出に主眼を置くこととし，終局変位の照査の記載を省略した．

3.5 安全係数の設定

「コンクリート標準示方書・設計編：標準」ならびに「本指針」を参考として，レベル 2 地震動（タイプ II）に対する安全性の照査に用いる各安全係数を表 3.1 に示すとおり設定した．

表 3.1 安全性の照査に用いる安全係数

材料区分	材料係数 γ_m	材料修正係数 ρ_m	部材係数 γ_b	構造解析係数 γ_a	構造物係数 γ_i	作用係数 γ_f
コンクリート	1.3	—	1.2	1.0	1.0	1.0
モルタル	1.3	—	1.56 (V_{cd})			
鉄筋	1.0	1.2	1.32 (V_{sd})			

3.6 補強前の照査

3.6.1 照査荷重（補強前）

「道路橋示方書・V 耐震設計編」に基づき，地震時保有水平耐力法に用いるタイプ II 地震動による作用荷重を算出するものとし，基部における作用荷重を表 3.2 に示す．

上部工死荷重反力　　　　　：3000kN
上部工慣性力の作用位置　　：橋軸方向 1.5m，橋軸直角方向 1.5m
躯体自重　　　　　　　　　：2416kN
重心高さ　　　　　　　　　：4.758m

表 3.2 補強前作用荷重

	橋軸方向	橋軸直角方向
作用モーメント(kN-m)	38249	109397
軸力(kN)	5416	5416

3.6.2 地震時保有水平耐力の算定

「コンクリート標準示方書・設計編：標準」に準じ，曲げ耐力，せん断耐力を算出し，せん断耐力に対する検討を行った．曲げ耐力 M_u の算出には，図 3.3 に示す応力－ひずみ関係を用い，すべての軸方向全鉄筋を考慮し，鋼材の引張降伏強度の特性値は JIS 規格値の下限値に材料修正係数を乗じた値とした．算定結果を表 3.3 に示す．橋軸方向，橋軸直角方向とも $\gamma_i \cdot V_{mu}/V_{yd} > 1.0$ となり，せん断補強を行う必要があると判断される．

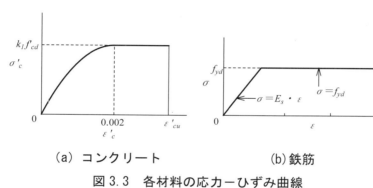

(a) コンクリート　　(b) 鉄筋

図 3.3　各材料の応力－ひずみ曲線

表 3.3　補強前せん断耐力に対する検討

		橋軸方向	橋軸直角方向
曲げ耐力(kN-m)	M_u	38059	89606
せん断スパン(m)	L_a	10.1	10.1
部材が曲げ耐力に達するとのきの断面のせん断耐力(kN)	V_{mu}	3768	8872
設計せん断耐力(kN)	V_{yd}	2454	2415
構造物係数	γ_i	1.0	1.0
照査	$\gamma_i \cdot V_{mu}/V_{yd}$	1.54	3.67
判定		>1.0 せん断破壊モード	>1.0 せん断破壊モード

3.7 補強後の照査

3.7.1 補強方針

巻立て工法によりせん断補強を行うこととし，以下により部材の断面諸元を設定した．

- 断面の増加を抑えるためにポリマーセメントモルタルを使用する．
- 巻立て部の厚さは，新たに配置する軸方向鉄筋径と帯鉄筋径の 2 倍とを加算した厚さとする．
- 新たに配置する軸方向鉄筋は，橋脚基部の曲げ耐力を増加させないために，橋脚基部に定着しないものとし，D22ctc300mm 以上[1]とする．

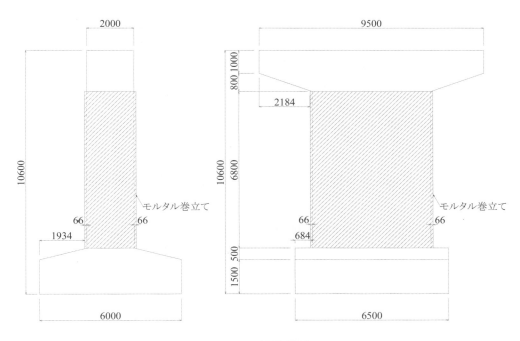

図 3.4　補強概略

3.7.2　補強部使用材料

巻立て厚さ		: 66mm
モルタルの設計基準強度	σ_{ck}	: 30.0N/mm^2
軸方向鉄筋材質		: SD345
		（橋軸方向 D22ctc290mm）
		（橋軸直角方向 D22ctc273mm）
帯鉄筋材質		: SD345（D22ctc150mm，A_w=387.1mm^2）

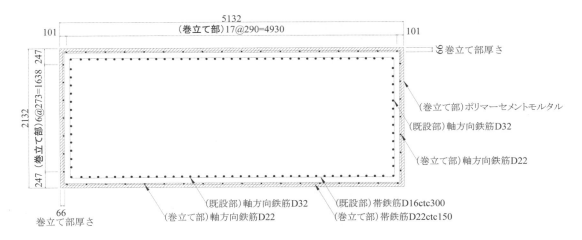

図 3.5　補強後断面図

238　　　　　C.L.150　セメント系材料を用いたコンクリート構造物の補修・補強指針

3.7.3　照査荷重（補強後）

「道路橋示方書・V 耐震設計編」に基づき，地震時保有水平耐力法に用いるタイプⅡ地震動による作用荷重を算出するものとし，基部における作用荷重を**表 3.4** に示す．

上部工死荷重反力	: 3000kN
上部工慣性力の作用位置	: 橋軸方向 1.5m，橋軸直角方向 1.5m
躯体自重	: 2573kN
重心高さ	: 4.675m

表 3.4　補強後作用荷重

	橋軸方向	橋軸直角方向
作用モーメント(kN-m)	31170	19914
軸力(kN)	5573	5573

3.7.4　せん断耐力 V_{yd} の算定

設計せん断耐力 V_{yd} は，**本指針巻立て工法編 6 章** 式（6.4.1）～（6.4.4）により求めた．計算結果および計算に用いた諸量を**表 3.5** に示す．

$$V_{yd} = V_{cd} + V_{sd} + V_{asd} \tag{6.4.1}$$

$$V_{cd} = \beta_{dr} \cdot \beta_{pr} \cdot \left(f_{vcd} \cdot b_w + f_{avcd} \cdot b_{aw} \right) \cdot d_r / \gamma_b \tag{6.4.2}$$

$$V_{sd} = \lfloor A_w f_{wyd} (\sin \alpha_s + \cos \alpha_s)/ s_s \rfloor z_r / \gamma_b \tag{6.4.3}$$

$$V_{asd} = \lfloor A_{aw} f_{awyd} (\sin \alpha_{as} + \cos \alpha_{as})/ s_{as} \rfloor z_r / \gamma_b \tag{6.4.4}$$

3.7.5　せん断耐力に対する検討

「コンクリート標準示方書・設計編：標準」に準じて曲げ耐力を算出し，せん断耐力に対する検討を行った．曲げ耐力の算出は，補強前の検討 **3.6.2** と同様とし，モルタルの応力－ひずみ関係はコンクリートのものを用いた．**表 3.6** にせん断耐力に対する検討結果を示す．

橋軸方向，橋軸直角方向とも $\gamma_i \cdot V_{mu}/V_{yd} \leq 1.0$ となり，巻立て工法によるせん断補強によって性能を満足することが確認された．

付属資料　巻立て工法編

表3.5　計算結果および計算諸量

名称	記号	橋軸方向	橋軸直角方向
設計せん断耐力(kN)	V_{yd}	4877	9977
コンクリートの負担する設計せん断耐力(kN)	V_{cd}	2028	1453
	β_{dr}	0.845	0.670
	β_{pr}	0.728	0.522
既設コンクリートの平均せん断強度(N/mm²)	f_{vcd}	0.51	0.51
既設コンクリートの腹部の幅(mm)	b_w	5000	2000
巻立て部セメント系材料の平均せん断強度(N/mm²)	f_{avcd}	0.51	0.51
巻立て部の腹部の幅(mm)	b_{aw}	132	132
補強後の有効高さ(mm)	d_r	1966	4966
部材係数	γ_b	1.56	1.3*
引張補強筋比	p_{sr}	0.00386	0.00143
引張側鋼材の断面積(mm²)	A_{sr}	38915.8	15089.8
既設コンクリートの設計圧縮強度(N/mm²)	f'_{cd}	16.15	16.15
巻立て部モルタルの設計圧縮強度(N/mm²)	f'_{acd}	16.15	16.15
既設部材のせん断補強筋の設計せん断耐力(kN)	V_{sd}	506	1533
せん断補強筋の総断面積(mm²)	A_w	397.2	397.2
せん断補強筋の設計降伏強度(N/mm²)	f_{wyd}	295	295
せん断補強筋が部材軸となす角度(°)	α_s	0	0
せん断補強筋の配置間隔(mm)	s_s	300	300
補強後の圧縮合力の作用位置から引張鋼材図心の距離(mm)	z_r	1709.6	4318.3
部材係数	γ_b	1.32	1.32
補強部材のせん断補強筋の設計せん断耐力(kN)	V_{asd}	2306	6990
せん断補強筋の総断面積(mm²)	A_{aw}	774.2	774.2
せん断補強筋の設計降伏強度(N/mm²)	f_{awyd}	345	345
せん断補強筋が部材軸となす角度(°)	α_{as}	0	0
せん断補強筋の配置間隔(mm)	s_{as}	150	150
補強後の圧縮合力の作用位置から引張鋼材図心の距離(mm)	z_r	1709.6	4318.3
部材係数	γ_b	1.32	1.1*

＊：橋軸直角方向は曲げ降伏耐力が十分であるため，部材係数を1.2割り増さなかった．

表 3.6 補強後せん断耐力に対する検討

		橋軸方向	橋軸直角方向
曲げ耐力(kN-m)	M_u	39067	92185
せん断スパン(m)	L_a	10.1	10.1
部材が曲げ耐力に達するとのきの断面のせん断耐力(kN)	V_{mu}	3868	9127
設計せん断耐力(kN)	V_{yd}	4877	9977
構造物係数	γ_i	1.0	1.0
照査	$\gamma_i \cdot V_{mu}/V_{yd}$	0.79	0.91
判定		≤ 1.0 曲げ破壊モード	≤ 1.0 曲げ破壊モード

3.8 鋼材腐食に対する検討

本指針共通編 6.3.2 により，鋼材腐食に対する検討を示す．対象の部材は，常時曲げモーメントが作用しないことから，ひび割れ幅の検討を省略する．

まず，設計耐用期間中に中性化と水の浸透に伴う鋼材腐食量が限界値以下であることを確認する．照査，中性化深さの設計値，鋼材腐食発生限界深さを式（付 3.8.1）〜（付 3.8.3）により行った．計算諸量および結果を表 3.7 に示す．結果，式（付 3.8.1）は 1.0 を下回り，条件を満足することが確認された．

$$\gamma_i \cdot \frac{y_d}{y_{lim}} \leq 1.0 \tag{付 3.8.1}$$

$$y_d = \gamma_{cb} \cdot \alpha_d \cdot \sqrt{t} \tag{付 3.8.2}$$

$$y_{lim} = c_d - \Delta c - c_k \tag{付 3.8.3}$$

表 3.7 中性化深さの計算諸量および結果

名称	記号	数値
中性化深さの設計値(mm)	y_d	2.3
y_d のばらつきを考慮した安全係数	γ_{cb}	1.15
中性化速度係数の設計値（$= \alpha_k \cdot \gamma_c \cdot \beta_e$）(mm/$\sqrt{}$年)	α_d	0.35
設計耐用年数(年)	T	50
中性化速度係数の特性値(mm/$\sqrt{}$年)	α_k	0.22
モルタルの材料係数	γ_c	1.3
環境作用の影響を表す係数	β_e	1.0
鋼材腐食発生限界深さ	y_{lim}	12
かぶりの設計値(mm)	c_d	22
施工誤差(mm)	Δc	0
中性化残り（通常）(mm)	c_k	10
構造物係数	γ_i	1.0
照査	$\gamma_i \cdot y_d / y_{lim}$	0.19
判定		≤ 1.0

付属資料　巻立て工法編

次に，鋼材位置における塩化物イオン濃度が，設計耐用期間中に鋼材腐食発生限界濃度に達しないことを確認する．照査，鋼材位置における塩化物イオン濃度の設計値をそれぞれ式（付 3.8.4），（付 3.8.5）により算出した．計算諸量および結果を**表** 3.8 に示す．結果，式（付 3.8.4）は 1.0 を下回り，設計耐用期間の間，条件を満足することが確認された．

$$\gamma_i \cdot \frac{C_d}{C_{lim}} \quad \leq \quad 1.0 \qquad\qquad \text{（付 3.8.4）}$$

$$C_d = \gamma_{cl} \cdot C_0 \left\{ 1 - erf\left(\frac{0.1 \cdot c_d}{2\sqrt{D_d \cdot t}} \right) \right\} + C_i \qquad\qquad \text{（付 3.8.5）}$$

表 3.8　**塩化物イオン濃度の計算諸量および結果**

名称	記号	数値
鋼材位置における塩化物イオン濃度の設計値(kg/m³)	C_d	1.31
C_dのばらつきを考慮した安全係数	γ_{cl}	1.3
モルタル表面における想定塩化物イオン濃度 (kg/m³)	C_0	1.0
かぶりの設計値(mm)	c_d	22
設計耐用年数(年)	t	50
塩化物イオンに対する設計拡散係数(cm²/年)	D_d	0.60
モルタルの塩化物イオンに対する拡散係数の特性値(cm²/年)	D_k	0.31
モルタルの材料係数	γ_c	1.3
初期ひび割れの影響を考慮した係数	β_e	1.5
初期塩化物イオン濃度(kg/m³)	C_i	0.3
鋼材位置における塩化物イオン濃度の限界値* (kg/m³)	C_{lim}	2.0
照査	$\gamma_i \cdot C_d / C_{lim}$	0.66
判定		≤ 1.0

＊：W/C=37%の普通コンクリートとして算出した値 2.29kg/m³ から余裕を持ち 2.0kg/m³ とした．

参考文献

1) 設計要領第二集 橋梁保全編，東日本高速道路株式会社，中日本高速道路株式会社，西日本高速道路株式会社，2017.7

●コンクリートライブラリー一覧●

号数：標題／発行年月／判型・ページ数／本体価格

第 1 号：コンクリートの話－吉田徳次郎先生御遺稿より－／昭.37.5 ／ B 5・48 p.

第 2 号：第 1 回異形鉄筋シンポジウム／昭.37.12 ／ B 5・97 p.

第 3 号：異形鉄筋を用いた鉄筋コンクリート構造物の設計例／昭.38.2 ／ B 5・92 p.

第 4 号：ペーストによるフライアッシュの使用に関する研究／昭.38.3 ／ B 5・22 p.

第 5 号：小丸川 PC 鉄道橋の架替え工事ならびにこれに関連して行った実験研究の報告／昭.38.3 ／ B 5・62 p.

第 6 号：鉄道橋としてのプレストレストコンクリート桁の設計方法に関する研究／昭.38.3 ／ B 5・62 p.

第 7 号：コンクリートの水密性の研究／昭.38.6 ／ B 5・35 p.

第 8 号：鉱物質微粉末がコンクリートのウォーカビリチーおよび強度におよぼす効果に関する基礎研究／昭.38.7 ／ B 5・56 p.

第 9 号：添えばりを用いるアンダーピンニング工法の研究／昭.38.7 ／ B 5・17 p.

第 10 号：構造用軽量骨材シンポジウム／昭.39.5 ／ B 5・96 p.

第 11 号：微細な空げきてん充のためのセメント注入における混和材料に関する研究／昭.39.12 ／ B 5・28 p.

第 12 号：コンクリート舗装の構造設計に関する実験的研究／昭.40.1 ／ B 5・33 p.

第 13 号：プレパックドコンクリート施工例集／昭.40.3 ／ B 5・330 p.

第 14 号：第 2 回異形鉄筋シンポジウム／昭.40.12 ／ B 5・236 p.

第 15 号：デイビダーク工法設計施工指針（案）／昭.41.7 ／ B 5・88 p.

第 16 号：単純曲げをうける鉄筋コンクリート桁およびプレストレストコンクリート桁の極限強さ設計法に関する研究／昭.42.5 ／ B 5・34 p.

第 17 号：MDC 工法設計施工指針（案）／昭.42.7 ／ B 5・93 p.

第 18 号：現場コンクリートの品質管理と品質検査／昭.43.3 ／ B 5・111 p.

第 19 号：港湾工事におけるプレパックドコンクリートの施工管理に関する基礎研究／昭.43.3 ／ B 5・38 p.

第 20 号：フライアッシュを混和したコンクリートの中性化と鉄筋の発錆に関する長期研究／昭.43.10 ／ B 5・55 p.

第 21 号：バウル・レオンハルト工法設計施工指針（案）／昭.43.12 ／ B 5・100 p.

第 22 号：レオバ工法設計施工指針（案）／昭.43.12 ／ B 5・85 p.

第 23 号：BBRV 工法設計施工指針（案）／昭.44.9 ／ B 5・134 p.

第 24 号：第 2 回構造用軽量骨材シンポジウム／昭.44.10 ／ B 5・132 p.

第 25 号：高炉セメントコンクリートの研究／昭.45.4 ／ B 5・73 p.

第 26 号：鉄道橋としての鉄筋コンクリート斜角げたの設計に関する研究／昭.45.5 ／ B 5・28 p.

第 27 号：高張力異形鉄筋の使用に関する基礎研究／昭.45.5 ／ B 5・24 p.

第 28 号：コンクリートの品質管理に関する基礎研究／昭.45.12 ／ B 5・28 p.

第 29 号：フレシネー工法設計施工指針（案）／昭.45.12 ／ B 5・123 p.

第 30 号：フープコーン工法設計施工指針（案）／昭.46.10 ／ B 5・75 p.

第 31 号：OSPA 工法設計施工指針（案）／昭.47.5 ／ B 5・107 p.

第 32 号：OBC 工法設計施工指針（案）／昭.47.5 ／ B 5・93 p.

第 33 号：VSL 工法設計施工指針（案）／昭.47.5 ／ B 5・88 p.

第 34 号：鉄筋コンクリート終局強度理論の参考／昭.47.8 ／ B 5・158 p.

第 35 号：アルミナセメントコンクリートに関するシンポジウム；付：アルミナセメントコンクリート施工指針（案）／ 昭.47.12 ／ B 5・123 p.

第 36 号：SEEE 工法設計施工指針（案）／昭.49.3 ／ B 5・100 p.

第 37 号：コンクリート標準示方書（昭和 49 年度版）改訂資料／昭.49.9 ／ B 5・117 p.

第 38 号：コンクリートの品質管理試験方法／昭.49.9 ／ B 5・96 p.

第 39 号：膨張性セメント混和材を用いたコンクリートに関するシンポジウム／昭.49.10 ／ B 5・143 p.

第 40 号：太径鉄筋 D 51 を用いる鉄筋コンクリート構造物の設計指針（案）／昭.50.6 ／ B 5・156 p.

第 41 号：鉄筋コンクリート設計法の最近の動向／昭.50.11 ／ B 5・186 p.

第 42 号：海洋コンクリート構造物設計施工指針（案）／昭和.51.12 ／ B 5・118 p.

第 43 号：太径鉄筋 D 51 を用いる鉄筋コンクリート構造物の設計指針／昭.52.8 ／ B 5・182 p.

第 44 号：プレストレストコンクリート標準示方書解説資料／昭.54.7 ／ B 5・84 p.

第 45 号：膨張コンクリート設計施工指針（案）／昭.54.12 ／ B 5・113 p.

第 46 号：無筋および鉄筋コンクリート標準示方書（昭和 55 年版）改訂資料【付・最近におけるコンクリート工学の諸問題に関する講習会テキスト】／昭.55.4 ／ B 5・83 p.

第 47 号：高強度コンクリート設計施工指針（案）／昭.55.4 ／ B 5・56 p.

第 48 号：コンクリート構造の限界状態設計法試案／昭.56.4 ／ B 5・136 p.

第 49 号：鉄筋継手指針／昭.57.2 ／ B 5・208 p.／ 3689 円

第 50 号：鋼繊維補強コンクリート設計施工指針（案）／昭.58.3 ／ B 5・183 p.

第 51 号：流動化コンクリート施工指針（案）／昭.58.10 ／ B 5・218 p.

第 52 号：コンクリート構造の限界状態設計法指針（案）／昭.58.11 ／ B 5・369 p.

第 53 号：フライアッシュを混和したコンクリートの中性化と鉄筋の発錆に関する長期研究（第二次）／昭.59.3 ／ B 5・68 p.

第 54 号：鉄筋コンクリート構造物の設計例／昭.59.4 ／ B 5・118 p.

第 55 号：鉄筋継手指針（その 2）－鉄筋のエンクローズ溶接継手－／昭.59.10 ／ B 5・124 p. ／ 2136 円

●コンクリートライブラリー一覧●

号数：標題／発行年月／判型・ページ数／本体価格

第 56 号：人工軽量骨材コンクリート設計施工マニュアル／昭.60.5 ／ B5・104 p.

第 57 号：コンクリートのポンプ施工指針（案）／昭.60.11 ／ B5・195 p.

第 58 号：エポキシ樹脂塗装鉄筋を用いる鉄筋コンクリートの設計施工指針（案）／昭.61.2 ／ B5・173 p.

第 59 号：連続ミキサによる現場練りコンクリート施工指針（案）／昭.61.6 ／ B5・109 p.

第 60 号：アンダーソン工法設計施工要領（案）／昭.61.9 ／ B5・90 p.

第 61 号：コンクリート標準示方書（昭和 61 年制定）改訂資料／昭.61.10 ／ B5・271 p.

第 62 号：PC 合成床版工法設計施工指針（案）／昭.62.3 ／ B5・116 p.

第 63 号：高炉スラグ微粉末を用いたコンクリートの設計施工指針（案）／昭.63.1 ／ B5・158 p.

第 64 号：フライアッシュを混和したコンクリートの中性化と鉄筋の発錆に関する長期研究（最終報告）／昭 63.3 ／ B5・124 p.

第 65 号：コンクリート構造物の耐久設計指針（試案）／平. 元.8 ／ B5・73 p.

※第 66 号：プレストレストコンクリート工法設計施工指針／平.3.3 ／ B5・568 p. ／ 5825 円

※第 67 号：水中不分離性コンクリート設計施工指針（案）／平.3.5 ／ B5・192 p. ／ 2913 円

第 68 号：コンクリートの現状と将来／平.3.3 ／ B5・65 p.

第 69 号：コンクリートの力学特性に関する調査研究報告／平.3.7 ／ B5・128 p.

第 70 号：コンクリート標準示方書（平成 3 年版）改訂資料およびコンクリート技術の今後の動向／平 3.9 ／ B5・316 p.

第 71 号：太径ねじふし鉄筋 D57 および D64 を用いる鉄筋コンクリート構造物の設計施工指針（案）／平 4.1 ／ B5・113 p.

第 72 号：連続繊維補強材のコンクリート構造物への適用／平.4.4 ／ B5・145 p.

第 73 号：鋼コンクリートサンドイッチ構造設計指針（案）／平.4.7 ／ B5・100 p.

※第 74 号：高性能 AE 減水剤を用いたコンクリートの施工指針（案）付・流動化コンクリート施工指針（改訂版）／平.5.7 ／ B5・142 p. ／ 2427 円

第 75 号：膨張コンクリート設計施工指針／平.5.7 ／ B5・219 p. ／ 3981 円

第 76 号：高炉スラグ骨材コンクリート施工指針／平.5.7 ／ B5・66 p.

第 77 号：鉄筋のアモルファス接合継手設計施工指針（案）／平.6.2 ／ B5・115 p.

第 78 号：フェロニッケルスラグ細骨材コンクリート施工指針（案）／平.6.1 ／ B5・100 p.

第 79 号：コンクリート技術の現状と示方書改訂の動向／平.6.7 ／ B5・318 p.

第 80 号：シリカフュームを用いたコンクリートの設計・施工指針（案）／平.7.10 ／ B5・233 p.

第 81 号：コンクリート構造物の維持管理指針（案）／平.7.10 ／ B5・137 p.

第 82 号：コンクリート構造物の耐久設計指針（案）／平.7.11 ／ B5・98 p.

第 83 号：コンクリート構造のエスセティックス／平.7.11 ／ B5・68 p.

第 84 号：ISO 9000 s とコンクリート工事に関する報告書／平 7.2 ／ B5・82 p.

第 85 号：平成 8 年制定コンクリート標準示方書改訂資料／平 8.2 ／ B5・112 p.

第 86 号：高炉スラグ微粉末を用いたコンクリートの施工指針／平 8.6 ／ B5・186 p.

第 87 号：平成 8 年制定コンクリート標準示方書（耐震設計編）改訂資料／平 8.7 ／ B5・104 p.

第 88 号：連続繊維補強材を用いたコンクリート構造物の設計・施工指針（案）／平 8.9 ／ B5・361 p.

第 89 号：鉄筋の自動エンクローズ溶接継手設計施工指針（案）／平 9.8 ／ B5・120 p.

第 90 号：複合構造物設計・施工指針（案）／平 9.10 ／ B5・230 p. ／ 4200 円

第 91 号：フェロニッケルスラグ細骨材を用いたコンクリートの施工指針／平 10.2 ／ B5・124 p.

第 92 号：銅スラグ細骨材を用いたコンクリートの施工指針／平 10.2 ／ B5・100 p. ／ 2800 円

第 93 号：高流動コンクリート施工指針／平 10.7 ／ B5・246 p. ／ 4700 円

第 94 号：フライアッシュを用いたコンクリートの施工指針（案）／平 11.4 ／ A4・214 p. ／ 4000 円

第 95 号：コンクリート構造物の補強指針（案）／平 11.9 ／ A4・121 p. ／ 2800 円

第 96 号：資源有効利用の現状と課題／平 11.10 ／ A4・160 p.

第 97 号：鋼繊維補強鉄筋コンクリート柱部材の設計指針（案）／平 11.11 ／ A4・79 p.

第 98 号：LNG 地下タンク躯体の構造性能照査指針／平 11.12 ／ A4・197 p. ／ 5500 円

第 99 号：平成 11 年版　コンクリート標準示方書［施工編］－耐久性照査型－　改訂資料／平 12.1 ／ A4・97 p.

第 100 号：コンクリートのポンプ施工指針［平成 12 年版］／平 12.2 ／ A4・226 p.

※第 101 号：連続繊維シートを用いたコンクリート構造物の補修補強指針／平 12.7 ／ A4・313 p. ／ 5000 円

第 102 号：トンネルコンクリート施工指針（案）／平 12.7 ／ A4・160 p. ／ 3000 円

※第 103 号：コンクリート構造物におけるコールドジョイント問題と対策／平 12.7 ／ A4・156 p. ／ 2000 円

第 104 号：2001 年制定　コンクリート標準示方書［維持管理編］制定資料／平 13.1 ／ A4・143 p.

第 105 号：自己充てん型高強度高耐久コンクリート構造物設計・施工指針（案）／平 13.6 ／ A4・601 p.

第 106 号：高強度フライアッシュ人工骨材を用いたコンクリートの設計・施工指針（案）／平 13.7 ／ A4・184 p.

第 107 号：電気化学的防食工法　設計施工指針（案）／平 13.11 ／ A4・249 p. ／ 2800 円

第 108 号：2002 年版　コンクリート標準示方書　改訂資料／平 14.3 ／ A4・214 p.

第 109 号：コンクリートの耐久性に関する研究の現状とデータベース構築のためのフォーマットの提案／平 14.12 ／ A4・177 p.

第 110 号：電気炉酸化スラグ骨材を用いたコンクリートの設計・施工指針（案）／平 15.3 ／ A4・110 p.

●コンクリートライブラリー一覧●

号数：標題／発行年月／判型・ページ数／本体価格

※第111号：コンクリートからの微量成分溶出に関する現状と課題／平 15.5 ／ A4・92 p. ／ 1600 円

※第112号：エポキシ樹脂塗装鉄筋を用いる鉄筋コンクリートの設計施工指針［改訂版］／平 15.11 ／ A4・216 p. ／ 3400 円

第113号：超高強度繊維補強コンクリートの設計・施工指針（案）／平 16.9 ／ A4・167 p. ／ 2000 円

第114号：2003 年に発生した地震によるコンクリート構造物の被害分析／平 16.11 ／ A4・267 p. ／ 3400 円

第115号：（CD-ROM 写真集）2003 年，2004 年に発生した地震によるコンクリート構造物の被害／平 17.6 ／ A4・CD-ROM

第116号：土木学会コンクリート標準示方書に基づく設計計算例［桟橋上部工編］／ 2001 年制定コンクリート標準示方書［維持管理編］に基づくコンクリート構造物の維持管理事例集（案）／平 17.3 ／ A4・192 p.

第117号：土木学会コンクリート標準示方書に基づく設計計算例［道路橋編］／平 17.3 ／ A4・321 p. ／ 2600 円

第118号：土木学会コンクリート標準示方書に基づく設計計算例［鉄道構造物編］／平 17.3 ／ A4・248 p.

※第119号：表面保護工法　設計施工指針（案）／平 17.4 ／ A4・531 p. ／ 4000 円

第120号：電力施設解体コンクリートを用いた再生骨材コンクリートの設計施工指針（案）／平 17.6 ／ A4・248 p.

第121号：吹付けコンクリート指針（案）　トンネル編／平 17.7 ／ A4・235 p. ／ 2000 円

※第122号：吹付けコンクリート指針（案）　のり面編／平 17.7 ／ A4・215 p. ／ 2000 円

第123号：吹付けコンクリート指針（案）　補修・補強編／平 17.7 ／ A4・273 p. ／ 2200 円

※第124号：アルカリ骨材反応対策小委員会報告書－鉄筋破断と新たなる対応－／平 17.8 ／ A4・316 p. ／ 3400 円

第125号：コンクリート構造物の環境性能照査指針（試案）／平 17.11 ／ A4・180 p.

第126号：施工性能にもとづくコンクリートの配合設計・施工指針（案）／平 19.3 ／ A4・278 p. ／ 4800 円

第127号：複数微細ひび割れ型繊維補強セメント複合材料設計・施工指針（案）／平 19.3 ／ A4・316 p. ／ 2500 円

第128号：鉄筋定着・継手指針［2007 年版］／平 19.8 ／ A4・286 p. ／ 4800 円

第129号：2007 年版　コンクリート標準示方書　改訂資料／平 20.3 ／ A4・207 p.

※第130号：ステンレス鉄筋を用いるコンクリート構造物の設計施工指針（案）／平 20.9 ／ A4・79p. ／ 1700 円

※第131号：古代ローマコンクリート－ソンマ・ヴェスヴィアーナ遺跡から発掘されたコンクリートの調査と分析－／平 21.4 ／ A4・148p. ／ 3600 円

※第132号：循環型社会に適合したフライアッシュコンクリートの最新利用技術－利用拡大に向けた設計施工指針試案－／平 21.12 ／ A4・383p. ／ 4000 円

第133号：エポキシ樹脂を用いた高機能 PC 鋼材を使用するプレストレストコンクリート設計施工指針（案）／平 22.8 ／ A4・272p. ／ 3000 円

第134号：コンクリート構造物の補修・解体・再利用における CO_2 削減を目指して－補修における環境配慮および解体コンクリートの CO_2 固定化－／平 24.5 ／ A4・115p. ／ 2500 円

※第135号：コンクリートのポンプ施工指針　2012 年版／平 24.6 ／ A4・247p. ／ 3400 円

※第136号：高流動コンクリートの配合設計・施工指針　2012 年版／平 24.6 ／ A4・275p. ／ 4600 円

※第137号：けい酸塩系表面含浸工法の設計施工指針（案）／平 24.7 ／ A4・220p. ／ 3800 円

※第138号：2012 年制定　コンクリート標準示方書改訂資料－基本原則編・設計編・施工編－／平 25.3 ／ A4・573p. ／ 5000 円

※第139号：2013 年制定　コンクリート標準示方書改訂資料－維持管理編・ダムコンクリート編－／平 25.10 ／ A4・132p. ／ 3000 円

※第140号：津波による橋梁構造物に及ぼす波力の評価に関する調査研究委員会報告書／平 25.11 ／ A4・293p. ＋ CD-ROM ／ 3400 円

※第141号：コンクリートのあと施工アンカー工法の設計・施工指針（案）／平 26.3 ／ A4・135p. ／ 2800 円

※第142号：災害廃棄物の処分と有効利用－東日本大震災の記録と教訓－／平 26.5 ／ A4・232p. ／ 3000 円

第143号：トンネル構造物のコンクリートに対する耐火工設計施工指針（案）／平 26.6 ／ A4・108p. ／ 2800 円

※第144号：汚染水貯蔵用 PC タンクの適用を目指して／平 28.5 ／ A4・228p. ／ 4500 円

※第145号：施工性能にもとづくコンクリートの配合設計・施工指針［2016 年版］／平 28.6 ／ A4・338p.＋DVD-ROM ／ 5000 円

※第146号：フェロニッケルスラグ骨材を用いたコンクリートの設計施工指針／平 28.7 ／ A4・216p. ／ 2000 円

※第147号：銅スラグ細骨材を用いたコンクリートの設計施工指針／平 28.7 ／ A4・188p. ／ 1900 円

※第148号：コンクリート構造物における品質を確保した生産性向上に関する提案／平 28.12 ／ A4・436p. ／ 3400 円

※第149号：2017 年制定　コンクリート標準示方書改訂資料－設計編・施工編－／平 30.3 ／ A4・336p. ／ 3400 円

※第150号：セメント系材料を用いたコンクリート構造物の補修・補強指針／平 30.6 ／ A4・288p. ／ 2600 円

※第151号：高炉スラグ微粉末を用いたコンクリートの設計・施工指針／平 30.9 ／ A4・236p. ／ 3000 円

※第152号：混和材を大量に使用したコンクリート構造物の設計・施工指針（案）／平 30.9 ／ A4・160p. ／ 2700 円

※第153号：2018 年制定　コンクリート標準示方書改訂資料－維持管理編・規準編－／平 30.10 ／ A4・250p. ／ 3000 円

※第154号：亜鉛めっき鉄筋を用いるコンクリート構造物の設計・施工指針（案）／平 31.3 ／ A4・167p. ／ 5000 円

※第155号：高炉スラグ細骨材を用いたプレキャストコンクリート製品の設計・製造・施工指針（案）／平 31.3 ／ A4・310p. ／ 2200 円

※第156号：鉄筋定着・継手指針〔2020 年版〕／令 2.3 ／ A4・283p. ／ 3200 円

※第157号：電気化学的防食工法指針／令 2.9 ／ A4・223p. ／ 3600 円

※は土木学会にて販売中です．価格には別途消費税が加算されます．

表紙写真

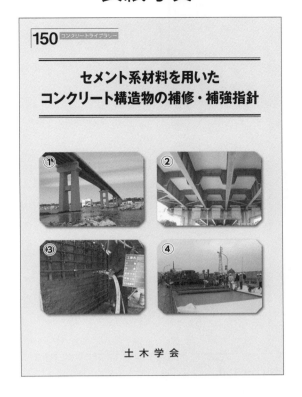

① 件名　　　：城ケ島大橋
　　管理者　　：神奈川県
　　補強目的：PCM 巻立工法による橋脚の耐震補強

② 件名　　　：平井大橋
　　管理者　　：東京都
　　補強目的：PCM 下面増厚工法による床版の補強

③ 件名　　　：福田大橋
　　管理者　　：国土交通省東北地方整備局仙台河川事務所
　　補強目的：PCM 吹付け巻立て工法による橋脚の耐震補強

④ 件名　　　：川口跨線橋
　　管理者　　：茨城県土浦土木事務所
　　補強目的：上面増厚工法による鉄筋コンクリート床版の長寿命化

定価 2,860 円（本体 2,600 円＋税 10%）

コンクリートライブラリー150
セメント系材料を用いたコンクリート構造物の補修・補強指針

平成 30 年　6 月 25 日　　第 1 版・第 1 刷発行
平成 30 年 11 月 30 日　　第 1 版・第 2 刷発行
令和　2 年　9 月 18 日　　第 1 版・第 3 刷発行

編集者……公益社団法人　土木学会　コンクリート委員会
　　　　　セメント系材料を用いたコンクリート構造物の補修補強研究小委員会
　　　　　委員長　　上田　多門
発行者……公益社団法人　土木学会　専務理事　塚田　幸広

発行所……公益社団法人　土木学会
　　　　　〒160-0004　東京都新宿区四谷 1 丁目（外濠公園内）
　　　　　TEL　03-3355-3444　FAX　03-5379-2769
　　　　　http://www.jsce.or.jp/
発売所……丸善出版株式会社
　　　　　〒101-0051　東京都千代田区神田神保町 2-17　神田神保町ビル
　　　　　TEL　03-3512-3256　FAX　03-3512-3270

©JSCE2018／Concrete Committee
ISBN978-4-8106-0947-9
印刷・製本・用紙：シンソー印刷（株）

・本書の内容を複写または転載する場合には、必ず土木学会の許可を得てください。
・本書の内容に関するご質問は、E-mail（pub@jsce.or.jp）にてご連絡ください。

オンライン土木博物館

ドボ博
DOBOHAKU
www.dobohaku.com

オンライン土木博物館「ドボ博」は、ウェブ上につくられた全く新しいタイプの博物館です。

ドボ博では、「いつものまちが博物館になる」をキャッチフレーズに、地球全体を土木の博物館に見立て、独自の映像作品、貴重な図版資料、現地に誘う地図を巧みに融合して、土木の新たな見方を提供しています。

展示内容の更新や「学芸員」のブログ、関連イベントなどの最新情報をドボ博フェイスブックでも紹介しています。

 www.dobohaku.com

 www.facebook.com/dobohaku

写真:「東京インフラ065 羽田空港」より　撮影:大村拓也

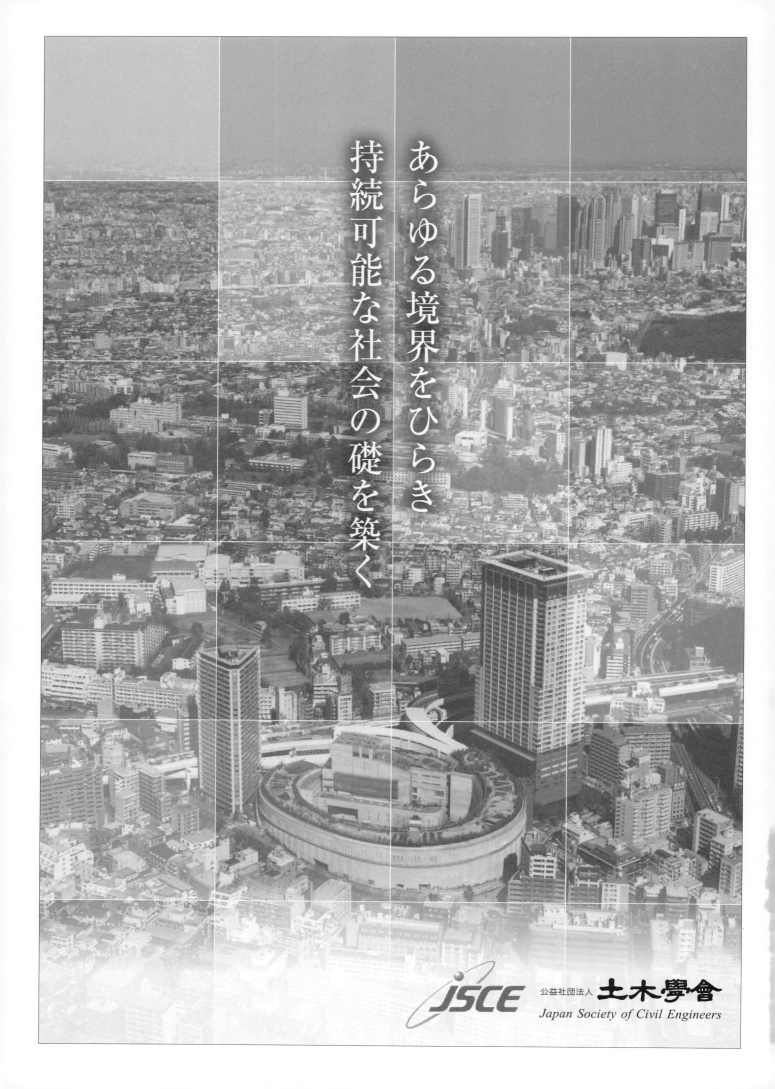